U0397515

轻与重
FESTINA LENTE

姜丹丹 主编

人的图像
想象、表演与文化

［德］ 克里斯托夫·武尔夫 著　陈红燕 译　彭正梅 校

Christoph Wulf
Bilder des Menschen
Imaginäre und performative Grundlagen der Kultur

华东师范大学出版社

华东师范大学出版社六点分社　策划

主 编 的 话

1

时下距京师同文馆设立推动西学东渐之兴起已有一百五十载。百余年来，尤其是近三十年，西学移译林林总总，汗牛充栋，累积了一代又一代中国学人从西方寻找出路的理想，以至当下中国人提出问题、关注问题、思考问题的进路和理路深受各种各样的西学所规定，而由此引发的新问题也往往被归咎于西方的影响。处在21世纪中西文化交流的新情境里，如何在译介西学时作出新的选择，又如何以新的思想姿态回应，成为我们必须重新思考的一个严峻问题。

2

　　自晚清以来，中国一代又一代知识分子一直面临着现代性的冲击所带来的种种尖锐的提问：传统是否构成现代化进程的障碍？在中西古今的碰撞与磨合中，重构中华文化的身份与主体性如何得以实现？"五四"新文化运动带来的"中西、古今"的对立倾向能否彻底扭转？在历经沧桑之后，当下的中国经济崛起，如何重新激发中华文化生生不息的活力？在对现代性的批判与反思中，当代西方文明形态的理想模式一再经历祛魅，西方对中国的意义已然发生结构性的改变。但问题是：以何种态度应答这一改变？

　　中华文化的复兴，召唤对新时代所提出的精神挑战的深刻自觉，与此同时，也需要在更广阔、更细致的层面上展开文化的互动，在更深入、更充盈的跨文化思考中重建经典，既包括对古典的历史文化资源的梳理与考察，也包含对已成为古典的"现代经典"的体认与奠定。

面对种种历史危机与社会转型，欧洲学人选择一次又一次地重新解读欧洲的经典，既谦卑地尊重历史文化的真理内涵，又有抱负地重新连结文明的精神巨链，从当代问题出发，进行批判性重建。这种重新出发和叩问的勇气，值得借鉴。

3

一只螃蟹，一只蝴蝶，铸型了古罗马皇帝奥古斯都的一枚金币图案，象征一个明君应具备的双重品质，演绎了奥古斯都的座右铭："FESTINA LENTE"（慢慢地，快进）。我们化用为"轻与重"文丛的图标，旨在传递这种悠远的隐喻：轻与重，或曰：快与慢。

轻，则快，隐喻思想灵动自由；重，则慢，象征诗意栖息大地。蝴蝶之轻灵，宛如对思想芬芳的追逐，朝圣"空气的神灵"；螃蟹之沉稳，恰似对文化土壤的立足，依托"土地的重量"。

在文艺复兴时期的人文主义那里，这种悖论演绎出一种智慧：审慎的精神与平衡的探求。思想的表达和传播，快者，易乱；慢者，易坠。故既要审慎，又求平衡。在此，可这样领会：该快时当快，坚守一种持续不断的开拓与创造；该慢时宜慢，保有一份不可或缺的耐心沉潜与深耕。用不逃避重负的态度面向传统耕耘与劳作，期待思想的轻盈转化与超越。

4

"轻与重"文丛，特别注重选择在欧洲（德法尤甚）与主流思想形态相平行的一种称作 essai（随笔）的文本。Essai 的词源有"平衡"（exagium）的涵义，也与考量、检验（examen）的精细联结在一起，且隐含"尝试"的意味。

这种文本孕育出的思想表达形态，承袭了从蒙田、帕斯卡尔到卢梭、尼采的传统，在 20 世纪，经过从本雅明到阿多诺，从柏格森到萨特、罗兰·巴特、福柯等诸位思想大师的传承，发展为一种富有活力的知性实践，形成一种求索和传达真理的风格。Essai，远不只是一种书写的风格，也成为一种思考与存在的方式。既体现思索个体的主体性与节奏，又承载历史文化的积淀与转化，融思辨与感触、考证与诠释为一炉。

选择这样的文本，意在不渲染一种思潮、不言说一套学说或理论，而是传达西方学人如何在错综复杂的问题场域提问和解析，进而透彻理解西方学人对自身历史文化的自觉，对自身文明既自信又质疑、既肯定又批判的根本所在，而这恰恰是汉语学界还需要深思的。

提供这样的思想文化资源，旨在分享西方学者深入认知与解读欧洲经典的各种方式与问题意识，引领中国读者进一步思索传统与现代、古典文化与当代处境的复杂关系，进而为汉语学界重返中国经典研究、回应西方的经典重建做好更坚实的准备，为文化之间的平等对话创造可能性的条件。

是为序。

姜丹丹（Dandan Jiang）

何乏笔（Fabian Heubel）

2012 年 7 月

目　录

致　谢

本书的部分内容完成于笔者在京都大学、东京大学及斯坦福大学客座访问期间。在此，衷心地感谢我的同仁铃木祥子，今井康雄以及 Elliot Eisner 的邀请。同时也真诚地感谢 Michael Sonntag 博士以及 Fanny Franke 女士为本书的编辑工作所付出的辛劳！

谨将此书献给我的哥哥 Hans Wulf

克里斯托夫·武尔夫

2014 年 7 月于柏林

译　序

　　去年初秋,有德国友人来沪交流。晚饭过后,校园闲话,路至分岔口,友人却一副未尽兴之态,于是他便提议去酒吧续聊。作为东道主的我,惴惴不安地对友人说:方圆几公里之内,若是要饮茶,我有几个好的去处;若是要用餐,也可随手捻出几个雅处。只是要饮酒,暂时无法定位,恐怕得驾车去城区才行。友人坦然地说:"不用! 跟我来。"数分钟后,在他的带领下,我们到达离校园不过区区百米之远的一处酒吧,店名很是醒目。我甚是惊讶与自责,我日日路过此处,也常常光顾该酒吧左右的水果店、中餐厅,但却偏偏选择性地屏蔽了酒吧的存在。相反,仅到沪两日、且不识一个汉字的外国友人,却表现得像酒吧的常客那样自然。这又让我联想到,每有华人到国外旅游,不出数日,必定能准确地定位当地最正宗的中餐厅。

　　在日常生活当中,我们想当然地以为,我们所看到便是世界的全部,是世界的真相。但事实上,无时无刻我们不是透过已有的大脑图像、想象世界在认识并构建着自身关于城市空间、社会空间的理解。当我们进入到一个陌生的场域,我们会习惯性将所接触的他者环境,自然而然地并入熟悉的结构化体系中,与大脑的已有图像形式相联结,并由此获得某种安全感与信任感。这一过程,很少是基于概念的认识,而往往是基于知觉、情感和经验以及图像关系。此时,"观视性"图像成为我们捕捉和理解世界的主要方式,左右着我们的日常实践。遗憾的是,我们很少意识到,也很少去反思这些所看见的或许正是"蒙蔽"我们双眼的罪魁祸首。

对"图像"意义的学术性探讨可以回溯至二十世纪三四十年代,即海德格尔指出的"世界成为一幅图像"的断言。海德格尔认为,自文艺复兴以来,人与世界的关系发生了根本性的改变:在远古时代,人类、动物及其他生物被视为自然界的一部分,完全受着环境变化的支配;在中世纪,人类则被视为上帝的替身,成为被造之物;而文艺复兴以来,人类的主体性与自主性得以觉醒,世界成为一种客体,作为一幅图像为人所把握。因此,海德格尔将"世界成为图像"与"人成为主体"并称对现代化本质具有决定性意义的两大进程。此后,维特根斯坦和梅洛-庞蒂等人从不同的角度对"图像"的意义进行了哲学立据。二十世纪九十年代,来自美国的视觉文化学家米切尔(Mitchell)与德国的艺术史学家波姆(Boehm)不约而同地提出了"图像转向"(pictorial turn, iconic turn),至此开启了图像研究的新时代。社会学、视觉人类学、传播学、心理学及教育学都纷纷地加入了这场"图像论战"当中。

在教育人类学领域,武尔夫教授可谓是较早涉猎该话题的先行者。早在此书之前,武尔夫先生已经相继出版了《图像-图片-教育》(1999)、《图像学里的表演逻辑》(2005)等,对图像与教育的关系、图像与图像媒介、图像与人的认知形成等问题开展广泛的研究。本书是作者对"图像与人类文化实践"关系研究的又一力作,是其对人类学"人何以为人"以及"人如何获得主体性"这一永恒话题的"图像"回答。该书围绕着什么是图像、图像的形成机制、图像与日常实践生活,想象力、想象世界、模仿与图像的复杂关系等话题展开讨论。在武尔夫看来,图像是人之为人的基本前提,其对人类的形成并不亚于语言对人类的历史性塑造。需要说明的是,作者所理解的图像概念并非局限于基于视觉器官而获得的图像,还包括其他知觉器官获得的图像形式,以及内在的精神图像。这里便涉及到两个重要层面:其一,感知觉与图像、内在图像的生成关系;其二,图像的最终表达形态或图像产品。在他看来,我们首先要意识到知觉系统本身是有秩序性的。这种秩序性是历史的、人为的产物,并因文化的差异而不同。比如在西方世界,视觉性知觉处于系统中的主导地位,并常常压抑着其他知觉器官的活动。因此"观视"行为成为主要的认知方式。而其中,想象力(Imagination)与想象世界(Imaginäre)在图像的观视构建过程中起着十分重要的作用。与很多观点不同,他十分关注想象力的历史性、文化性和集体性。他从考古人类学的角度,探讨人类关于"死亡"的想象,指出想象力如何与人的进化相互依存，想象力又如何更新着人类自身的图像。在他看来，想象力并非异想天开、无本之源，它总是基于特定空间、特定时间，与个体内在的惊诧、好奇心相关联而产生。教育的意义在于为儿童提供足够的空间，等待想象力随时被触发。

在武尔夫看来，图像对人们的影响并不止于其可观视性、符号性，更表现在其实践性、表演性。这种表演性最为显著的特点在于对图像的身体化呈现，进而身体本身也成为了一幅图像。在仪式化表演、游戏规则的共享、舞蹈美的体验中，它与人的身体相互联结，形成具有历史和文化意义的"身体图像"。如同对语言的学习一样，武尔夫认为，这一身体化图像往往经由图像体验的模仿(Mimesis)行为得以实现。在他看来，模仿是学习的基本能力，是一种朝向性活动；它使人们趋像并接近于外部世界，但与此同时，又能保持其自身的主体性，是一种关系性的建立。模仿的过程促使着主体的多中心(Polyzentrizität)形成，是充满矛盾的过程，体现的是你-我-分裂、主体-客体-分享过程。这与中国传统文化中提到的学而时习之、学之为言效等有着异曲同工之效。

当然，本书也指出了图像批判的重要性。他提醒人们，在一个由图像洪流(Bilderflute)所冲击的视觉文化时代，"图像急切想要将所有的事物可视化，促使消除个人与公共之间的界限，推进创造一种公共空间的新形式"(见本书第142页)。这种图像意义的呈现，不像语言文字，具有逻辑性，图像意义有时甚至是断裂性的，甚至是以任意、快速的方式进行联结，从而出现了

"(数字化)图像创生着事物,而'真实'却在图像中消逝"(见本书第58页)这种情况,这时"原本被藏匿的个体与事物又得以可视化"。正因为如此,"图像所要处理的不再是潜藏的、受压抑排挤、处于黑暗中的不可告人的事物",而是"如何对待那些昭然若揭、为大众所明了的事物的不可告人性,那些消解淹没在信息和交流中的事物的不可告人性"(见本书第142页)。又尤其是当"越来越少的人成为生产者,而越来越多的人成为预制的消费者"(见本书第58页),对图像隐匿成分的追问与对图像的批判思维就显得越来越重要。特别是在我们下一代的教育中,需要培养对图像的敏感性与批判性。

该书最终的意义不在于向我们呈现"什么是图像",而在于向我们展示"我们如何使用图像这一概念以使我们对世界认识变得更有意义,更加清晰"。这一认识对青少年的成长与教育尤其具有启发性。我们往往关注到思维是学校教育与训练的结果,却忽略了我们的感官、想象力、想象世界也是从历史、文化的模仿中习得的。作为教育工作者,我们需要明白:当前我们的儿童不再是对某一知识进行学习,而是在不同知识形式、各种声音的张力中去形成敏锐的判断能力。比如在全球化进程这一大背景下,人们应当如何在区域与整体中保持平衡,在文化多样性与普遍性之间保持平衡。这也是武尔夫历史-文化人类学始终致力的方向,即如何将德国的哲学人类学所倡导的普遍主义,与文化人类学的特殊主义相结合。

当然,该书并未能解决有关"图像"的所有问题,作者也从未试图写作一本囊括图像内容的百科全书。基于对图像的讨论，作者试图为读者提供一个理解人类与自我、人类与世界、人类与他人的新视角。我们需要思考的是，透过这本书"窗"我们又看到怎样的"光亮"？在翻译过程中，我常常为武尔夫先生旁征博引、信手拈来的学术想象力所惊叹，也为其不断引用最新的研究成果而感叹。此等科学研究的精神、孜孜不倦的学习态度，正是吾辈当追求的境界。在本书的翻译过程中我得到了武尔夫先生的指点，友人埃德琳·施陶达赫尔、钟维唯、哈楠等人的帮助。彭正梅老师对本书校对、审阅提供了宝贵的建议。华东师范大学出版社李恒平、倪为国老师为使本书最终能与读者见面付出了相当努力与辛劳。对此，本人表示衷心的感谢。当然，书中若有翻译不当或纰漏之处，全由译者个人负责。也诚望各界读者不讥肤浅，识者不吝指正。

是以为序！

2017 年 10 月 19 日丽娃河畔

导　言
人的图像

　　当我们谈论"人的图像"这样一个话题时,至少涉及两个需要我们深入探讨的层面。一方面,需要考察清楚,各类图像及其与之相关的想象力(Imagination)和想象世界(Imaginäre)在人的构成中扮演着怎样重要的角色? 另一方面,需要明确的是,伴随着对第一个问题的深入研究与解答,将会获得有关"人类形象"的确定性图像,而这也理应是我们考察的对象,并对其进行历史、文化人类学和哲学等范畴上的讨论。"人的图像"这一话题本身的复杂性是不言而喻的,主要是因为对"人的图像"的探索总是要不断地应对"始终处于变化的人类形象"这一基本事实。因此,很有必要对以下议题展开相应的讨论,即:人类自身所筹划的图像,图像如何影响着人类对认识周遭世界、对人际关系的洞察、对过往事件的记忆和对未来愿景的展望。"人的图像"是在日常生活的社会活动、文化实践以及艺术创造过程当中形成的。所以它既是个体想象世界的组成成分,也是集群社会与文化想象世界的构成部分,又由此参与并作用于人类实践活动的构建。这一图像的生成过程表明了,一方面作为同类群体,人与人之间是具有共性的;另一方面,这种"共性"也因其所处的历史、文化的背景所具有的差异,而在结构安排以及组织形态上大相径庭。图像和想象世界常常能将"无形"的事物可视化,而一旦离了它们,事物便始终是虚无。因此,有关图像与想象世界的研究便是人类学领域的重要组成部分。

在本书中,我们所谓的"图像"并非传统狭义上的图像理解。在此,图像概念更具有弹性,所指涉的范围也更为广泛,因此有必要做一些事先的说明。我们所指的"图像",首先是指那些视觉化-感官过程的最终结果;随着神经科学研究的推进,其理解已经不再局限于因"视觉化"过程而形成的图像,也包括其他感官系统(如听觉、味觉、嗅觉等)形成的经验图像。其次,那些内在的精神或心灵图像也包括在我们所说的"图像"概念当中。这种内在精神图像是大脑"忆起"或"勾动"的某种图像,是对那些当前并不在场的图像的唤醒,如记忆性图像、未来愿景性图像、梦境图像、幻觉图像(Halluzinationen)以及幻象图像(Visionen)。相对于前一种知觉性图像(Wahrnehmungsbilder)而言,这些图像缺乏清晰性。其三,那些具有审美价值的作品也是一种图像表达。这些作品本身是指向图像生产过程的。最后,图像作为"象征符号"(Metapher),也是构成语言的关键性元素。图像生成、图像识别、对图像进行想象式互通,是人类拥有的普适性能力。由于时间跨度不同,以及文化背景差异,图像的具体表达也不尽相同。因为,我们看到哪些图像,以及我们如何去看这些图像,总是受制于具体的历史与文化的复杂进程;我们如何去感知图像,又如何处理对待这些图像,同样深受个人生活经历的独一无二性和主体性本身的影响。

图像是能量汇集与流动过程的产物。能量的汇集与流动将对象世界、实践活动和他人世界转化成各种图像。借助于人的想象力,对象世界、实践活动和他人世界得以想象式地构建,进而成为集体或个体想象世界的一部分。这一过程常常是模仿性的过程,是一个不断地指向他人世界、周遭世界、各种观念和图像的趋像(Anähnlichung)过程。在这一模仿过程中,外部世界转化为充满图像的"内部世界"。而这一充满想象图像的"内部世界"又参与了外部世界的共同构建。由于这些"图像"具有表演性(Performativität),因此促进了实践活动的发生,且有助于自我与他人、自我与周遭世界关系的处理与表达。想象是图像的栖身之地,是模仿性图像的所矢之的;与此同时,想象又是图像的流动性模仿,是表演互动的开始。

图像与想象力

正如语言一样,想象力也是人类存在不可或缺的条件,是人类生存的前提(*conditio humana*),它以人的身体为基础(Jonas,1994；Belting,2001；Hüppauf/Wulf,2013）。表演性①，即人类行动的展演性（inszenatorische Charakter），是人类社会的开放性原则和角色扮演性的结果。其中，人类的想象力组织并构建着这种开放性。借助于想象力，人类的过往、当下和未来三者相互交织，相互缠绕。想象力生成了具有社会性、文化性、符号象征性以及充满想象的人类世界；它使人类的历史和文化成为可能，赋予人类历史文化以多样性；它创造了一个图像世界、充满想象的世界，并积极地参与到身体实践（尤其是舞蹈、仪式和体态语等）的生成构建过程中。当然，对想象力的上演不仅仅需要一种**有意识**的身体实践，更需要其通过身体得以内化，成为实践的一部分，这是一种基于身体的知识，一种缄默隐性的知识。这种知识往往是社会文化变迁的动力与社会构建的源泉。因此，那种基于想象力的模仿性过程就变得十分重要。在这一基于想象力模仿的过程当中，文化学习得以展开，个体的社会性、文化身份得以锻造，这都是人类幸福安康的重要前提。

想象力在人们的各类社会活动，以及文化实践的各个方面都起着举足轻重的作用。借助于图像、图式和模型的力量，想

---

① Performativity/Performativität 这一概念究竟应当采用何种中译，一直存在争议。武尔夫曾在其《人类学：一个欧洲大陆的视角》当中明确地提出他所指的 Performativität 包含了语言、身体及审美三个层面。因此，本文整合了语言学中的"述行"（奥斯汀，2002）与戏剧学中的"行为表演美学"（费舍尔·李希特，2012)译文，在此译为"表演性"。——译注

象力掌控着人们的行为举止,指导着人们的实践活动。图像是特定时刻的实践行动的表达,而其内涵的意义也日益丰富,持续性地与日俱增。这就引出了一个问题:是什么让一个图像成为图像,图像又可以分为哪些形式。在本书中,我们分别区分了三大类的图像,即:内在精神图像、人工制作性图像和技术性图像;在其下位分类当中又区分了动态图像和静态图像(见第一章)。

通过与中国画的对比与考察,我们可以清楚地看到欧洲图像是如何以其历史文化为前提,又如何受制于其历史文化。传统中国画,往往通过"在"与"不在","显"与"非显"的游戏式回旋,刻画构成了中国画的半阴半阳式风格。这种基于"在"与"不在"之间的回旋流转,同样出现在中国传统文化当中的祖先崇拜当中——在其表演过程中,生者对逝者敬拜,让人深感似乎逝者仍亲临现场一般。中国的画家不仅擅长通过图画"展现"出某种事物,同样精于通过图像去刻画"隐藏"某种事物。长期以来,这种基于"若隐若现"之间的动态回旋,构成了中国画家一贯的画风。

想象力不仅仅在欧洲和中国的艺术当中呈现出其显著的意义,它同样在"晚期智人"的形成以及其文化发展中扮演着重要角色。比如,回溯至数十万年前的骨刻审美图像便是一实例。无论是人类认识世界,还是世界进入到人的"内在",都需要借由图像这一媒介,通过想象力得以实现。此时,我们可以区分出三种不同的图像类型,即:神圣图像、表征性图像和仿真性图像。神圣图像不具有指涉性,它所呈现的样子就是它本身。如圣经里的"金牛圣像"本身就是圣洁,是上帝;同样,圣骨残体就是上帝的肢体。与神圣图像不同,表征性图像常常是一种基于模仿过程的图像。它总是有所指涉,它所呈现出来的并非其本身。比如照片,它所呈现的是过往的某一情境,而非指向当前。仿真图像则是通过人类新兴电子媒体技术而实现的一种新的图像方式。这种图像对人类生活的重要性与日俱增。此外,区分知觉性图像与内在精神图像两者之间的差异也显得十分重要。实际上,内在精神图像中的每一种表象(Vorstellung)都是对事实的表达,但却缺少客体的实际存在,比如记忆性图像和未来愿景性图像。当然,基于当前客体的实在对象而形成的知觉性图像对内在精神图像的形成与获得具有重要的影响。

除了知觉性图像、回忆性图像及未来愿景性图像以外,还存在着病态性图像、幻象性图像、梦境性图像等,它们与前面我们所提到的三种图像具有明显的差异。但无论是以上的哪一种图像,想象力都直接参与了图像生成与加工。康德及《德意志哲学系统》的作者等哲学家都曾对想象力的概念做进一步区分与阐释。内在精神的图像世界借助于想象力而形成,人类的情绪性也蕴含在其中。想象力的动态特性,使人与人之间产生交集与联系,使团队和集体得以构建;想象力的游戏性特点,又实现了图像与图像之间的相互联结,促使新的图像生成。在图像化的过程中,对这些图像的感知,以及通过想象力而生成的图像这两者具有重要的差异性。

想象力与想象

个人、团队和文化群体借助于想象力生成了各种具体的想象世界,而这一想象世界又可以被理解为物化的图像世界、声音世界、触觉世界、嗅觉世界、味觉世界。想象世界的物化性则最终说明了"人类必然是以一种历史与文化的方式来感知和理解世界的存在"这一前提假设。想象力唤醒、生成、联结并且投射出各种图像,进而形成了现实本身。反过来,现实又生成了各种图像。想象力是知觉、回忆和未来愿景的结构化的动态构成。图像与图像之间的交互联结正是想象力辩证性、节律性运动的结果。图像不仅存在于人类的日常生活,文学、艺术、戏剧同样蕴含着取之不尽的图像宝藏。有些图像显得静态稳定,且不可更改;而有些图像则恰恰相反,它们总是随着历史文化的变迁而改变。想象力具有符号动态性,它持续不断地生成新的意义,并为图像所用。这一通过想象力的动态性而生成的图像为理解世界提供了阐释(Hüppauf/Wulf, 2006)。

与通常所理解的想象不同,拉康主要强调了想象的迷惑性特征(Verblendungscharakter)。人的欲求、渴望和激情在促成想象的迷惑中具有着重要的作用,以至于人们无法完全摆脱想象世界空间。这些欲求、渴望和激情无需与现实实在有直接的关联。作为一种话语实体,人们只有通过符号秩序与想象力,才能与现实世界建立起一种断裂式的关系。通过这一方式，人们才可能尝试着摆脱想象世界的束缚。坎普（Kamper）也曾指出，"想象世界是社会发展的结果，其表达的是一个内在的空间世界。它具有强烈的封闭性、内在固有性。而人的幻想、想象力则是冲出这一封闭空间、穿越时间枷锁的唯一可能，毕竟幻想或想象力本身是非连续性的、超时空经验的"。（Kamper，1986，p. 32f.）想象世界的这种强行特性（Zwangscharakter）划定了人类生活空间的界限，勾勒了人类未来发展的可能，在人类生活空间与未来发展的可能性之间筑造了界限。尽管这种强行性只构成想象世界的一部分，但要去弄清想象力的强行性特点十分重要，因为根据我们所提到的观点，它可以标明图像知识的多样性和文化矛盾性。

想象力具有显著的表演性，从而使得社会的、文化的实践活动得以表演和展开。通过其表演性的特性，想象力创造了想象世界，如记忆性图像、现实性图像和未来愿景性图像。在表演的模仿性运动过程当中，图像的图像性（ikonische Charakter）得以为我们领会和掌握。正是由于运动过程当中对其图像性的模仿，图像才被纳入到想象世界当中。这些图像一方面成为精神世界的一部分，另一方面它们又是对外部世界的印证。到底哪些图像、结构或模型将成为想象世界的组成元素，这取决于多个方面。但无论如何，外部世界的"在"与"不在"都在这些图像当中相互交织。基于想象世界而产生的图像将通过想象力转移到一种新的情景当中。此时便形成了一种图像网络。基于这一图像网络我们改变着这个世界,而与此同时我们认识世界的方式也因此得以确定。

　　想象力的表演性使得社会图像成为想象世界当中的一个中心部分。社会图像呈现和再现着社会关系的权力结构以及社会结构。这一过程往往产生于童年时期,并且在之后的成长年岁中隐性地呈现出来。在这期间,人们对社会构成和组织结构已经有了知觉性理解。童年"观看"体验以及由此而生成的图像,将对"视觉化"地"看"待和理解世界具有不可替代的重要意义。对社会实践行动的"观看"式领会和理解,往往是在个体经验所表达出的历史文化图式以及具体的感知形成的内在精神图像中产生和形成的。我们"观看"到这些社会行动,从而将自身置身于其中,获得某种关系性。这样,社会行动才会对个体产生意义。如果他人的行动是指向我们时,那么就意味着他人正发出关系联结的冲动信号,并且期待我们对其作出回应。不管怎样,此时人与人之间便获得一种关系的联结,这种关系的形成正是构成想象世界的重要前提。我们进入到游戏性的行动(Handlungsspiel)当中,此时,不管我们是采用顺从于行动,或对其做出调整更改,又抑或是对其反抗的方式,重要的是我们要对该社会场景所期待的方式进行相应的处理。我们的行动并非基于相似性(Ähnlichkiet),而更多地基于生成性的、相切性的模仿而开展。因为当我们进入一种游戏性的行动时,我们认识并感知着他人的行动,从而与他们产生模仿性的关系。

想象力与身体实践

　　基于这一认识,我们对想象与身体实践之间的相互关系着重地进行了研究。其中我们以游戏和舞蹈为例,考察了身体运动以及身体表演对大众审美和社会发展的意义。而在一项对体态语和仪式的人类学内涵的研究分析当中,我们清晰地看到想象力与身体实践运动是如何紧密地交织在一起。无论是游戏性知识、舞蹈知识、体态语知识还是仪式性知识,都是在模仿性的过程中习得的。在这一过程当中,与之相关的实践活动得以内化,进而被纳入到想象世界当中,成为其固定的组成部分。作为社会性的存在,人们需要进行一些由大众集体生成的文化实践,进而通过这种实践使社会关系得以展演,使表演性的动态性也得以展开。

　　游戏可以区分为规则性游戏和随意性游戏。随意性游戏的特点在于,规则是随着游戏的进行而不断创生的,在其中由图像、图式和模型发展出的想象起着重要的作用。图像、记忆和情绪是通过游戏性的身体实践表演得以表达和呈现的。这些图像、记忆和情绪是随着身体的展演而陆续涌现的,甚至游戏参与者本人也常常为其表达形式而感到惊讶。

　　在游戏当中,游戏参与者摆脱现实生活世界对其的束缚,并认为这些游戏性的行为原本是十分"严肃"的。这样一种"仿佛性"(Als-ob)的特征对游戏而言具有决定性的意义。游戏参与者必须相信游戏虚构的"现实",并且完全投入其中。借助这种虚构的现实,游戏的动态性形成了。这种动态性在本质上取决于游戏参与者的身体在何种程度上得以强化。一方面,游戏参与者拥有一个属于其自身的独特身体,这样他才能任意地参与到各自的游戏世界当中;另一方面,"游戏里的角色"又早已镶嵌在身体中。基于这种"双重性",形成了一个游戏性的身体(Spiel-Körper),一个随着每种游戏的规则和标准变化而变化的身体。尽管游戏的展演与之前的相似的游戏表演有着某种联系,但每一次的游戏表演又因其参与者、地点、时间流程不同而不同。因此游戏的每一次展演都是独一无二的。游戏需要借助于想象力才得以最终展演。它是表演性的,因此也是身体的,常常是富有表演性和夸张的(Gebauer/Wulf,1998a)。

除了游戏,舞蹈也是文化实践的一种重要形式。舞蹈也是人们自我表演、自我表达以及自我体验的一个实践场域。舞蹈以身体为核心。基于身体,姿态动作、运动行为才能展开和表演。基于身体与动作间的相互协调与合作,人们获得了一个律动的形体姿态。舞蹈是丰富多彩的,并不能简化为某些特定的原则指导。舞蹈的展开和造型,需要有对形体的想象、律动的幻想和最终的身体化。舞蹈式的形体姿态的获得是动作、韵律、空间共同协作的结果,它赋予我们关于人的知识,且无法通过其他方式来替代。舞蹈创生了共同的审美体验和社会集体。在许多文化当中,舞蹈本身与献祭、狂热及死亡都紧密相连。与那些具有社会性功能的舞蹈或具有政治规训特征的身体动作相比,当代舞蹈是一种边缘化的表演形式。通过它的表演与展现,实现了想象力的结构、想象图式以及想象图像的不断补偿(Brand-stetter/Wulf,2007)。

正如游戏和舞蹈一样,仪式也是文化实践的重要形式,它是构建人们实践结构最有力的想象形式。进行仪式性的展演,需要一种基于身体的实践性知识,而图像、图式、表演、身体图像以及身体运动对于这种知识的获得起着重要的作用。这种实践知识是一种隐性知识,即只能通过意识部分地获得。在对仪式图像、仪式运动、仪式性体验的理解和阐释当中,想象力具有决定性的意义。想象不仅是通过其记忆性图像对仪式发生作用,而且还通过行为动作、社会实践、仪式表演的重现来产生功效。仪式书写并展演着社会生活。仪式构建了归属感和集体性,并且通过图像进入到想象世界当中。因此,仪式和有关仪式的内在精神图像是促进新的仪式活动和生成新的社会性行动的开启点(Wulf,2005b,2013a;Wulf/Zirfas,2004a,2004c)。

仪式使那些原本显而不明的事物可视化。仪式生成了图像,这为人们进入人类的想象世界提供了可寻之径。仪式对于社会地位的过渡性构成具有重要意义。仪式具有一种奇妙的力量,使所有的仪式参与者都相信其所参与的仪式安排的合理性,由此个体的社会地位与状态转换得以实现。在过渡仪式当中,仪式参与者在第一阶段还与之前所在的状态直接相连;在第二阶段,即中间阶段或阈限阶段时,则完全展现了其过渡性特征;在第三阶段,实现了与新的情境的整合。这一仪式化的行动序列使人们获得了相应的想象世界的图像顺序(Bildsequenzen)。譬如婚礼仪式可以很好地说明这一过程。婚礼过程也是对从未婚的状态过渡到社会性的"婚姻"状态的展演过程。在仪式过程的每一个阶段,仪式参与者都会形成相应的图像。这些图像直接印刻在参与者的想象中,并且彼此关联。

仪式具有动态性,否则它将只会沦为陈俗旧套,进而丧失其社会功能。因此,它的社会功能总是要基于其动态性和表演性。仪式生成了情感;仪式具有丰富的表现力和示众性;仪式实现着社会秩序。许多仪式都内含着潜在的阶级分层和隐性的权力结构,以及由这些分层和权力结构而产生的相应的想象图像(Wulf/Althans 等 2011,2004,2007,2011)。

体态语常常是仪式的重要组成部分。那些具有符号画面性的体态语蕴含着仪式的意义,比如勃兰特(Willy Brandt)在波兰犹太集中营里向死者下跪的画面。体态语常常只是行为而不带语言,这时身体运用的意义就更加显明了。因此,它可在一些常用的模型、图式和图像当中得到理解。有些体态语是内有的、身体化的,因此是一种隐性知识;而有些体态语则是在人与人之间的互动交流中被有意识地使用。体态语常常与语言直接相关联,但并非语言的附属。它总以不同的"表演模式"来呈现(Kendon, 2004; McNeill, 1992, 2005; Wulf/Fischer-Lichte, 2010),其中包括:一、常见的"节奏性体态语"(Schlaggesten),它主要辅助"话语"意思的表达;二、"图像性体态语"(ikonische Gesten),它主要受其图像性特征的决定;三、"象征性体态语"

(metaphorische Gesten),它同样以图像为其基本结构,但总与某种特定的文化存在"亲密"的联系。比如印度舞蹈当中的体态语使用,如果对印度文化并不了解,便很难阐释其具体体态语的意义。在一项大规模的民族志研究当中,我们从家庭、学校、同伴关系以及媒体等四个领域分别考察了体态语在教育、社会化以及人的成长当中所扮演的角色(Wulf/Althans 等,2011)。总的说来,体态语的社会文化性意义在于,它的最初起源时间远比语言本身更早,并且内含着明显的图像元素。体态语将社会价值赋予到身体的各种形式表达中。由于体态语的表演性以及图像性特点,体态语所在的文本背景对阐释和分析体态语的复杂性具有重要意义(Wulf/Zirfas,2005,2007)。

模仿和文化习得

人类凭借着想象力,在模仿性的过程当中生成了与诸如游戏、舞蹈、仪式、体态语相关的图像,以及其他的社会文化行动,并且将这些不同的图像形式转化到集体和个体想象世界当中,成为其中的一部分。模仿性过程是一种创造性的模拟(Nachah-mung),形成一种"相似性"。模仿的冲动促使具有模仿性能力的人类犹如进行图像"复印"一样去接受那些他们想要与之相似,或者想要成为的人。在儿童时期,这一过程显得尤其重要。在模仿性过程当中,儿童学会去感受,学会去表达自己的情绪,学会去调整这些情感。通过"野孩"(一个远离人类社会而长大的孩子）这一例子,我们可以得知,即便我们习以为常的直立行走和说话的能力,也需要通过模仿去习得。如果缺少一种社会性的环境,这两种能力就会始终处于未发展状态。孩子不仅与他人之间有一种模仿性的关系;他们还与周围世界产生模仿性的理解。孩子不断地使自己*趋像于*这个世界,并且将周围世界纳入自己的内在精神图像,并转化为想象世界的一部分。想象和运动促使他们将有关他人的图像、有关世界的图像进行内化、身体化。同样,在那些对帮助人类身份形成有着重要作用的非物质文化的生产、传递以及变革过程当中,模仿有着不可替代的作用。人类的身体、身体的时间性及其历史性就是非物质文化的媒介。游戏、舞蹈、仪式、体态语和传统生活以及工作方式,构成了非物质文化的重要组成部分。非物质文化的实践性知识对文化形式的表演十分必要。通过模仿的过程,这些实践性知识将部分被传给下一辈,如此代代相传。艺术当中的"表演"便是很好的一例。各种艺术形式的成功展演总是需要借助于想象在模仿性过程中的实现。这一过程又会伴随着一种行动性知识(Handlungswissen)的习得。这一知识有助于一种新的、基于身体知识的生产成为可能,也使构建一种新的表演变成现实(Wulf,2005a,2013)。

家庭仪式同样是文化性知识的一种形式。家庭仪式有助于社会文化身份的形成。家庭仪式大到可以包括那些反复发生的婚礼、诞生礼、葬礼,小到可以包括日常生活里不断出现的用餐、出游以及购物。除了这些仪式所需要的实践形式以外,与之相应的内在图像也对仪式活动的开展产生持续性的作用。这一点可以在有关"哪些童年记忆最让人们印象深刻"的民族志研究中得到印证。那些被回忆起的印象深刻的图像常常与仪式性场景有关,也是人们作为儿童时有过的强烈体验和情绪感受。家庭仪式以及由此而产生的内在图像展演着该家庭集体所共享的符号性、想象性知识,也加强了家庭秩序的自我表演和再生产。这些仪式以及图像形成了对家庭风格以及家庭身份的获得具有重要意义的社会行动。

在一项德国-日本跨文化的民族志研究当中,我们探讨了"人们有关'幸福的内在图像想象'对于'家庭幸福感'形成与获得具有怎样的重要作用"(Wulf/Suzuki/Zirfas 等,2011;Paragrana,2013)这个问题。其中,像这样的问题就变得十分重要:家庭是如何在节日(如圣诞节、新年)当中生成了幸福;"内在"精神图像又起着怎样的作用;节日(圣诞节、新年)需要包括哪些基本要素及图像才能让人们获得满足感、安宁感以及幸福感?尽管德国与日本这两种文化具有巨大的差异,我们仍然获得了五种具有同一性的、对家庭幸福感获得尤其重要的、具有跨文化特征的行为和理解,其中包括:植根于个人与集体想象的宗教意识与宗教实践;家庭成员共同用餐以及因此而获得的表象、共同记忆和用餐实践;礼物交换;家庭叙事;未被计划的时间感。在此,传统基督徒家庭中的礼物交换与上帝将其儿子降世为人的解救方式可以进行类比。家庭中特殊的叙事方式,以及家庭所持有的内在图像,有助于幸福感和家庭安康的获得,同时确保了家庭本身的独一无二性和不拘于时间的开放性。

家庭、学校、媒介以及同伴之间所形成的文化学习，很大程度上是依赖于模仿来完成的。通过参与日常生活实践，儿童潜移默化地习得了所在社会的价值观、规范和立场。在此，图像、想象力和想象扮演着重要的角色。借助于想象力，那些已经形成的关于世界的图像以及有关他人的图像，有助于个体想象世界和集体性想象世界的构建。这一存在于想象世界的内化图像也正是教育和人的成长最为重要的结果。基于想象力，知觉和情感又得以"塑形"。艺术课的审美教学将有助于知觉与情感敏感性的获得，这将对人们与他者文化进行互动、对话意义非凡。在模仿过程中，不同文化之间的人与人交往呈现出创造性的相似性。对他者的体验是人与人之间动态性、开放性的结果。由于不同文化的人在交往当中变得越来越相似，那么在一个全球化进程中如何与他者互动就变得十分重要。而此时，有关他者的图像(可能会左右着两者的关系)就扮演着重要的角色。当今世界表现出的新的文化构成，既是当前教育的重要任务，也对其发展提出了挑战。

第一部分

图像与想象力

第一章
作为图像的世界：大象无形

在日常生活中，我们总相信眼见为实。我们想当然地以为，我们所看到、所感知到的世界是天然的，是亘古不变的。而我们认识这个世界的方式，似乎（又为我们提供了足够的证明）让我们觉得一切是可信的、确凿的，由此也就赋予我们以安全感和实践的能力。我们几乎很难认识到，我们现在所拥有的"知觉秩序"(die Ordnung unserer Sinne)，我们认识世界的方式并非始终如此，一成不变。相反，它是历史更替、文化变迁的过程与产物。接下来，我们将围绕着这一中心论点进行详细的论述和说明。其中，我们将首先论述在文艺复兴时期伴随焦点透视法(Zentralperspektive)逐渐被接受，"受控的观视"的慢慢萌芽(die Entstehung des kontrollierenden Blicks)，人们接受和认识这个世界的方式开始发生转变，进而也导致了人类"心态"的彻底转变：人类开始将世界看成客体，并基于此构建各类图像——这也构成这个时期的时代特征。其次，通过一个异文化的反差性实例，我们可以看到欧洲人所拥有的"感官秩序"是如何地具有"欧洲文化"的特性。最后,欧洲图像以及欧洲人的感知方式的历史-文化性,也将在对中国画以及其知觉秩序的分析说明中得到进一步的阐明。

作为图像的世界

人们始终很难认识到,我们将世界看成图像以及通过图像去认识世界这一基本的认知方式,实际上是以历史文化条件为前提的。事实上,这一论点很早便被海德格尔提及。海德格尔强调人类将"世界作为一种图像"来认识是历史发展的结果和产物,是现代性的标志。如果说在古希腊罗马时期,人被视为感官各结构部分的物理(Physis)构成,被看作是大自然(Natur)的一部分,到了中世纪,人被看成上帝创造世界的一部分(神学),那么文艺复兴以后的现代人则跳出了原有的这些论断和桎梏。在文艺复兴时期,人类将世界看成是存在于其对立面的"客体",并将其视为图像化的存在。人们不仅从周遭世界当中去获得图像,并构架着其世界观(Weltbild),就连世界本身也是人类勾勒而成的图像。1938年海德格尔在其《世界图像的时代》一文中就曾指出:"然而,就'图像的本质'而言,我们还缺乏一个确定性的规定。'我们对某事了如指掌,掌握了其全景图像'(etwas im Bilde)不仅是指存在者完全被摆放到我们眼前,还意味着存在者所有的一切,存在者之中所并存的一切,以一种整体而系统的方式呈现在我们面前。'在图像中'(im Bilde sein)同时也具有'了解某事,准备好了,对某事作了准备'等不同的意思。在世界成为图像之处,存在者整体被确定为那种东西,人对这种东西作了准备,相应地,人因此把这种东西带到自身面前并在自身面前拥有这种东西,从而在一种决定性意义上要把它摆到自身面前来。所以从本质上来看,世界图像并非意指一幅关于世界的图像,而是指世界被把握为图像。这时,存在者整体便以下述方式被看待了,即:唯就存在者被具有表象和创造作用的人摆置而言,存在者才是存在的"[1](Heidegger, 1980, p. 87)。

直到文艺复兴时,人们都还不曾意识到人类与外部世界间的对象性关系。后来,人们才试图从外界当中获得某种图像,才朝向并适应外部世界,并将人类放置于一个新的位置。基于人类这一新的定位关系,存在者成为了对象世界,人类获得了新的关于自身的关系。正如海德格尔所言,"于是开始了那种人的存在方式,这种方式占据着人类能力的领域,把这个领域当作一个尺度区域或实行区域,目的是为了获得对存在者整体的支配。回过头来看,由这种事件所决定的时代不仅仅是一个区别于以往时代的新时代,而且这个时代设立它自身,尤其是把自身设立为新的时代。成为新的,这乃是已经成为图像的世界所固有的特点"(同上,p. 90)。

---

① 此处译文,以及以下有关海德格尔"世界图像时代"的论述,皆参照了孙周兴的《林中路》2004年第一版译本,上海:译文出版社。略有改动。——译注

与外界的关系和与人类的自我关系,两者互为前提。在文艺复兴时期,人们视世界为图像,视人类为主体。人越是多地征服了外部世界,人的"主体性"便越得到加强,那么这两者间的相互关系也就越多地为"人类学的世界"所讨论。"对于现代之本质具有决定性意义的两大进程——亦即世界成为图像和人成为主体——的相互交叠,同时也为我们理解初看起来近乎荒谬的现代历史的基本进程提供了帮助。这也就是说,对世界作为被征服的世界的支配是广泛而深入的,客体之显现越是客观,则主体也就越主观地,亦即越迫切地突现出来,世界和世界学说也就越无保留地变成一种关于人的学说,即人类学"(同上,p.91)。

如何去看待并理解图像,不仅是美学的话题,也是人类学的内容,确切地说是历史人类学的重要任务。首先,这一有关主体与图像两者关系的新理解,也引起了关于艺术与美学的全新理解。在欧洲文化中,其各文化子系统的形成,也正与艺术和美学的这种变化紧密相关。而在许多其他文化中,几乎不存在一个可以与艺术相提并论的领域,可以像欧洲的艺术一样如此持续地作用于欧洲人对图像的理解。

毫无疑问,海德格尔的观点需要进一步地细化探讨。但这一认识至少启发我们将"现代西方图像认识视为一个历史文化范畴"。不同文化背景中的人对图像的体会也是不尽相同的。因此贝尔廷(Belting)所说的"艺术的时代"里的"图像"有别于文艺复兴时期和当前我们所使用的"图像"概念。在后两者的概念当中,艺术的图像与日常生活的图像之间的界限和差异被消解,并且伴随着现代电子新兴媒体的兴起,新的图像也在不断地产生。

图像的形式与图像类型

人们不仅通过语言来表达着自我和外部世界,同时也通过图像来呈现。这里"图像"并不仅仅涉及融杂在隐喻中的语言和图像,或者那些文字性图像,以及符号性的图像,还指存在于具体与抽象之中、现实与非现实之间的"图像"。这种"图像"允许外部世界被内化,外部世界的具身化;它们往返忙碌于人的感性世界与想象世界之间;它们借助于事物来"再现"、去表达,却无需全部地显现出来。图像是一种媒介,并总是通过其"之间性"(Dazwischen)的特点来显明自身。即使所有的图像都具有这样共同的特征,但图像之间本身是有所区分的。根据分类标准的不同,可以划分出不同的图像类型和图像形式,获得图片编排和图像理解的不同视角。除了我们常说的文字性图像与图像性图像(sprachliche und ikonische Bilder)的分类方式外,因"想象力的方式与强度"不同而分别区分出的表现性图像(Präsentation)、表征性图像(Repräsentation)以及仿真性图像(Simulation)也是构成图像类型的一种方式。图像是否只是单纯地表达着显现(Erscheinnung)呢?图像是将内部世界转化为现象世界,还是通过身体将外部世界转化为内部世界?图像到底是想象力再生产的产物呢,还是具有创造性的想象力?在多大程度上其所在的历史和文化成为其展现和表演的前提呢?

　　图像可以被视为一种与感性直观直接相连的再现。这种再现常常关涉主体所看到的全部客体,并与其客体的表象直接相关。单纯的感性知觉一旦从人们眼前消失,便会生成图像。因此,这种对图像的理解有别于经验传统下对图像的认识。后者认为,没有任何一个表征性图像不是基于知觉性图像,尽管其内含抽象性思想与观念。这两种观点都有一个共同点,这也正是区分图像标准的关键所在,即通过想象力图像能使不在场的人或物"在场化"。因此,图像是"对客体的知觉"和"对已知觉的客体对象的理解"之间的存在。基于这一认识,"图像"就等同于认知心理学意义上的"内在精神的表象模型"(eine geistige Vorstellungsmodalität)。这种模型特性在于,它将所知觉到的信息储藏于"高结构性相似",且可以通过感知得以回溯的形式之中(Denis,1989,p.9)。

　　如果想将隐藏的事物可视化,则需要图像媒介,其中最为重要的图像媒介是身体。通过身体知觉与身体运动,人们创造了身体多感官图像,并由此将外部世界及客体转化到内部世界,整合构建到内部图像。也正是在这种对外部世界的知觉当中,各种感观相互交织重叠,生成了多感观的复杂性(multisensorielle Komplexität)。这样,触觉图像、味觉图像以及嗅觉图像等身体化图像越来越重要,以至于在文化学研究中也越来越重视诸如此类图像的研究(Kamper/Wulf,1984;Michaels/Wulf,2014)。这可以在有关听觉(Paragrana,2007)和视觉的相关研究中得到清楚的说明。通过听与看这两类感官，人们便分别获得了听觉性图像和视觉性图像，并在视听交织重叠的相互作用中习得视听的两极性(Bioplarität)。

此外，还有一种图像是感知-运动的活动性图像(Bewegungsbilder)。这类图像既与活动幻想(Bewegungsfantasie)紧密相关，同时对身体想象有着重要的意义，因为活动性图像所呈现的举止、体态语和各种不同方式的身体表达不仅为通往"内部图像世界"提供了窗口，而且它本身也是"动作记忆"(Bewegungsgedächtnisses)的组成部分。这种"动作记忆"在诸如舞蹈和体育运动中都扮演着主要的角色(Paragrana,2010a)。与此同时，还有一种动作的活动性图像(kinetische Bewegungsbilder)。它是由情绪引起的身体图像，与身体反射和肌肉运用相关联。这一图像主要是模仿的、身体图像不断自我调整的变化过程；图像展现出身体的内在情感，以及由此而引起的变化。这类图像对人的自我定位和自我形象具有重要意义。

听觉言语性图像与视觉图像性图像(ikonische Bilder)之间互相联系的复杂关系，在推动文化传统的传承与发展方面具有重要的意义。其原因不仅仅在于视觉图像性图像和听觉言语性图像由大脑的不同分区而构建(Changeux,2002)，还在于其分别与客体之间形成了不同的关系。一般来讲，视觉图像性图像侧重于对客体的阐释性再现，具有自反性；听觉言语性图像则很少与客体存在感官的联系，它往往是通过文化传统遗留下来的符号来表明自身。因此，听觉言语性图像更具有抽象性，而视觉图像性图像则侧重于指出人与客体之间存在的表征性关系。视觉图像性图像直接与外界直观性事物相关,而听觉言语性图像则首先必须生成一个"内在的直观"(inere Anschauung)。视觉图像性图像是事物的各种关系所进行的"同时性"呈现,而听觉言语性图像总是在谈话、写作、阅读的时间流逝中逐渐发生。在"说"的过程中,形成了抽象语言符号,以及伴随这些符号而生成的内部图像,两者之间具有连续性、相互交错等关系。借助于人的想象力,视觉图像性图像和听觉言语图像两者相互印证,互相补充。这也使得通过对图像的直观观察形成了(具有反思性的)抽象语言性的阐释,通过"话语"形成了具有话语意义的相关图像。如何理解视觉图像性图像和听觉言语性图像之间的关系,这种关系又是如何构造的,在不同的历史背景下呈现出不同的理解,而这些问题是直到当前仍是语言学和图像学研究的中心课题。

由于依据不同的标准,图像也就有了不同的分类。早在1994年米切尔(Mitchell)就曾提出了一个图像分类的建议:

(1) 图片式的图像:油画、素描等;

(2) 视觉性的图像:镜像、投射等;

(3) 知觉性的图像:感知物,形式,现象;

(4) 内在精神图像:梦境,记忆,想法,想象性图像(幻想);

(5) 文字/言语性的图像:象征,描写(Mitchell, 1994, p.20)。

当时新媒体影响还不如现今深远,数字化图像还未曾被人关注。然而后来,人们也致力于将新媒体背景下产生的数字化图像融合到原来的图像分类中。所以有学者就对米切尔的分类系统进行修改,使其兼顾新媒体图像的特征,并更加符合当前图像世界中图像的各种不同的形式与发展趋向(Großklaus,2004,p.9)。这一新的分类系统彻底性地区分了"内在"与"外在",这样图像被初步分为了两类:首先是构成人身体内在,但又需要以身体为媒介的无形图像;其次是外部形成的人工制作性图像(manuelle Bilder)。其中,人工制作性图像又可区分为动态性图像和非动态性图像。与以上两种图像不同,技术图像的衍生必须依赖具体装置,又可区分为模拟图像和数字化图像。总的说来,这一新的图像分类如下:

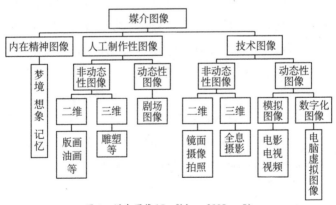

图 1　媒介图像(Großklaus,2009,p.9)

内在精神图像(mentale Bilder)又可以根据图像与时间的关系(现在、过去、将来),意识程度(苏醒、沉睡)以及图像的真实程

29

度(真、假、幻想)等不同的维度标准进行下位分类(如上图所示，Wunenburger,1995)。就图像与时间的关系这一分类维度来看，将涉及到知觉性图像(Wahrnehmungsbilder)如何与记忆性图像和表象性图像(Vorstellungsbildern)这两者区别开来。这便涉及到以下几个问题：伴随着记忆图像和表象性图像而产生的内在图像在知觉中扮演着怎样的角色？在何种程度上这种内在图像决定着知觉性图像的成型？我们的欲求和渴望对我们理解世界的方式起着什么样的作用？实际上，在人的感知中就已经出现了对图像的模仿性的复制(Verdoppelung der Bilder)，促使其将外部世界转化为内部世界，形成内在精神图像。但问题在于，在何种程度上个体的独特性和单个事物的属性可以成功地进入内部图像世界；又在何种程度上，这一在本质上受制于个人或集体所在的历史文化背景的过程是具有"建构性"的过程？不容置疑的是，这两个方面对感知具有决定性的作用，只不过问题的关键在于这两方面如何分配，孰轻孰重。当然，要想找到一个普遍性的答案对此作出回答几乎是不可能的，只能通过具体的个案研究分析才能揭示两者之间的关系。但此时人们又将面临诸如普鲁斯特曾提到的、能唤醒时间记忆的玛德琳蛋糕式(proustsche Madeleine)难题，使得我们很难判定到底这是与感知有关还是与记忆有关。

记忆性图像本身也可能各不相同，相去甚远。有的时候，客体可能被"综合性地记忆"；但有时候，物体仅仅是被片断式地记忆；有的时候记忆可以完全被提取出来；有时却被屏障记忆

(Deckerinnerung)所覆盖。如此看来，记忆图像总是一再被更新，一再被重构。很明显，模仿过程在其中起着举足轻重的作用。所以我们可以把"记忆重构"的过程描述为模仿的过程，此时回忆者是处于他当前的感受，根据"相似性"特点，将模仿的内容纳入其记忆当中。由于这一过程本身是重构的过程，因此，它自然而然地将在每次以不同的方式呈现。在相互关系中，感知运动的过程(motorische Prozesse)显得十分重要，因为它直接作用于记忆的形成与塑造。同样，社会结构背景以及进入到记忆中的当时社会的影响因子，也潜在地影响着记忆的发生。仅有少部分的记忆图像是在意识层面形成的，大部分的记忆图像都是柏格森所说的自发性的记忆(Bergson, mémoire involonté)，此时内在驱动、想象的自主性和跳跃性在其中起着重要的作用。

那些指向未来的"投射性的图像"常常是以一种特殊的方式将想象带入到游戏中。这类图像关涉的是对那些还未成为现实的生活情景、实践活动或者社会行为进行栩栩如生、活灵活现的筹划。这类"期待性"图像具有一种似是而非、若实若虚(Als-ob-Charakter)的特性。这些图像看起来被勾画得如此真实，以至于人们常常忽略了其首先必须现实化。未来图像的筹划，往往与掺和着集体和个体图像的过往经历有关，它们可能会有十分不一样的出发点。"期待性图像"的发生，往往是由实践行动的紧迫性、某种希冀或者是人的某一欲望引起的，又尤其是人的欲望在其中起到了非常重要的作用。

从未来投射性图像转化为潜意识性图像和梦境图像(包括

睡梦与白日梦）只有一步之遥。梦境图像（Traumbilder）只不过服务于"愿望实现"，这一说法还没有为人们所普遍接受。尽管在许多情况下梦境图像可以缓和冲突，对某个问题的解决提供期待，但它却不仅限于此。梦境图像同样也是一种表达方式和表演形式，其中集体意识起着重要的作用。即便人们不一定都同意荣格所提出的"安扎于身体的原型说"，但有关"梦境图像的普遍性存在"的意义（Jung, Bachelard, Durand）探索始终在人类学研究中占有重要地位。梦境作为一种背景性图像影响着人的情绪，左右着人的行为。作为一种"原型"或"图式"，梦境图像使那些凭借想象以及源于生活筹划的感知结构化。在这一过程中，普遍与个别实现了统一。除了可以创生和使内部图像世界结构化以外，梦境图像也使永久性图像与一般性图像得以区分。同样，原型使图像产物得以结构化，这涵盖了从神圣符号图像的生产到具体广告图像成形的过程。图像可以被视为一种模式，可以将复杂的关系简单化。有时候它们也被看成是刻板的，是陈规俗套。因为，它们过于简化，过多地忽视了具体的情景与文本意义。

以上的相关论述从内在精神图像的不同形式区分出了不同的图像类型，它们总是基于某一媒介而使自己得以可视化和物化。此时的图像可以呈现为涓流的细水，也可以是坚韧的磐石；它可以静止如画布，也可以动态如电影。总而言之，它们可以是动态的，也可以是静态的。同样，图像也可以通过"表征形式"而获得。此时，形态（Figuren）、图案（Konturen）和感受（Spuren）将与某种基点或某个文字相关联，并且不需要对其进行完全的模仿复制。这一"基点"可以是可视化的，也可以是虚构的。其中草图、图式、剪影以及抽象化的几何图形如字母、图表、标识牌、计划或者地图等也归属于这种"表征形式"。图像的分类也可以根据其使用的技术，也就是使用的不同媒体产品而进行。这样，我们就可以区分出从简单的如铅笔、画笔，到稍微复杂的摄影设备和相机，再到更为复杂的电脑等媒体产品。最后，图像可以在"观察角度的再生产"这一框架中得以考察，如镜像图像便是最早的，也是最为简单的一种图像的再生产。书籍的印刷、图像的复制和当前大众媒体的新图像产品，都是图像再生产的表现。然而，不管是基于哪一种标准的图像分类，不可否认的是，它们都只能抓住复杂图像的一部分（Wunenburger, 1995, p. 49ff）。

知觉系统的文化性

随着图像涵盖的范围越来越广，人的各种知觉也越来越分化。这种区分导致了各感官知觉间的明显独立与分离，而首当其冲的便是"视觉"以及由此而生成的"视觉性图像"的独立。视知觉的过度膨胀（Hypertrophie des Sehsinns），也渐渐对其他的感官知觉带来了负担。换言之，"视觉"逐渐成为中心，导致了诸如听觉、触觉、嗅觉以及味觉的贬值与缺失。"视觉"占主导地位这一发展趋势正是欧洲文艺复兴的一大标志，但这种"欧洲化"的文化特性却常常被忽略。在很多非欧洲文化中，视知觉不如它像在欧洲启蒙时期那样具有主导的、压倒其他感觉器官的地位。尽管在欧洲文化传统中，某种确定的视知觉形式占有着明显的主导地位，人们也从未放弃过对"整体知觉"以及一直缺少关注的"微妙性知觉"（Nahsinne）的意义探讨。

比如，斯特劳斯（Erwin Straus，1956）就曾指出，"整体知觉"可以看成是知觉与感受的相互交叠。斯特劳斯将感受看成是一种"共情体验"（sympathetisches Erleben），它会因文化的不同而不同。在其中人与世界相互交叠，既存在"整体统一"又存在着"多样的知觉"。虽然各种不同的知觉所传达的感受各不相同，但是其共性则始终存在于人与世界每一次的联结中。区分知觉的标准关键在于其所归属的不同空间形式（Straus，1956，p. 212），以及其与时间存在的固有关系。比如，之所以有"视觉"的发生，是因为感受和运动本身所存在的内在关联。"看"是"视动"引起了人的"感受"。如果没有"视动"便会出现"目光呆滞"，这样既不会产生"视觉图像"，又不会引起"感受"。因此，感受在运动当中产生，舞蹈便是最为突出的一例。在舞蹈中，音乐与律动整体统一。听觉是对"声音与音色"时间维度上的感受。通过运动，才能体会音韵的流逝以及空间的时间性。

无论是古希腊时期开始对视知觉的关注，还是通识教育时期对视知觉的提倡，或是如今新兴媒体的兴起而带来的视知觉意义的弥漫，都使"视觉"获得越来越高的地位，与此同时，"微妙性知觉"不断地被忽视。当然，在这一发展趋势中还有许多其他的原因使得人们只关注单一的知觉行为，在此我们无法一一详述。尽管埃利亚斯(Norbert Elias)和福柯(Michel Foucault)对有关现代化与规训的关系、科学发展与主体性(Individualisierung)发展的相关研究提供了许多例证,但也仍然没有穷尽其原因。

我们可以通过一种例子来说明"视知觉的过度膨胀"是多么的具有欧洲文化特色,人们的各感知觉的运用和感知觉的秩序在不同文化中可以有着怎样不同的分配原则。

> 血有着许多不同的感知特征:它是热的、黏稠的、鲜红的、带咸味的,同时也是有气味的。到底哪一种特性更为重要,关键在于知觉秩序的排位,因为知觉秩序决定了事物如何被感知。对于北美人而言,他们更多地关注血在"视觉"上的呈现,将其标示理解为"红色"。而在印度南部,血作为一种"触觉"式的感受在 Siddha-Medizin(药物)上得以彰显。这是一种唤醒人的脉搏与身体的治疗……在危地马拉这个国家,就算血也与触觉相关,但血的"声音/调"特性则被突出,即他们将其纳入到"听-触"觉而被理解……日本的阿伊努人则以"血的气味"为重,并以此祛除鬼魔。再如澳洲北部的神话"Wauwalak 姐妹",也将血视为一种气味,只不过他们将其视为一种"含有噪音的气味"……即归属于听觉-嗅觉系统。(Howes,1991,p.260)

正如以上的例子所显示的,在不同文化中知觉的感受是迥然各异的。不同文化当中的知觉系统的秩序决定着人们感知事物的方式,也决定着每一种知觉感官各自扮演的角色是如何地具有差异。如果我们对这种"差异性"做进一步的考察,我们会发现,"知觉秩序"的排序与其他的文化特质直接相关联。在此我们可以举"语言当中存在的与感官相关联的词的多样性"为例。在印欧语系中,与"视觉"或与"看"相关的词要远远多于其他知觉关联,如其大大多于关于"闻"或味觉的词。知觉以不同的方式渗透到大众审美的形式和大众审美的规范标准塑造当中。在欧洲文化里,视知觉具有主导性,并将"被观之物"皆视为"客体对象",而印第安纳瓦霍人则以完全不同的方式感知着客体对象。比如,他们并不像那些美国游客一样,在画沙画时是"从上往下"去构图。他们完全有自己的方式,他们总是以"画布中间为支点"去作画构图。同样,关于"美"的知觉认识,在欧洲文化当中总是通过"视觉"去组织构建;而在其他文化当中另外的感官,如"听""闻"也占有同样重要的地位。原则上讲,知觉运用方式与方法所呈现的文化性差异,与其在不同社会场域使用的方式与方法所呈现的差异也具有一致性。总的说来,知觉秩序的形成是各种知觉感官在不同情景展示和表演中生成的(Wulf/Zirfas,2005)。

"大象无形"

文化人类学的相关研究,指明了在不同文化中各种感官知觉之间的关系是如何地具有差异性(Michaels/Wulf, 2014)。视知觉运用的差异性,又相应地导致在图像理解(Bildverständnis)建立中的巨大差异。这种差异反过来又作用于视知觉运用,影响着该社会文化群体的知觉系统的构建。图像理解的建立到底会有多大的差异,我们可以通过对"传统中国画"的对照来进行论述说明(Obert, 2006; Jullien, 2005; Escande, 2003; Bush, 1971)。这种"他异性"(Alterität)的对照,将进一步指出欧洲传统是如何将世界作为人认识的客体与对象性图像,以及这种认识方式又如何促使了主体性在欧洲的形成。

根据朱利安(François Jullien)的解释,中国山水画的构成常常是"在场"与"不在场"之间的游戏。它在"有"与"无"的回旋运动中"显现"与"消失"。正如老子所言:天下万物生于有,有生于无(道德经,第40章)。这种"有"与"无"之间的游戏回旋,构成了中国画中的"半阴""半阳"。在中国"祖先祭拜"当中同样可以找寻到类似的"有无"游戏方式。在"祖先祭拜"仪式的过程中,人们对逝者的祭拜仿佛已故之人又亲临现场一般。这种"仿佛在"也构成了解码中国图像和绘画的秘密所在,在王维所写的《终南山》中我们可以窥见一斑。他写道:"太乙近天都,连山到海隅。白云回望合,青霭入看无。"在这里,山峰与天际合为一体,人置身于青霭之中却难见其形,随着烟云变幻,由清晰转入朦胧,进而让人体会到其中蕴含的若隐若显之美。此外,"若现""若隐"正是中国绘画的特征。作画者并非旨在勾勒出某一客体或对象,而是试图描绘这种"回旋"运动,以为赏画者所理解,并由此产生触动。当然,中国画家并不满足于将某事物可视化;他们对事物的模糊性、隐藏性乐此不疲,与此同时也能将这种"回旋运动"收于画中,以慰观者。著名的法国汉学家弗朗索瓦·朱利安曾就中国山水画中的这一特点做了如下的论述,"世界万物原初是由阴阳互补而生。由于阴阳之间的'转化性',便生成了道——一谓阴,一谓阳(时而阴,时而阳)。所谓的'典范规则'则来自阳。它需要'显明'。此时'阳'便为'如何向外部扩大、伸展'。与之相反的是'隐性'的阴,其主要在于'对形式的隐藏与封闭'"(Jullien, 2005, p. 30)。揭示-隐匿、有形-无形构成了中国画的精髓。但是人们如何去理解"无形",取决于"有形的图像",没有这种有形便也无所谓的无形。在中国画中,画家并不旨在画出他们所观之物,而是尽量地描述和呈现其"所感之物"。如此一来,有与无之间的对立关系完全溶解。因为,"道"就是"显",它总是处于"显"的边缘,好似它一直"在"。同样,"作画"即是"不画","图像"的生成即是"非象"的结果,用老子的话说:大象无形。

通过上面的分析,我们就不会对下面的说法感到奇怪,即,汉语中的"象"既指"图像"又指"现象";而"现实世界所呈现的"与"图像里所勾画的"几乎没有差别。在这里,现象世界与图像之间并不存在所谓的表征关系。如果真如朱利安所言,那么如此一来现象世界与图像世界之间就不应当存在模仿关系。而实际上,朱利安所言的是狭义上的模仿概念,这一模仿概念正是基于其"自然本性"(natura naturata),而非自然的自我创造天性(natura naturans)。与朱利安这一观点有所不同,基于我对模仿的研究,我认为模仿(Wulf,2013)在中国画的形成过程当中,在其"若隐若现""时隐时现"的运动过程中,发挥着中心作用。而关于"客体"认识,将对象看作主体的对立面,中文叫做"对象"。这个词是受西方文化的影响新造而成。这里,"对象"实际上指绘画是基于对"现象"与"非现象"的图像模仿过程。这一过程并非是以"对象"为目标,而是以"大象"、"无形之象"为最终诉求,这也是中国画的最终源起所在。

中国画并非简单的再生产,也非再现,也非重复性的过程;它更像是一种"对某物的反思"。这里的"某物"既非特定的客体,也非图像本身。"初学者们相信无限地接近'相似物',是为了寻求'真实';而在高手看来,作画时要同时注重'现象'的本质和事物本身,才能'开花'(外在的相似)'结果'(能量-清香的表达)。这种相似性的'表象'取决于人们接触某些物质存在,但又同时忽略了这种能量-清香。这种能量对形式存在产生了某种冲击与挤压……(并非指隐喻式的,或者诗意化的,而是指现象世界的不同形式,以及多样变化)"(Jullien,2005,p.268)。和自然性的"力"相似的"气"(Atemenergie)产生了"图像";气赋予图像形式以生命气息,使图像兴起于"空"与"溢"之中。这一强劲的力量帮助图像位于"隐匿"的边缘而不用受制于其外在形象,如雾、风、雨、河、路或树。因此对中国画家而言,西方绘画自始至终都是围绕同一客体的作画方式是很难让人理解的,如著名的画家阿尔贝蒂(Alberti)以及他同时期的文艺复兴画家们总是采用透视,或者相关的概念方式作画。欧洲文艺复兴时期的绘画总通过"desgno"呈现上帝造物的力量。所谓"desgno",是指艺术杰作是基于"无"而生成"有";而在中国画中,并没有突出某种"创生"之物。画家所作之画表达的是一种"自然之力",而这也仅仅是"力"的部分组成。这种气总是会产生新的图像,并且对其进行调整、更改甚至变革。当现代欧洲文化不断地吹捧并突显主体与客体、形象与现象这种二元对立时,中国文化却始终在缩小这两者的差异,这一点海德格尔也曾提及。与欧洲不同,传统的中国画家强调的是与自然和谐一致。正如朱利安写道,"之后,作画者的作品将会为人所评判——在何种程度上图画作品表达出了竹林中的竹叶灵性,抑或作者是否透过山石结构性表达出某种生命性。这种灵性和生命性通过其内在的'势'得以彰显,并且通过重新找寻到的'流动性'再次对其支配,且完全自由地重新开始"(Jullien,2005,p.276)。

欧洲绘画突出强调的是人创造"图像",并将人看成是"图像的人"(Homo pictor,Boehm,2001),中国绘画中的"图像"则摆脱现成给予的对象,偏重于在伦理学层面上将"人-在-世界"(Sein-zur-Welt)全面展现出来。正如奥伯特(Obert)所言,"与图像交流对话的本质是为了成功而美好地生活于世。"(Obert,2006,p.145)因此,中国画所涉及的是"人与他在图像世界的栖息"及其表演性,进而创设一个人类"共同体"。这种"图像感知"可以在"道义上的责任"的框架中得以理解。在中国绘画中,图像"主要是在于他的功效，而非在于是否对现象世界正确知觉。因此，最好将其称为'功能画'（Wirkbild）"。图像的功效很大程度上依赖于"气"（日语，Ki），"在气里，有着连绵持久的运动，丰富多样的载体，自我觉醒的起源，这就叫生命，也是生命之源"（Obert，2006，p.149）。气在不同的"生命力量"的各种形式中表现着自身。这种"生命力量"总是与"气"相关，并随着"气"的呈现而生成。"'呈现'就是一种表达。在这一表达中，只要它依赖于某一媒介直接传达了自我与某物的具身化，象征性的差异便消失了。"中国人认为，图像由"气"生，同时由"气"表达。这一"表象"为赏画者所知觉、共鸣，同时也作用于图像进而影响着赏画者。

中国山水画常常以"卷画"的形式呈现，其有别于欧洲文艺复兴时期基于"焦点"透视的作画方式，因而两者的观画方式也不能相提并论。中国画不能"一眼"获得对整幅画的同时性知觉，而是在慢慢的"卷开"过程中去体味、获知（er-fahren），进而鉴阅图画。"在诸如此类的图画中，通过其画面既找寻不到某种可解码的象征符号，也没有对现实事物的写照，甚至不是为了画面本身。'画面'在其自身的展开中呈现其表演性，是为了打开一幅赏画者-图像-世界的'共同存在'（Mitsein）。赏画可以改变观赏者自身与世界的关系，使他通过直觉与周围现实世界相处。"（Obert，2009，p.152）这些图像并非是对现实世界的图像表达，而是直接作用于观察者，引导其在画中找到"栖居之地"。它所构建的并不是图像与观赏者之间对立的"距离性"关系,取而代之的是观赏者与世界关系的发展。这种图像关系是因复杂的模仿性过程而形成,而图像本身也成为了人生活的栖息之地。

第二章
想象力与人类的形成

随着现代视觉文化兴起，借助于大众媒体的传播，图像已经日益渗透到人们日常生活的各个方面，进而对人们的日常生活产生影响。因此不容忽视的是，伴随视觉文化的发展，图像对帮助人们理解当前社会具有重要的作用。文化学提出的"图像转向"，使得图像再次赢得了新的关注，并对以下问题展开了讨论：什么是图像？人们如何使用图像？图像如何影响我们？如此激烈地讨论图像，究竟是否有意义？是否需要对丰富多样的图像形式做无限的区分？既然图像本身要么是为了呈现某物，要么是为了再现某物，如此一来数字化图像是否还是图像？要知道，一般而言，数字化图像是由数学运算而形成的同步性图像，是由数字信息技术的加工程序而获得，因此这样的图像是否还具有"映象特性"（Abbildcharakter）成为了一个有争议的话题。这种争议在自然科学的图像成形过程中又表现得更为明显。因为，在自然科学当中，图像是复杂运算的结果，图片呈现是丰富多样的,且时常是不兼容的。在学术研究的语境中,图像总是与语言相伴而行。图像具有其自身的特性,其主要传递的是一种图像性信息,因此不能简化为语言文字。换言之:图像本身是具有价值的,且是无可替代的。这一点已在文化学当中逐渐被认识,所以才产生了我们上面提及的"图像的转向"。人们具有生产图像的能力,这究竟具有怎样的人类学意义呢? 我们应当如何理解人类创造图像、记忆图像,以及改造图像的能力呢? 从系统发生学和个体发生学上看,这种能力对人的形成又有什么意义呢?

想象力是人存在的条件,没有想象力,就没有所谓系统发生意义上的人类形成,也不会有个体发生学意义上的个体成长(参考 Hüppauf/Wulf,2006;Wulf,2010a)。在希腊语中,想象力被视为一种力量(Kraft),即将处于世界当中的人类表象化的力量。这里的"使表象化"(zur Erscheinung bringen)包含了两层意思:首先,外部世界是以人类生存的基本前提而呈现于人们面前,它是既有的,人们以外部世界呈现在个体面前的方式感知理解着周遭世界。其次,它是指借助于内在精神图像去"勾勒"世界,并在此基础上致力于实现这一构想。这里就关涉到连接人与世界、世界与人的媒体。这一媒介具有连接内与外、表与里的"桥梁沟通"功能。这一媒介是相互交错的(chiastisch),是在其桥梁沟通功能发生过程中展现其意义的。在古罗马文化中,希腊语中的幻想(Fantasie)也就是想象力,主要强调的是想象力的语言特征,将外部世界转化为各种图像、形成内在图像观的能力。在德语中,帕拉塞尔苏斯(Paraclesus)将 Imagination 译为了

44

想象力(Einbildungskraft)。这种"力"将世界"编入"人的想象，而人的内在世界又基于世界而构成。如果没有想象力的转化性，就不可能有人的文化世界，也不可能有想象(参考 Iser，1991；Žižek，1997；Sartre，1971；Seel，2000)，更不会有语言。

人类的进化与想象力

有关幻想的起源问题，人们知之甚少。幻想最初起源的可觅之迹可以回溯到很久以前。毫无疑问，它的源起与人脑容量的变化密切相关，而这一变化早在直立人(homo erectus)时期就已初见端倪，也构成了人脑进化的重要时期。由于直立人可以"站立"，从而解放了"手"。人脑容量的增加、手的解放、前额的进化以及语言的出现之间的相互作用，推动着人类走向新的复杂性的进化过程。此时，幻想在其中起着不容忽视的作用。除了人脑容量的增长对幻想的起源具有推动作用以外，神经网络之间连接质量对幻想的形成更是起着举足轻重的作用。而人脑的进化正是植根于这一系列的变化之中，比如：进入狩猎时代人类食肉性的增加，直立人生存空间的转变，火的使用，语言的产生以及文化发展。因此人的形成应当从多层面形态学(Morphogenese)予以理解，即它是生态、基因、大脑、社会和文化等多方面因素相互作用、相互影响的结果。基于此，对人的发展起着重要作用的想象力得以进化。

人们借助于想象力，将原本仅是天然的实物转化为具有审美价值的事物。在这一过程中,人们总是借助想象力首先勾勒出某种可能性图像,然后再将其加工成实物(见图2)。

图 2　石斧　法兰克福考古博物馆

在这一转化的过程中,首先要基于内在精神图像,挑选合适的石头,对其加工,最终使其成为既可以实现某一功能性价值又不失审美价值的实用性工具。当人们将他们的内在真实转译成某种图形(Zeichnungen)时,审美就提升到另一阶段。如在德国图宾根市比尔钦格斯莱本(Bilzingsleben)发现的、可追溯到三十万年前旧石器时代的骨刻文,就很好地体现了人们审美的发展(参考 Le Tensorer,2001)。

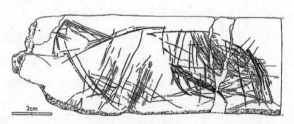

图 3　比尔钦格斯莱本的骨刻文(源自 Le Tensorer,2001)

有些专家将这些图形勾画看成是某种形象，有些则认为这只不过是毫无意义的涂画。而一个在多瑙河以及莱茵河一带发现的、源于约三万五千年前的人物雕像和动物塑像，清晰地呈现了图像构成的另一新阶段。这些雕像将"作为图像的人"及"人的图像"更加明朗化。

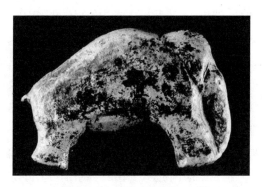

图 4　来自福格尔赫德动物塑像（猛犸象牙）
图宾根大学，史前与中世纪考古研究所

同一时期的石洞壁画是体现更为复杂的想象力的杰作。这些壁画描绘的是欧洲文化，也是迄今为止发现的最美的旧石器时代（Frankokantabrische　Raum）物品（图 5）。勒儒瓦高汉（André Leroi-Gourhans）认为，这些壁画"在一定程度上是从当时已有的文字中分离出来另辟蹊径的体现。壁画立足于抽象，一点一点地对形式和运动变化给予呈现，最终通过线条表达现实，将现实融于线条中"（Leroi-Gourhan, 1980, p. 243）。石洞壁画体现的是当时那一时代的艺术图像，这些图像隐藏着许多神秘的意义,但却一直无法解答,令人费解。但毋庸置疑的是,当时那个时代的人们对这些图像的感知和认识,与当前人们对这些图像的理解大相径庭。人们很难理解石洞壁画的真谛正体现了人类的"能力的界限"(diese Begrenzheit unserer Möglichkeiten),这是在方法论层面应当思考的问题,也是历史人类学的重要话题(Wulf,2013a,2010a)。基于人的"能力的相对性"(Relativierung unserer Möglichkeit)去解读石洞壁画,是笔者的历史人类学的方法论层面上的论题(Wulf,2009,2010a)。如此一来,艺术作品本身的历史性与文化性,以及观察者自身的历史性与文化性便相互关联。只有基于这种双重历史性,才能将作品自身的历史性视为理解作品本身的关键性要素。

人们曾是如何感知和理解这些图像的呢?这些图像是否可以看成是某种现实的生物模型?图像中的动物是否真的再现了当时并不在场的动物?这都是我们无从得知的。今天,作为观画者的我们,总是把图像带入当前语境。图像表现着不在场的动物或某种形象,并以一种我们难以理解的动作姿态、指示方式去加强其表演与呈现。壁画实现了事物的复演性,重新赋予其生命力,并以这种方式强化着我们的感知。我们将图像看成是图像,而将图像里所呈现的物(Dinge)看成是图像的对象。同时,我们也发现图像以外部世界为参考。我们所说的图像,总是参照了外部世界,并与图像所示存在着千丝万缕的关系。有时这一关系是神秘的,有时他们总是通过相似之物标明,有时也是通过因果关系来呈现。这种交叉互织的图像,出现在人的感知当中，正是想象力的产物。这一想象力一方面直接涉及到图像本身，另一方面也关系到图像观赏者。

图5 来自 Vallon Pont-d'Arc Chauvet 的狮子（Ardéche）

死亡与想象力

在尼安德特人（杜塞尔多夫）古墓发现的陪葬品，是展示人类想象力发展进入另一个阶段的新发现。古墓陪葬品包括五颜六色的物品、各类装备以及粮食，这些都表明尼安德特人相信"死后生命的继续"。而在法国加隆河上游的拉费拉西山洞遗址中发现了撒上褐色粉末的男人、女人以及孩子。在伊拉克北部的沙尼达尔的洞穴遗址中，发现了全身上下都含有玫瑰花粉、丁香花粉和风信子花粉的人体骸骨，由此推算，当时死者是以花而葬。基于这些考古发现，我们可以得出这样的结论：生者总是惦念着死者，并始终将死者看成生者中的一员。生者知道这种痛苦和悲伤，并且以"人的终结是以进入天堂世界"为信仰而得到安慰。如尼安德特人不仅对过去和未来充满真实而生动的想象，而且还对逝者死后进入天堂生活的各种可能性存有想象。死亡展现的是一种界限，这种界限性本身对富有想象力的图像产品具有强烈的需求。这也适用于早期人类社会发展，并且始终如此。宗教性想象世界中很大一部分是人们对死亡以及死而复活的回应。

人们对死亡的体验与图像作品两者之间具有紧密的关联。下图(图6)展现的是一个在位于美拉尼亚群岛的新爱尔兰岛发现的骸骨头雕塑。这一雕塑极有可能是葬礼仪式中的木刻雕塑，而这个人头骸骨则是生者祭奠的已逝者。

这具木制头颅镀上了油蜡和石膏，由赭土涂抹而成。从储藏的方式看，它却并不是单纯的木乃伊，而是基于另一套想象系统构建完成的工艺，是另一种"力"的载体，如果没有想象力，人们便无从理解。

只有当人们对天堂怀着共同的理解和想象时，才会出现上述的死亡头骨和死亡图像。在一些早期出土文物，如耶利哥的一具约7000年前的头骨当中也能看出这一点(图7)。

图 6　来自新爱尔兰岛已故之人的头颅。头颅以石灰粉刷，辅以红色雕绘，Reiss-Englehorn 博物馆，曼海姆。摄影：Jean Christen

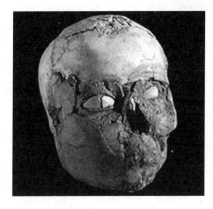

图 7　来自耶利哥的死人头颅，大不列颠博物馆

借助于这些实物,群体成功地实现了关于死者的共同想象,当然只是以图像的形式。这一想象将不在场的死者"再现"于群体当中。在图像中,出现了不在场的死者与对死者在场的图像性表达的相互交织。这样,图像的意义在于,将某种不在场的事物描绘出来,且使其仅存于画像之中。"死者画像并非是一种反常,而是揭示了图像的最原始意义。死者始终是缺席者,死亡本身则是令人痛苦不堪的缺席,但人们却将其转化为图像,以减轻这种无法忍受的痛苦。因此无论身在何处,人们总是将死者放置于精心挑选好的地方(如墓地)进行祭奠。此时,死者被赋予永生的身体。已死身体化为'虚无',并以此方式再次融入社会,获得一个象征性的身体。"(Belting,2001,p.144)

图像赋予事物以形象,它并非实在在存在于图像,但却可以在图像当中"显现"。希腊语的幻想(*phantasia*)恰当地表达出了这一意味。幻想对人与世界关系的构建起着基础性的作用。幻想将那些"非是"之物表象化于图像世界中,从而成就了先于文字(avant la lettre)的审美。我们在观看图像时看到的并非仅仅是图像"里"所展现的形状、色彩和形象等具体的图像性元素,而是将图像本身"视为"一个整体的图像存在。幻想实现了这种图像"里"和"视为"图像的观看方式,它将世界表象化,并且决定着人与世界的关系。

没有想象力,既不可能有记忆,也不可能出现关于未来的愿景性图像。根据康德在《纯粹理性批判》中所给出的定义,想象力是"即便对象不在场也能在直观中表象对象"的能力(Kant,

1983, p. 116)。根据康德的观点,想象力总是与感性认识直接相关。因此,所谓的实在(Realität)必须是伴随着直观现象的存在。从经验层面来讲,这一点是完全成立的,但从理性概念来讲,则需要一种理性的图式或说象征符号,使其可感知化。对康德而言,国家、爱或死亡等概念都不是基于直观而获得的体验,但想象力调节着概念与感知之间的关系,从而使人能回忆起已感知过的相似之物。

美学有关想象力的研究已清楚地表明,想象力不仅是一种将不在场之物代入现实存在、将世界纳入想象的能力;而且想象力对重建现存秩序、创造一种新秩序,同样具有显著的意义。想象力催生新生事物的发明,推动着创新。但我们并不能确定,想象力对事物创生是依赖于事物的自然属性,还是基于其已有的文化特性。如果人们认为艺术家的创造是源于自然的自我创造天性(natura naturans),那么原创性、创新性以及新生物是如何形成的总是不明了。想象力的创新性是以发明创造(inventio)为基础,是自由主体的展现。想象力既不是"无源之水",也非"不存在-没有原初的"(ursprungslos, nicht-ursprunglos)(Mersch, 2006);它既是矛盾的中介,又是矛盾的产物。

表现-表征-仿真

正如以上所述,人是因其具备借助幻想构建图像的能力而独具特色。在此,图像范围既涵盖僧侣宗教-神秘性质的图像,图像与其所指具有同一性；也包括了不对任何事物进行表征，而只是仿真的图像。而在这两种图像中间，还存在一种图像，它是以某种表征关系为基础，且与外界关系和他者图像具有某种模仿性关系。如此说来，就可以区分三种不同形式的图像：

（1）作为神秘表现性的图像（Präsenz）

（2）作为模仿表征性的图像（Repräsentation）

（3）作为技术的仿真性图像（Simulation）

尽管这三者之间仍存在着交叉，但是这种分类依然显得十分必要，因为这至少能在象征性这一层面指出其相互间的差异及其相互矛盾之处。

作为神秘表现性的图像。这类图像包括那些产生于某一时段，但不一定可以称之为"艺术作品"的图像，比如说雕塑、面具、偶像以及神圣图像。其中又尤其是指那些能展示神的超能力的图像，如上帝图像，或类神图像（Götzenbilder），如史前用陶土或石头所制作的"生育之神"。人类早期的许多偶像、雕塑和面具都是用实在事物对神圣上帝存在的再现。比如，在旧约中提到的金牛献祭就是一种神圣图像，它将上帝形象物化并象征化为具体的金牛，通过上帝和图像合为一体来进行呈现。当摩西在西奈山上接受上帝的"不可为上帝塑像，也不可雕刻崇拜偶像"等十条诫命时，人们正在摩西的哥哥亚伦（Aaron）的带领下，遵守原有诫令，跟随朝拜着某一偶像图像。亚伦表明的是传统的图像崇拜和偶像崇拜，而摩西则代表的是打破形象和打破偶像观点。直到今天，这两种观点的差异都还是基于图像来表达。

但无论如何,这两个例子都共同说明了图像本身对人的力量。这一"力量源于图像能够将无法触及的、神秘遥远的事物带到眼前,带入到当下,源于能完全抓住所有的注意力。图像是通过相似性(Verähnlichung)来汇集其力量的,进而通过具体的实物来呈现这种相似。如这里,金牛(仪式意义)就是上帝。此时,图像和内容融合为一体,而无法分辨"(Boehm,1994b,p.330)。

在中世纪圣人遗像崇拜(Reliquienkult)当中,只需要与神圣相关的细小之物就可以表达"神圣"的本身。正如西班牙的孔克圣人遗像所指的"这里躺着许多圣洁的躯体"。此时遗体就是神圣的表现,而不是通过这些遗体再现表征。圣洁遗体通过其肢体的细小部分,形成和发展了为信仰者降福的能力。通过仪式化的活动,圣洁化的身体图像遗体与通过仪式活动而期待收获的圣洁交织构成了一种关系,也就是人们所谓的"神秘性"。

在现代艺术作品中,仍然有许多作品,它们并非旨在再现某物,而仅仅是一种呈现。如此说来,早期神秘崇拜性图像仍然可以与现代艺术作品媲美。抽象表现主义的马克·罗斯科(Mark Rothko)和巴尼特·纽曼(Barnett Newman)的画,清楚地开启了人们对"神圣"或者超自然(Numinosen)的图像式体验。罗斯科在休斯顿罗斯科礼拜堂的图像设计所使用的图像色彩给人一种弥散而漂浮(Schwebezustand)之感,以使对"表现与弥散"的表达同时并举。同样,在纽曼的作品当中,人们也是通过自身的"界限感"来体会其自身的软弱性。纽曼的作品自然而然地实现了对"神圣崇高"的体验(Erfahrung des Sublimen)。"这种过度放大的图像形式挑战着人的理性认识能力,而这种因过度放大而产生的理性认知上的挫败感又出现了出其不意的良好效果……如此看来,纽曼的作品竟然什么也没有表现(包括在色彩层面上)。它只是通过纯粹的形式发生功效,触动观众。它作为一种图像得以保存,并瞬间实现了其想要的效果。"(Boehm,1994b,p.343)

作为模仿的表征性图像。在柏拉图看来,图像总是对某物的表征,而并非指向事物本身。图像展现着某物,并对其进行表达,是对某物的指涉。在柏拉图看来,画家和诗人所创作的从来不是指向上帝的意念和实践手工艺等。画家和诗人总是试图去突显事物的"表象",因此绘画作品和诗歌并不局限于"客观事物"(Dinge)本身,而是对表象的艺术性呈现。如此说来,绘画和诗歌的目的并不在于追求某种意念或者真理,而是对想象(Phantasmen)的艺术性表达。由此,原则上说,绘画和诗歌可以将可视之物转化为某种表象。此时,伴随着图像和幻想(Illusion)便出现了模仿。就模仿而言,原型与映象(Abbild)之间的区分显得并不重要。因为,其目的并不在于追求相似性,而在于对现象的影像表达。柏拉图将艺术与美学看作单独的领域,艺术家和诗人则是该领域的大师(Meister)。他认为,无论是艺术家还是诗人都没有创造实体存在(Seiende)的能力,也不能承担揭示真理的责任,而这恰恰是哲学的义务,也是"理想国"的根基。因此,艺术与美学是脱离于以追求真理、寻求美与善为旨趣的哲学世界的。也正是由于艺术和诗歌的非理性特点,柏拉图

最终把画家与诗人逐出了理想国。(Gebauer/Wulf, 1998a)

艺术创作的过程是画家和诗人对眼前所观之图像进行内部组织构建的过程。那些以完整性主导的蓝图（Gestaltung leitende Entwurf）一点一点地融汇到图像中，由此借助于另一种媒介来呈现其想象性的图景。此时涌现出了变化、消逝、补充或诸如此类，这使得事物间的相似性只能有限地得以呈现。而许多情况下，艺术家图像和愿景里所关涉的原始模板（Vorbilder）常常是不明确的，因为这些原始模板要么根本就不曾存在过，要么就无从获悉。重要的是，艺术创作过程形成的图像，与原始模板发生关联，并基于此图像催生了变革与更新。

对表征的模仿性创生是人的基本能力，而"身体"则一直是人类试图表征的重要方面。文艺复兴时期的肖像画和当代摄影都通过对人的身体的刻画去表征人的存在。摄像以身体图像的方式记录和表现着人类生活的重要时刻。这些图像或者其他形式的表征性图像，与人们自我理解、自我认识相关。如果没有人类自我的图像，或说没有对自我的表征，我们就无法进行自我理解。为了认识人类自我认知的"有限性"，就有必要关注这些表征性的图像特性。

自古以来，人们总是通过人的身体去获得人的形象。这种身体图像就是人的形象，正如人类的表演总是身体表演一样。虽然很长一段时间从生物学观点看身体是持久不变的，但图像却展现着不同的身体。因此，图像的历史就是人身体历史的重要表现，图像历史也是人自我表达的历史，人的自我形象的历史。基于这样的认识，我们可以说"人就是它身体的样子。在它成为图像被模仿之前，身体就已经是一张图像。新形成的身体图像，并非指对身体的再生产，而是它就居于身体图像产物的真实当中。这一身体图像早在身体的自我表达之前就已经存在。如果人们总是纠结于这三者的原始关系的话，那么人类-身体-图像的三角问题便永远无法解决"（Belting, 2001, p. 89）。

作为科技的仿真性图像。当前呈现出这样一种趋势，即似乎所有事物都企图通过图像来表达：实在身体可以被转换，变得更加透明，抑或转瞬即逝，身体失去了它的神秘性和空间性。抽象过程汇入图片或图画。人们可以随处感受到图像，什么都变得不再陌生，不再显得那么不可超越。图像创生着事物，而"真实"却在图像中消逝。在继文字记录之后，在人类历史上，第一次出现了图像也能如此大规模地得以保存和传递的情况。照片、影片、视频成为了记忆的辅助者，图像式的记忆开始形成。迄今为止，文字一直需要想象的图像补充，而如今想象却局限于图像文本（Bildtexte）和图像传统。越来越少的人成为生产者，而越来越多的人成为预制的消费者，以至于几乎没有对人的想象力具有挑战性的图像了。（参见 Baudrillard, 1981, 1987）

图像是一种特殊的抽象形式；图像将空间转化成平面图像。电视图像的光电性质，使图像无处不在和快速传播。这些图像几乎可在同一时间传向世界各地（参见 Virilio, 1990, 1993, 1996）。电视图像使世界变小了，使人们有机会通过图像来感知认识世界。电视图像体现了一种新商品形式，遵循着市场经济原则。因此,即使电视图像呈现对象本身不是商品,但它同样被生产和交易。图像之间相互参与了交换,并由此而相互关联;在交换过程中,图像部分的形式被洞察,同时又与其他图像组合成整体。因此形成了不断参与整体图像构建的碎片式图像。这些图像不断地流动,并且相互印证参照。在它的快速运转流动中他们又互相适应,即进行速度性模仿。由于图像的平面性、光电性、微缩性等特点,尽管图像在内容上不尽相同,但相互之间却越来越相似。它们都能吸引观众的眼球。它使人着迷,同时使人恐惧。它解除了人与物之间已形成的关系,并将其带入另一个虚拟的世界。在这个虚拟世界中,政治与社会都得以审美化。图像总是借助于模仿的过程,去寻求原型模板,以使自身与其相称。他们转变为新的碎片图像,而不需要改变其指涉框架(Referenzrahmen)。一种混杂式图像正在形成,一种以假象与仿真为名的痴迷游戏正在衍生。图片作为一种图像,其本身就是自身的中介(McLuhan,1968)。

图像通过光速得以传播。一个脱离现实世界的、虚拟的、迷惑性的世界正在蔓延。虚拟的世界正在扩张,并将其他"世界"纳入其中。越来越多的图像被生产出来,它们自我指涉,而不关乎现实与真假。最终的结果可能是,所有一切不过是图像游戏,在这场游戏中一切皆有可能,而伦理层面的各种问题将显得不再那么重要。如果一切都归为图像游戏,那么必然也会产生任意性和无拘无束性(Unverbindlichkeit)。由此产生的图像世界又反过来对真实生活产生影响,而要将生活与艺术、幻想与真实作出区分就变得十分困难。图像与生活相互适应：生活成了表象世界的前图像（Vor-Bild），而这反过来又成了生活世界的前图像。视觉能力不断膨胀，世界变得更加透明，时间被压缩，以至于似乎只留下真实快速图片的存在。图像充斥着人的各种欲望，将它们串连起来，差异在此时得以缩小，界限得以清除。与此同时，图像又回避着欲望，在呈现"在场"的同时展现"不在场"。物与人要求在图像当中实现逾越。

图像成了拟象（Simulakren, Baudrillard, 1981, 1987, 1990, 1991, 1992, 1995），总是指涉于某物，使自身与其相适应，是拟态关系（Mimikry-Verhalten）的最终产物。比如政治论辩往往并非出于政客自身的意愿，而是为了电视的可视化和传播性而展开的表演。电视所呈现的政客对抗、政治争论，只不过是为了满足电视的可观性。电视图像成了政治论辩的传媒与中介。观众所看到的、在节目过程中发生而同步展开的政治论辩，使人们相信这样的政治论辩是真真实实的。而实际上，所有的都已经转化为世界的表象。只要这一点实现了，政治论辩也就成功了。在政治仿真的实现过程中就形成了政治的功能。仿真具有比"现实"政治论辩更高的功能。

拟象总是企图找寻到其前图像（Vor-Bildern），这些前图像往往是通过自身而形成的。仿真拟象成为了图像-符号，并作用于具有政治争议的人物。我们很难再对真实和拟象作出区分，而去界限化正好使其产生新重叠和相互渗透。在模仿过程中，前图像（Vor-Bilder）、想象（Ab-Bilder）以及模仿（Nach-Bilder）相互间是循环反复的。图像最终的目标并非前图像,而是自身。这种形式也同样适用于人与人之间的模仿过程,其模仿的目标旨在与其本身的高度相似,而这一目标的实现则是对同一主体所呈现的无限差异进行创造性模仿。

观看图像:图像的观看

表现性图像、表征性图像、仿真性图像以及许多内在精神图像的出现,首先是基于对其自身的观视(anblicken),或对其自身所内含的形态构造(Figuration)的观视。那么什么是观视呢?人的目光眼神(Blicke)可以表达出千差万别的意思:它们可以是谦卑友善的,也可以是不耐烦、愤怒的甚至是邪恶的。目光眼神常常与主体的成长经历、主体化进程以及个体的知识积累密切相关。在目光眼神当中表达出权力、操控和自我管理;在目光眼神中也同样表达了人与世界的关系、人与人之间的关系、人与自我的关系。他人的目光眼神构成了群体社会。私人圈子里所使用的个人目光眼神与公共场合所使用的大众目光眼神是有差异的。所谓的个人目光眼神当然不仅仅是个人化的,它同样植根于人的社会性、社会集体想象和个体所拥有的关于人形象的想象。目光眼神并非明火,可以瞬间看清整个世界,但也非镜面,只是单纯地接收和反射着整个世界。个人的眼神目光可以以恰如其分的方式来描绘和审视这个世界。目光眼神既是主动的也可以是被动的。它定睛于外部世界,并同时对其进行接收。

而目光与外部世界的这种相互关系是如何在主动和被动的过程当中得以确定的,却在人类"观看史"(Sehen)中有着不同的阐释。梅洛-庞蒂(Merleau-Ponty)认为,无论是外部客观世界,还是人们基于这个世界而创造的图像,皆是人们目光注视的对象。目光注视本身是相互交错的(chiastisch),在其中外部世界与人类自身相汇。通过目光眼神,人们可以传达出多层含义,然后对其否认,因为目光眼神是自发性的,且短暂的。目光眼神使事物可视化,同时也不失对人们自身的表达。

将以上观点联系到艺术作品图画,便有如下论说:"在目光关注图像之前,目光眼神就已经存在于图像中。因此,图像的历史只有在目光的历史探寻中才有可能得到解释。"(Belting,2006,p. 121)因此,才有此后的"目光眼神图像学"的出现,其旨在说明图像实践(Bildpraxen)的历史文化多样性。目光总是在图像、身体和媒体之间来回流转:它们既不停留于某一身体,也不停留在某一图像,而是回旋于身体与图像的中间地带(Zwischenfeld)。它从不固定或停留于某一点,并且有权决定它如何对待正在观看或注视的媒介对象。图像吸引着目光,使它"在我们的图像渴望中自身成为客体"(in unserem Bildverlangen selbst zum Objekt)。在艺术作品中,身体图像实践的优先性转移给二级的图像实践。在对那些原本没有各自生命力的图像的一瞥中,便产生了想象。在照镜子或者观看窗外时,我们就觉察并发现了镜像目光和窗口目光:"监视器再现了窗口目光(Fensterblick),视频则重现了镜像式目光(Spiegelblick)。"(同上,

p. 123)

在图像观看中,模仿性的目光眼神起着重要的作用。借助于模仿性目光,观看者得以向世界敞开。在敞开的同时,观看者不断地趋向于世界,丰富着自身的内心体验世界。他从外部世界获取某种映象,从而将其内化到自身的内在精神图像。通过对那些可视化的形式、色彩、质料和结构的理解,这些将全部转化进入人的内部世界,并纳入成为想象的一部分。在这一过程中,世界的独一无二性将被记录进其具有历史文化性的表达中。因此就必须要防止过早、过快地对世界和图像进行解释,因为这将使它们很快转变为语言文字,得以意义赋值。图像往往保留了一个不确定性、多义性以及复杂性的世界,而非唯一的、确定的意义世界。模仿式理解使人们不再纠结于世界的模糊性和图像的多义性,而是将片段式的世界和图像进行"背诵"式的习得。此时的图像则意味着:人们需要将眼睛闭上,通过内部的"眼睛"借助于想象勾勒所看到的图像;人的注意力始终关注着这一观察对象,并抵抗内在已有的"图像的风暴"的冲击,通过聚精会神和思考能力使图像"固定"下来。对表象世界的模仿是对图像模仿性交流的第一步;使图像固定,对其进行加工,使其在想象当中开展发生是第二步。在表象世界图像的再生产过程中,正如图像本身的阐释一样,对图像的长时凝视和关注也显得十分重要。

第三章
想象力的图像化

我们将想象力看成是一股能量。这股能量能够将不在场的人、对象抑或事物关系进行表征。不在场的事物通过图像媒介实现了其"存在"性：在图像里，一方面不在场的事物是存在的，另一方面它又是"实体上"（materiell）的不在场。这一矛盾的结构中内含着许多图片赖以生存的表征特性，而这种特性又对内在精神图像具有决定性意义。图像的这种表征性结构（Repräsentationsstruktur）使得外部世界转化为内部图像、内部世界转入到外部世界成为可能。

内在精神图像是将外部世界表象化的图像存在，它可以根据其表象化的强度分为不同的存在形式。通过知觉性图像（Wahrnehmungsbildern）与表象性图像（Vorstellungsbilder）的对比可以更好地说明这一点。一般而言，表象性图像达不到知觉性图像所具有的强度。表象性图像的对象是非现实的；它们是当前的，但同时也是无法触及的。知觉性图像总是能从某一个视角去理解它内在的客体,而表象性图像则总是需要从多重层面去认识。一个视角总是不够的,它总需要想象力对其加以补充,才能传递出整体的表象(Gesamtvorstellung)。"想象力是……一种具有魔力的东西。它就像咒语,注定为人类的思想提供客体,催生着人的欲望,以使人占有它。"(Sartre, 1971, p. 197)

当然,这只是想象力与内在精神图像互动的一方面。另一方面,它又会公然地反抗意识,而迫使我们等待,直到它的最终安置成形。此时,注意力就直指向有意形成的"空洞",并且必须使其稳定,从而形成一个新的内在图像。它常常显得十分迟疑;我们需要等待,直至它出现为止。有时候它又显得十分清晰,然后又失去它的效力,需要再次被唤醒。在有些情况下,它又自发地产生,并且强度很高。在面对我们的愿望,即那些由欲望图像而唤醒的需求时,我们就会认识到自身的限制所在。每一个表象都是对某种缺失客体的表达;甚至要等到表象安置好客体以后,这一缺失才能得以弥补。

接下来我们将进一步探讨表象性图像与知觉性图像相互间的差异。我们又将表象性图像分为记忆性图像、未来愿景性图像、基于知觉对象的图像、病态式想象图像和梦境性图像。其中,我们将讨论它们之间的相互作用,它们与知觉性图像之间的界限区分,想象力在各种图像形成中所扮演的角色,以及说明想象力的呈现方式与想象力的表达形式。

记忆性图像

我们可以以"回忆我们所说过的话"作为说明记忆性图像的例子。我昨天和我的好朋友在一家披萨馆吃的晚餐,现在我试图来回忆这一场景。在一开始,这有点困难。因为此时,我的脑海不由自主地浮现了一幅画面,它告诉"今天我应当做些什么"。过了一会,这一阻挠性图像(Störbilder)被"挤"到了一边:我"看到"了披萨馆,还有正坐在一张桌旁等我的朋友。我感受着周围的环境,环视着这个房间,听着屋里的噪音,并再次感受到因我的迟到内心所产生的不安感。我可以随意地将我的记忆图像精确化:我看见朋友穿的毛衣,他的脸庞,以及他微微带红的双颊;我看见,他是怎么喝着杯中的红酒,听见他是如何叫唤着服务员,也再次回味着我们聊天所带来的亲密无间感。我可以很轻易地将这一情景进行延伸;我可以准确无误地记住昨天所发生的一切;但我也可以对这一情景进行重组:我突然想起,我昨天原本要对他说,但却忘记说的话;我调整着我吃饭的速度,终于我第一次比他吃得更慢;我看见自己在这餐馆,感受着昨晚时间的慢慢流逝。我可以通过表象性图像浮现在我面前的方式,当前再次"参与"到昨晚已经发生过的、逝去的非现实中。我可以调换我的凳子/椅子,紧挨着我朋友坐。我甚至可以任意地用新的、已经调整过的"表象"对回忆性图像进行调整和更改。因为,人们几乎很难注意到"昨天晚上发生了什么"与"昨天晚上应当还可能发生什么"这两者之间的界限。记忆本身与记忆调整之间的游戏性,让我感到十分愉快。我的意识是可以区分出"曾经到底发生过什么"与"曾经应当有什么发生"之间的界限。我知道,什么是记忆,又在何时记忆进行了更改。尽管我的记忆赋予了我自由,让我可以尽情地扩展昨晚所发生之事,并使其深刻地进入到我的记忆当中,但是我仍然对我们在披萨馆约会的真实性确信无疑,并且确信所发生之事与我现在所回忆的一样。那么,昨天在披萨馆的"我"以及回忆图像记录中的"我"就呈现了内在一致性。我可以分辨出昨晚情景的"记忆表象"(Erinne-rungsvorstellung)与当前"我办公室及不远处的年轻音乐家的小号声"的感知之间的区别。"作为我办公室的空间存在,当前的时间存在",与"关于昨晚披萨馆的空间,过往发生事件的存在"形成了对比。有关昨晚的记忆图像浮现在我内心,别人无法进入。而至于我,也只有在我准备好去获得关于自我的表象时,它才会浮现。当然,我也可以将有关昨晚的回忆放在一边:它不会强迫我,而所发生之事也不会一遍又一遍重复地出现在我脑海里。即使我可以感受到我对回忆进行调整更改的快乐,感受这种"任意专断"的行动喜悦,但我同时也发现,我周围的、通过"实实存在"物体(Materialität)而呈现的可感知的世界,是我不能做出任意更改的,反而受其压制。

过去知觉获得的图像在记忆当中得以重构,因此,记忆图像与知觉性图像的符合程度,是记忆价值大小的衡量标准。每一次回忆都是对过去的重构。出于不同的原因,回忆图像也可以得到更改,比如那些痛苦的经历,将会随着时间而被"遗忘",或者被"原谅"。在这种情况下,记忆就不再拥有以往事件的强度(Intensität)。如果对那些曾给我造成某种痛苦的事件的发生背景进行更改,那么记忆图像也随之受到影响。此时,记忆性图像是通过重构而进行处理的,其实我也可以"有意"地对其进行干预。我可以或多或少地、有意地对某些事件进行另外的评价。休谟曾对"以精确记录过往事件为原则"的记忆观念与"对回忆具有自由更改能力和愿景投射能力"的想象观念的差异性做出了区分。他说:"如果要指出记忆的特点的话,那么它总是将其所知觉到的原初次序和方式完完全全地纳入到表象当中,保持其对象在出现时的原来形式;而想象观念则不同,它总是倾向于对原本的印象做出自由的移置和更改。因此,单单从功能作用方面来对两者做出区分,或者仅仅将记忆视为可意识的,想象观念视为潜意识的说法,都是不充分、不具有说服力的。"(Hume, 1989,p.113)

柏格森(1991)试图通过"mémoire d'automatismes"(习惯性记忆)和"mémoire-souvenir"(回忆式记忆)两者间的关系区分不同形式的记忆。其中,他认为只有后一种记忆才有可能将想象力和知觉区分开来,而回忆与想象之间的关系则等同于知觉与无意识记忆(memoire involontaire)相互间的关系。除了柏格森所说的这一点有关记忆形式的区分以外,另一个例子便是普鲁斯特《去斯万家那边》提到的儿时过渡记忆中的玛德琳蛋糕(Madeleine-Passage)。在此,记忆似乎是过去的重生,时光又重现,主体的我允许事物一点一点伴随着时间顺序依次展开,从而沉浸到往事当中,这之后便是"事实上,我内心的事物本质感受到了这种印象,感受到了往事和现在到底有着怎样的共同点,感受到了其超越时间的特性;感受到了它只能通过某种言明的媒介来穿越当下和未来。本质认识到其只能存在于其应该处于的存在当中,并且享受着这种本质,那就是,超越时间的界限"(Proust,1975,p.274)。

在记忆图像与它的想象之间有可能会有冲突的涌现。也就是说,如果记忆摇晃不定,就会阻碍个体,使其不能摆脱过往的沉重事件对其的束缚,不能有创造力地生活着。所谓的"沉重的过往"也包括人们的经历所留下的"历史阴影"(schuldbeladene Zeit),它使个体不能或者很难从中走出来。人们总是乐于讨论当前社会与历史过往的关系,便是其中一例。

基于以上的讨论,我们大致总结了以下几点,来说明想象力和记忆图像之间的关系:

(1)记忆图像需借助于想象力,有意识地生成。

(2)与知觉图像相比,记忆性图像具有明显的"贫乏性"(Sartre)特征,它很难形成清晰的图像,很难长久保持在大脑图像里。

(3)记忆图像的产生过程并非轻而易举、毫不费力(ohne Anstrengung)。在此过程中,它需要将那些阻挠性图像(Störbilder)挤到一边,超越重重压制和阻碍。

(4)记忆性图像以不同程度的速度和清晰度出现;它的显

现只能在有限的范围内是可控的。

(5) 记忆性图像并非仅仅以视觉性图像的形式出现;同时也伴随着气氛、声音、气味、触觉以及味道等感受。

(6) 记忆性图像并非持久永恒,不容更改。根据回忆的时间,以及回忆的情景不同,记忆的具体图像会有所调整。

(7) 记忆性图像与其更改过的记忆图像之间的界限是流动的。

(8) 对记忆性图像的加工更改就像是一种游戏,可以为人带来愉悦、有趣之感,而且游戏性是具有流动性的。

(9) 记忆性图像是重构的。在重构的过程中,对过往事件的模仿对回忆性图像的产生具有决定性意义。

(10) 记忆性图像与内在精神图像的其他许多图像都是相互关联的,并且持续不断地形成交换互通。如此一来,记忆性图像就很难与其他图像区分开来。

未来愿景性图像

想象力不仅促使了记忆图像的产生,在未来愿景性图像的生成当中也必不可少。当我尝试着去勾勒想象未来事件——当然它们都还是未曾出现过的经历,甚至可能与以往我曾经历过的事件没有任何的相似性——,我会发现,这里想象力活动的开展往往会比我单纯去对已经发生的事情进行回忆的事要困难得多。在这种情况下,我还能有意识地分辨出未来愿景性图像、记忆性图像和纯粹的幻想性图像(即并非为了实现而勾勒的想象图像)三者之间的差异。当然,如果未来愿景性图像要在内部图像保存下来,并最终通过构造图片具体化,则需要想象力额外地努力才能实现。因为,此时阻挠性图像和对抗性图像都会出现,阻碍其生成形象具体化,并且这种阻碍性会比其在一般记忆性的图像中更为突出。尽管阻挠性图像和对抗性图像也都是想象力的产物,但它们参与记忆性图像的相关活动时,完全不同于其参与从未出现过的未来愿景事件的作用方式。因此本质上看,要对还未曾发生过的事件形成表象性的图像,就必定需要付出更大的努力。这时,想象力不是基于先前的感知事物,而是通过编造的形式,去填补那些缺少具体化的未来事件。在记忆性图像中,其总是基于某一已确定发生的事实,或以该发生事件所留下的效力为依据的知识;而在对未来事件的想象中,未来希望与渴望是知识的载体,此时人总是觉得自己是朝向某种以前无法实现的事件。因此,这一表象常常还是模糊的,并且总是需要基于某种具体化的质料的模糊性展开。由此,指向未来愿景的图像常常伴随着这样一种想象,即未来有可能完全是另一种景象。因为,未来的事件具有多种可能性,并且不断地得以现实化。记忆性图像基于一个可选择的事实,或者已经成为事实的对象,而未来憧憬性图像包含着知觉元素和情感因子(或痛苦或喜悦)。当然,这种知觉与情感元素不如在记忆性图像当中表现得那么明显,常常也很难确定它们在多大程度上参与了进来,或者延迟到来,又或者可能会被完全不同的情绪骚动所代替。图像所投射出的未来性事件的现实化，取决于其可能性范畴(Möglichkeitshorizont)，即事件的背景和现实化结构框架。

只有借助于想象力，人们才能解释"未来有可能是什么样"①。作为"不确定性的动物"(nicht festgestelltes Tier, Nietzsche)，人们始终生活在要为自己的未来做出勾勒的枷锁和强制力当中。借助于这些未来愿景性图景，人们总是设想着自己将会成为怎样的人，可能成为怎样的人。通过对未来的憧憬，人们可以更好地把握那些将要面临的不确定性。对未来的期待与憧憬实际上使我们减少和去除了对未来不确定性的恐惧，比如对人终有一死的畏惧。即使未来愿景性图像自身可能并不符合实际，并因此给人带来失望和痛苦——对大部分人而言，这种痛苦只能通过未来愿景性图像才能缓解——但是想象可以将我们自身从过去以及当前释放并解脱，而对未来充满期待。巴什拉(Gaston Bachelard)如此说道："想象力以最敏捷的、灵巧的行动带我们挣脱过往，又脱离了现实。它面向于未来。正如古典心理学所指出的那样，现实性功能必须要与非现实功能联系起来。前者是过往经验的智慧结晶，而两者都同样具有实证性。这一观点也正是我先前著作中致力要树立的认识。任何非现实功能的衰弱都会阻碍心理活动的生产性。如果人类没有想象力，我

---

① 原文为法文，La seule imagination me rend compte de ce qui peut être (André Breton, *Manifeste du surréalisme*, 1924)。

们又怎能预见未来呢?"(Bachelard,1987,p. 24)之所以这么说,是因为想象力是存在于渴望结构之中的。

如此说来,人如果想要有所行动,他就必须借助于想象力所勾勒出的有关行动的图景。这一点既适用于个体行为,也适用于社会群体行为。"个体和群体行动是构成未来愿景性图像的永恒不变的核心内容。纯粹幻想与合乎实际的期待在未来愿景性图像中变得如此紧密地缠绕在一起,以至于仅进入大脑图像的事件就能对图景的真实性还是虚假性做出判断。"(Wunenburger,1995,p. 38)人是一种欲望性的动物,因此人永远不会对生活感到满足;相反,他始终为其"匮乏"创造设计各种图景。人作为一种终极性的动物,他们从来不会感到自我满足,相反将"缺乏"看作是他生存的重要构成。卢梭就曾清楚地指出了这一点,他说:"无论是好是坏,总之想象力延伸了人类的可能性空间,并因此通过能让自身感到满足的希望去激起人的欲望,并不断地靠近它。"(Rousseau,1981,p. 57)这使人们为自己勾勒一幅自我满足的图像,有时这一图像甚至比知觉性图像本身更强烈。未来愿景期盼一个新的世界,一个无论实现与否都无关紧要的图像世界。在这幅未来愿景图像中,想象力是自发的、激进极端的,且难以掌控。不管怎样,想象力是指向于未来图景的,并且为文化期待提供解释。

下面,我们也尝试着罗列一下关于未来愿景图像的几个重要方面:

(1) 未来愿景性图像是一种可能性图像,充满着不确定性和模糊性。

（2）未来愿景性图像是否能实现，如何去实现，在原则上是开放、不确定的。

（3）未来愿景性图像试图去唤醒未来，为未来做好准备。

（4）未来愿景性图像必然是模糊的，并期待不断地具体化。

（5）未来愿景性图像是一种有关向往、欲求和期待性的图像。它时刻会遭受挫折或失败的威胁。

知觉性图像

知觉性图像不仅参与了记忆性图像的加工处理，而且在未来愿景性图像当中也扮演着重要的角色。首先，它很明显地与记忆性图像之间相互关联。因为记忆首先是基于已发生的事件，比如看到了什么，听到了什么，闻到了什么，触摸到了什么，尝到了什么，这些都与知觉与感受直接相关，进而借助于想象力进入到我们的意识。在这一记忆性的重构过程中，事件发生的社会背景以及行为起着重要的作用(Halbwachs，2006)。通过记忆性图像，过往事件将进入到当前意识中。往往人们在对过往事件进行回忆式重构时，如果想象力不足以支撑整个更改和加工的过程，那么就很难对事件进行精确的重构，这就是为什么记忆总是伴随着错误、迷途和幻想。

同样，在未来愿景性图像当中，感知扮演着重要的角色。尽管总的说来，愿景性图像中所想象的未来场景常常不能与发生过的事件相提并论。但是，源于真实感知和大脑图像中已有的想象性图像却是勾画未来蓝图不可或缺的元素。没有想象力的介入，便不可能有对感知的进一步加工。

近年来的知觉心理学（Goldstein，2008）和脑科学研究（Gegenfurtner，2003）的相关研究也表明，存在一种想象式知觉。这两种研究领域以不同的专业术语描述着知觉与想象力的关系。知觉心理学指出，尤其是在当被知觉客体无法清晰辨认的情况下，就会出现"完型补充"（Gestaltergänzung）。这种完型补充不是通过纯粹的"知觉行为"（Wahrnehmungsakt）而获得，而是通过想象力对不完全事物的"完型"构建而实现。根据脑科学的研究，这一能力并非天生，而是在早期儿童时代才开始渐渐习得。自幼年开始，人的大脑就出现了观看所必需的连接和联合的复杂系统，这也是在之后个体的成长阶段所无法重获的。有许多人质疑这一种"观看能力"的不可重获性，并指出到成年以后人们仍有可能摆脱失明的限制，重获光明。但实际上，这种"复明"完全不同于我们所讨论的观看能力的习得能力，前者毋宁说是人们对视觉魅力认识而产生的过度要求，甚至是一种勉强的观看。在目前脑科学的相关研究看来，大脑的许多过程可以理解为大脑的神经连接和构建的过程，如果没有感知这一过程是不可能展开的。而在这一过程当中，有哪些神经活动参与了其中，它们之间又是如何相互交叉重叠，它与想象力谁更重要，诸如这些问题仍然是悬而未决的。

这些观点都一致说明，知觉既不能单凭欧几里得几何的光反射传送模型,也不能基于开普勒的接收原理而得到解释,尽管这两种理论曾盛行并主导着西方世界好几个世纪。热拉尔·西蒙(Gérard Simon)曾对欧几里得的反射传送理论做出过精彩的评说。他指出,看的光束可以看成是内心世界的萌芽的一种方式,它受着光和火的影响而折射,并由此实现对物体的远距离触摸。很明显,用欧几里得的反射传送理论来解释观看行为,在无意识当中是将触觉的获得作为参照的对象。这一理论将视觉获得拉出了心理学的范畴,而将其视为外部客体对眼的刺激(正如触觉当中,客体对肉体的刺激一样)。由此,从严格意义上来讲,视觉在西方文化当中是完完全全的实体存在。它是空间性的,它通过线性的方式进行传播扩散,并很容易受到障碍物的干扰——这些视觉获得的特点,在现在看来都是物理学研究的对象。眼睛具有感光敏感性,也就是说通过这种感光敏感性,人们可以参与到身体以外的活动中——并即时将其转化为物理性的客体。对于那时的人们而言,视觉化感官是由于物体本身的呈现而出现的,并通过眼锥体对其表面进行"接触",从而基于这一表象接收了它的形式(Simon,1992,p.232)。

尽管开普勒在17世纪推翻了欧氏的"观看的模型",并因深受阿拉伯光学家的影响而建立起了自己关于"观看的模型",但他仍然忽视了知觉实际上需要依赖于"文化表达的图式"这一事实。对欧氏而言,事物间的联系是通过眼睛的锥体来实现的,而在开普勒看来,则是通过将"镜像反射"代替为"光"的接受模式(Empfängermodell des Sehens)来完成。正如开普勒后来所写的:"看,正如我所解释过的,是这样实现的:眼前呈现的半球体世界的整个图景,是通过视网膜表层转递出来的。"(Kepler,1997,p.105)以上说明了"观看"的外在阶段与其内部阶段的区分是如何进一步展开的。就外在阶段而言,对象是通过视膜网得以记录的;而内在阶段,则是通过由"感官"所获得的知觉性图像加工而完成。通过对这两阶段的区分,我们就可以获得这样一个认识:知觉不再被看成是一个仅仅由视网膜对对象的记录过程,同时这一知觉性图像也是内在心理的(Seele)不断加工。

联系以上论述的观点我们可以看到,借助于想象力,外部世界在知觉性图像中得以加工,构成完型整体,获得了形象构造,从而有可能生成一系列的文化意义系统和象征符号。在这一过程中,出现了外部世界与内部世界之间,文化的和社会的世界之间,集体想象和个人想象之间的相互交叠。它们之间很难会长时间地相互分离,或以序列的方式进行排序。相反,在从知觉性图像转化为记忆图像的过程中,实际上伴随着的是对以往已获得的图式、经验和习惯的运用和清晰化的过程。这一外部世界、知觉和意识状态三者相互间成功交叠总是借助于想象力的力量;而整个交叠过程中,意识的浮现是其重要任务。意识可以理解为"双重的关系:一方面作为内在关系(记忆,反射,自我关系),另一方面,外在的关系(对他人,对象,外界环境)"。意识总是"内在"("看的第二个秩序"[Sehen zeweiter Ordnung])的,但又首先建立在"外在"("看的第一个秩序"[Sehen erster Ordnung])之上："内在的眼睛"是通过对"外在"世界的"观看"的知觉才得以发生(Macho,2000,p. 215)①。

有了这样的认识，我们就可以否认这样的想法，即知觉是一种中立的、一种所有人都共有的自然属性，其只不过是在文化性当中以"回想"的方式出现。情况恰恰相反，它总是基于"知觉的文化性"和"想象力的文化性"而展开。因此，知觉应当被看作是一个表演性行为，在这一过程中想象力始终与外部世界与内在意识交互缠绕在一起，如此内在世界才能得以生成。基于这些因素，其既形成了记忆图像，也催生了未来愿景蓝图(情景和事件)的勾画。因为知觉是基于历史文化而习得的，它也可以像语言、观念一样，被视为一个文化概念来把握。也就是说，它因文化而各异，而不应当被看成是普遍性的概念。任何时候，知觉都是基于某一社会情景和特定文化的应用过程而被人们所习得。它以"知觉游戏"形式展现着自身，生成各种内在的大脑图像，在这种游戏性过程中，我们感知着这个世界与他人，感知着我们自身，并且无须意识到我们正在感知。

记忆性图像、未来愿景性图像和知觉性图像是通过其"游戏特性"而被我们区分的，在这些游戏规则中不需要太费力地去对

① 这一立场可以视为康德的"思索之时，所有的想象必须伴随其中"观点的进一步完善。(Kant, Kritik der reinen Vernunft, Werkausgabe, hg. von W. Weischedel, Bd. 3. Frankfurt/M. 1968: Suhrkamp, p. 136)罗特(Roth,1995, 第213页)也有类似的观点，他认为有意注意与自我的意识或对他人身份的标识是有差异的；前者只是感知的清晰化，而后者则总是需要加入许多现有的背景性知识。

其进行相互区分。原则上讲,游戏规则在记忆性图像中没有知觉性图像显示得清晰,但却比在未来愿景性图像中更加明显。在记忆性图像和愿景性图像中,想象力使不在场现场化;而在当场化的知觉性图像中,想象力则将外部世界转化为内部世界。尽管如此,这还只是想象力的第一份职责。

病态式想象图像

想象力的另一份职责是在病理学中得以体现的。此时,人们不再"占有"想象图像(imaginären Bilder),相反,这些想象图像驾驭着个体,强迫着他,从而使个体按照其内在精神图像所呈现的去行事。强加在人们身上的、无法阻挡和抵抗的强迫式表象(Zwangsvorstellungen)就属于这类图像系统。强迫性图像浮现在个体的大脑中,强迫他去完成某一特定的行为,并不断地对该行为进行重复。这些重复的行为可以使个体抵抗他自我臆造的惧怕。对同一行为和场景的重复展演,可使个体避免伤害,但同时使其陷入屈从于强迫性图像的境地之中。

同样,人作为一种"边界性"的动物,需要与精神分裂症驱使之下的各种分裂性想象共生存。"我还记得,我之前所经历过的某一重要时刻:我说,我是西班牙的女王。实际上我当然知道,那是荒谬且虚假的。我就像个孩子,玩耍着布娃娃,而且就算我清楚地知道那个布娃娃是没有生命的,但却又总是试图说服自己说它是活的……所有的事物对我而言都充满了魔力……我就

79

像是一个喜剧演员，扮演着某个角色，并完全进入到她的角色。那时，我认为我就是她，我被抑制住了……但并不完全的。我生活在一个想象世界之中。"(Sartre, 1971, p. 235 ff)这一描绘明显地表明了这位女患者大脑里有着胡思乱想的图像(Wahnvorstellung)，但与此同时她也清楚地意识到这些图像的存在。一方面，这位患者把大脑浮现"自己是西班牙女王"的想象看成是真实的存在，但另一方面，她意识到的周围情境使她知道这一想象与其不相符，所以不能被定义为一种"知觉"。这位患者无法摆脱她的想象，但也没明白那一切只不过是一种假象。当然，她还可以把与想象搅扰在一起的"意识"放在一边，完完全全地进入她所想象的世界。她生活在一个想象的世界，在其中她所想象的景象与她的知觉事物区分在于："首先，想象的对象享有独自的空间，但知觉对象却是一个整体的无限的空间；再者，想象对象直接就被表现为'非现实的'，而知觉对象则如胡塞尔所言，原本是要产生对现实的判断。"(Sartre, 1971, p. 237)这位患者所遭遇到的就是这样的情景：她颠倒了知觉和想象，混淆了两者并把知觉与想象视为一体，而对普通的正常人而言，这两者是明显分离的。当然，作为普通人，我们或许也会有想要成为西班牙国王的想法，因为这种想法本身会带来许多愉悦的感受，所以这种想象或许会常常进入人们的白日梦中，占据想象时空。但毕竟这种想象完全不同于上述病人的情况，因为在普通人的这种想象中，其本身并不是想象的客体，他可以随时摆脱这一想象，也可以随时顺利地进入日常生活。

另外,同一情况也体现在精神错乱者或者心理变态者的幻觉(Halluzinationen)中。在这样的幻觉当中,人们意识不到或者几乎很难意识到外部世界的存在。患者总是沉迷于精神错乱或者幻觉当中,并且无法自拔。精神错乱者的时间概念和空间概念都是整体性的;精神错乱狂想之中并没有所谓的超然世界,一切也是无穷无尽。在日常生活中,这种体验可能源于某种不明的强迫性力量,其中可能包括(如)那些对象、人类、行为,或者具体形式的构造、色彩和声音。陷入精神错乱的人强烈地感受到这种力量强加在他身上,并且无法摆脱。这一进行过程充满着暴力,以至于患者丧失了对其反抗的力量和对话的能力,最终造成让人无法想象的软弱与恐惧状态。它是由世界的封闭性造成的,因此使人们变得无处可逃。此时,人们失去所有曾经拥有的能力。某种感知或某一想法是可以被观察的,但精神错乱的幻觉却不能被观察。患者不能与其保持距离,也不能进行视角转换;他此时是软弱无能的,他无法通过言语去祛除惧怕的图像,无力反抗这些图像的进攻,也无力确立一个由自己说了算的规则秩序的世界。患者无法将自我与图像分开,始终被缠绕于其中,并且无法获得属于自己的立身之处。这些图像已经占据了患者的内部世界,所以他是无力的,并总是存在于主导控制他、由其无穷无尽幻想而制造的图像世界中。患者不能行动,不能获得(可以帮助他从幻觉当中解救出来的)自发性。在那个精神错乱的世界,幻想以一种荒唐的方式表达着自我。他并不遵从日常生活可以意识到的逻辑与秩序。它拒绝任何象征性符号的进入；它们是"非人类意识之间的相关"（萨特）。在患者最终摆脱神经错乱以后，他才有可能通过记忆的方式试图去表达他曾经体验到的和曾经发生的事情。只有在记忆中，人们才能对错乱的幻觉进行整理，将其变成一种经验，并在事后通过语言表达的方式对这一难以理解的现象进行说明，与人分享。

借助于想象力，不仅我们存在的现实世界可以被人们所记忆，那些非现实的幻觉（如精神错乱）也可以印刻入人们的记忆之中。在回忆中，错乱的幻觉图像得以重构，再次被体验，且无须达到曾经达到的强度。此时，错乱的幻觉图像只是跟随着记忆的动态变化；基于此，这些图像又将在日常生活当中得以重构、记录和使用。由于错乱的幻觉图像是若隐若现的，因此回忆者就很难去理解错乱的幻觉到底对其产生过怎样的影响，发生过怎样的效用。尽管对过往错乱的幻觉的形态可能还记忆犹新，但总的来说这种回忆是微弱模糊的，因为曾经驾驭导致其错乱幻觉的权力与强迫性已经不复存在。由于在记忆中其存留的仅仅是精神错乱发生的图式，因此患者会觉得再次重获自由是"生命的赐予"。

幻象性图像

精神错乱以及精神变态里的幻觉都应当归属于病态图像，这一点是毫无争议的。但幻象（或异象）的地位与归属却至今仍是模棱两可，尚无定论（Benz，1969）。这一概念往往是用来表达宗教或者类宗教里存在的想象。然而,幻象不仅在宗教当中扮演着重要的角色,同时贯穿于通灵学(Parapsychologie)、神圣物、神圣治疗或者算命等。此时,问题的关键并不在于人们能否从理性思考范畴去评价这一现象是否可能,评价其出现的机率,而在于幻象应当被看作人类想象力的表现形式。很多时候,幻象也以类似于精神幻觉或者精神错乱的人所表现出来的形式呈现。幻象会突然浮现在人的头脑里,并强行使人接受,使人们别无选择而最终屈服。它常常也只是在记忆当中才被诉说;只有幻象已经消逝了,才能被分享。但与精神幻觉不同的是:首先,幻象是根据幻象者的想法被赋予比本身更至高无上的本质(höhere Wesen),使自身成为代言人;其次,幻象的目的在于使他人也被告知,与他们分享,它旨在向其他人宣告发生在当事者(幻象被附加者)身上的情景,这本身关乎听众的利益。这一幻象不会彻底地、一五一十地被分享,而只是有选择性地。人们不能呼叫命令幻象的到来,人只是被赋予幻象。幻象是整体性的,它或许是一个消息,或许是一种认识,又或者是一种启示。但不管是什么,这种幻象将给当事者的生活带来变化,通过对这一幻象的宣召使其变得有价值,从而改变人们的生活。幻象或多或少与封闭信仰体系有关,是对当事者和听众共同信仰的至高神的宣召。这种幻象的产生是意外发生的。它"闯入"人们的日常生活,强烈地要求其做出改变。幻象不仅是视觉化的,也跟人的其他知觉感官相关。因此当宣召幻象的神圣一刻到来时,听觉、触觉、嗅觉以及味觉都具有重要的意义。幻象打破着时间的秩序感,它本身是特殊的时刻,是"临到了"(kairos)。伴随着幻象的呈现,它不仅更改着时间,同时也重构着空间,更新着社会空间结构。幻象常常是通过一种特殊的光,一种特别的声音,得以宣召。天气也会随之变化,没有任何事物在幻象之后还是如其以前一样。幻象有特定的文体形式(rhetorischer Formen)、形态表达(topographischer Darstellungen)以及专门的图像形式。如果没有这些特定的形式,就不可能将那特殊的神圣时刻充分地表达(Benz,1969)。在幻象中,想象力是为最高目的服务的,是无法与人分享的。幻象发生的整个过程,是对至高的、不可视的、无法触及的、超自然的可视化,从而能为人所理解。幻象的最初起源来自于谁,又是在哪里得以起源,它对集体有着怎样深远的意义,这些问题仍然是无法解答的。

梦 境

白日梦:想象力的另一个栖息之地是梦境。梦境又可以分为白日梦和夜晚做的梦。白日梦对我们的生活方式所具有的重要意义是有目共睹的。在白日梦里,想象力在我们处于半意识状态的时候带来许多图像。有些图像会进入意识层面,而有些却只是一道掠影,擦肩而过,不易为我们所觉察。白日梦环绕充满了我们生活中的问题,有时也为其提供答案。白日梦不是目标导向的,相反它总是漫无目的。我们一直琢磨着某个问题,然后突然在灵光一闪之间找寻到我们一直都没想到的答案。这些梦暂时进入了意识层面,在其中我们不需要通过实际的行动,我们的注意力也是漫游无目的。白日梦寻求的是一种开放式的意识,并安居其中,以便为我们所觉察。在白日梦中,我们尽情地表达着自己的欲望,荡漾在我们的渴求和希望之中。有时白日梦里也会出现一些被我们的意识压制的负面场景。在白日梦中,图像打破日常意识当中的逻辑,而跟随其自身的动态变化。它有时是零散的语言,片段化的感受,某种味道或某种声音。我们很难对这些"碎片式"东西进行破译,但同时他们又好像突然加强了某物,从而为我们所理解,使其变得有价值。白日梦回旋在回忆与未来愿景之间。它就像一位隐藏在我们大脑中的"客人",栖息于其中,但同时又是陌生的(Bloch,1985)。有时它也会增加深藏在我们内心深处、我们企图要摆脱的惧怕,以此减弱我们的惊慌不安。有些白日梦包含了我们的某种预感。我们感觉受到了威胁,而不能进行控制;我们预感到某事,便会对其有所警惕,甚至有时可以进行自我保护。在白日梦中,人们可以对真实的生活进行清晰化的改编,对错误或者愧疚的行为进行改正。有时我们也会逃避梦中,暂时回避现实生活中的要求,并且可以数小时地沉醉于自己所编织的另一幅生活景象的图像。我是在做梦?还是我们原本就是梦?我们可以完全融化在这浩瀚的图像和渴望当中吗?大部分情况下我们可以从这些图像中分离出来,我们可以与其保持距离,回归日常生活。

睡梦:夜晚做的梦则与白日梦完全不同。在笛卡尔的第一哲学沉思录当中,他写道:"啊!多么奇妙呀!好像我不曾是人类,那个习惯于夜里要去睡觉的动物。在梦里,我就跟疯子们醒着的时候一模一样,有时所作所为甚至更加荒唐。有多少次我夜里所梦见的就像是和平常生活中也会发生的一样,我就在那里,穿着一件大衣,坐在火炉旁,虽然此时我只是赤裸着躺在我的被窝里!而现在我确实用睁大的双眼看着这张白纸,摇晃着的这个脑袋也没有发昏,我故意且清醒地伸展我的手,我感觉到了这只手。而这一切又怎么可能发生在一个睡梦当中的人身上呢!但是仔细想想,我就想起来我时常在睡梦中受这样一些假象的欺骗。如果我再进一步想,我就可以确信无疑地说,没有什么确定不移、可靠的迹象能够区分何为清醒,何为睡梦。这不禁使我大吃一惊,吃惊到几乎能够让我相信我现在是在睡觉的程度。"①(Descartes,2009,p.20)笛卡尔这里描绘的分辨清醒与睡梦之间的困难性,在其他文化有关梦的描绘当中也可以看到,因此可以说这是一种人类的基本共性。尽管如此,由于想象力在两种情况下的参与程度不同,清醒世界和睡梦想象世界出现了质的差异。

在梦中,我们无法从我们的想象世界当中逃离出来。一旦我们从中逃离出来,就意味着我们醒来了。只要我们在做梦,我们就处于梦的景象当中,一个充满了由梦编织的想象世界中。在梦中,我们生活在一个非真实的世界,我们只是跟随梦的展

---

① 参见庞景仁《第一哲学沉思集》([法]笛卡尔)译本,北京:中国社会科学出版社,2009年。略有修改。——译注

开。梦境是一个自我封闭的想象世界,我们必须亲自参与,才能进入梦的各种场景当中。在这一想象世界中没有外在对立的看法,因为一旦我们感知到了现实世界,这一想法就被赋予了。所以,只要我们一直处在梦境当中,我们就不能感知到。梦境的世界是一个孤立的世界;它无所谓过去和未来;在它之外,没有其他的想象世界的空间,也没有造型和事件过程。"由于睡梦是骤然间将我们带入到一个时间的世界中的,因而所有的睡觉表现在我们面前便都是一个故事……当然,故事发展过程所在的时空是纯粹的想象世界,在那里并没有一个实实在在存在的假定的对象……这里作为一个想象的世界,它是相信的相关物;睡梦者相信梦里的场景是在一个世界中演进的;也就是说,这一世界是空洞意向的对象,而这种意向在中心想象开始出现时便指向于他"(Sartre,1971,p. 263)。每一幅梦境图像都是被"梦里的世界"所萦绕。反过来,梦境也是人们以及梦之外的客观事物的载体,只不过它们无法超越梦境,只能投射在梦境的想象世界当中。只要梦境一直持续,意识就不会进入,也无法进行反思。同样意识也无法感知,此时它失去其现实性功能,因此也无法改变其生活体验与感受,也无法进行记忆。如果出现了知觉和记忆,那么就有了对现实世界的意识,而梦境所塑造的想象世界就会破碎。相反,梦境图像只拥有想象力赋予它的特性。由于梦境图像是非现实的,所以梦境图像是捉摸不透,且遥不可及的,睡梦者常常为之着迷。睡梦者无法与其梦境图像、梦里发生的事件保持距离。因此梦中没有可能性事件,而只有虚假场景。梦境中,所有的形象都是虚构的、想象的;而这些形象感受到的也只是"虚假中的我"。睡梦者可以在这一虚假的世界里行事,甚至影响着现实世界当中的"我"。"实际上,构成睡梦本质的是现实完全回避着那种渴望使之得到重现的意识;而意识的全部尝试和努力则反而违心地造就出想象的东西来。睡梦并不是被当成现实的虚构,而是由它自己所奉献的意识的那种历险传奇,而且是违心地建立起唯一一个非现实的世界。"①(Sartre,1971,p.279)当然,与精神错乱的幻象和心理变态的幻想不同,成人的梦境当中也有梦魇,有知觉,有距离性,有对其的反思性。

① 译文参考褚朔维《想象心理学》(萨特)译本,北京:光明日报出版社,1988 年 5 月。有修改。——译注

第四章
想象力的概念溯源及其相关理论

词源学里的"想象力"

在古希腊语中,想象力即为 plattein。这个词表示对事物或表征物进行临摹和仿真的生产和模式化实践。柏拉图将这一类的精神活动称为 eidólopoiein,一个图像的生产过程。人们将"可以帮助人类认识某事某物"或者"为了要研究某事某物"的活动称为 ennoein,将指向于未来的行为的活动称为 epinoein,如果活动强调的是将某物表征为一种图像,则用 eikazein 来表示。Eikazein 是一个动词,在希腊语里,带有 eikón(图像)的意思。在这一系列相关的词中,让某物显露的称为 phantazein(动词),表象称为 phantasma,以及幻想的具体运用而产生的表象称为 Phantazesthai。与那些想象力参与的活动有所不同的是(首先在于图像的想象,并由帕拉塞尔苏斯译为德语的"想象力"),希腊语 phainesthai 以及其词汇群(Wortfamilie)强调的是"事物的显现"。

在拉丁语中,想象力活动首先指的是某种"形态"(fingere)。基于这些形态,才有了图像的生产和模式化的实践活动。这一用法与希腊语里的 plattein 行动异曲同工,与那些完全强调全新创造和发明的大脑精神活动相区分。后来人们用 vis imaginativa 来表示想象力活动,到了 18 世纪又以 faculats fingendi 指称旨在强调生成形象、表象、图像,模仿的力量。这里将涉及到想象力的创造性问题,一个自文艺复兴以来便一直讨论不断的话题。在德语中,想象力的创造性是用 Einbildungskraft 来表示的。从词源学的角度来看,图像(Bilder)、组建(Bilden)以及内在加工(Hineinbilden)都与之有着重要的关系。

在英语当中,有两个词有助于我们说明这两者的关系,即幻想(fantasy)和想象力(imagination)。"幻想"更多指说明性和再生产性图像;相反,想象力和想象则指称那些富有创造性、能够创生新的事物的过程。想象力既包含了对现存的或者未在场图像的再生产;同时也指图像产品和新事物创造的过程。想象力的这两种形式之间是流动的,并且是自我指涉的。同样在德语当中,幻想、想象或者想象力之间的差异是不明显的,所以,我们将这些概念基于广义上去理解,将他们看成是同义词,并且根据使用的文本背景来决定其基本内容。

历史的视角

正如我们上述所提到的,想象力可以被理解为一种能力,是将不在场的事物带入到当前的能力。这就需要想象力能将过去曾经存在过的,但当前并不在场的事物或情景进行再生产。为了完成这一任务,它就必须与某一知觉(Sinne)关联。如果当时没有对某事物进行知觉和加工,也就不可能有之后的想象力对其的再生产。狄德罗将想象力的这一特性概括如下:"关于想象力,我有不同的看法:想象力是一种能力,是一种对当前不在场的事物或情景的刻画,使其似乎是在场的能力。想象力是一种能力,是将可感知的事物转化为图像的能力,并用于对照。想象是一种能力,一种可以联结抽象语言与身体的能力。"(Diderot, 1967, p.699)同样,对于霍布斯和洛克而言,想象力毫无疑问是依赖于感官知觉的。因为如果事物没有进入想象并成为其中的一部分,我们怎么可以使想象现实化呢。根据霍布斯的说法,想象力(又称 fancy)的起源存在于感知印象之中。这也是其《利维坦》第二章第一部分(开篇)所说的:想象(Vorstellung)不过是渐次衰退的感觉[1](Hobbes, 1996, p.12)。马勒伯朗士重新用概念化的方式表达了同一思想,他写道:为了更好地理解那些不同情况下浮现在人们大脑里的想象力的变化,只需要我们就想象力的确定性事物和图像本身提供出对象,而这无非是活跃于大脑里的印迹——如果我们越是对某物进行强烈地想象,就会留下越深刻的印迹,其活跃的程度也就越强,而活跃的速度也就越快

---

[1] 参见黎思复和黎廷弼合译《利维坦》(霍布斯)版本,北京:商务印书馆,1985 年。——译注

（Malbranche 1920,p.231）。可是这种将想象力简化为依赖并从属于感知的方式却无法解释发明和灵感、变更和修改、自发与创新是如何形成的。

其实,早在亚里士多德时,他就对这种仅仅将 Phantasia 看成"外部感官刺激而引起的内心波动"的看法提出了异议。相反,他认为,应当将 phantasia 看成是图像间相互关联的能力。这些图像并非来源于直接知觉感官,因此与其将其看成是感官刺激,还不如将其视为一种纯粹的大脑精神活动。所以,他的《论灵魂》(431b 39)指出,"没有想象图像,就没有观念"。笛卡尔(Descartes)也认为想象力不依赖于知觉感官,而具有独自的自发特点。他如此写道:老实说,当画家用最大的技巧,奇形怪状地画出人鱼和人羊(半人半兽)的时候,他们也终究不能给它们加上完全新奇的形状和性质,他们不过是把不同动物的肢体掺杂拼凑起来;或者就算他们的想象力达到了相当荒诞的程度,足以捏造出什么新奇的东西,新奇到使我们连类似的东西都从没有看见,新奇到给我们的感觉是纯粹出于虚构和绝对不真实的作品,不过至少构成这种东西的颜色总应该是真实的吧。（Descartes,p.6[①]）

这里笛卡尔就区分出了两种形式的想象力。一种形式是"自发的想象力"(imagination involontair),一个是意图性的想

① 参见贾江鸿《论灵魂的激情》(笛卡尔)译本,北京:商务印书馆,2013年。——译注

象力。前者产生于"各种大脑波的运动与曾经在大脑沟回里经过而留下的印象相碰撞。而这些印象只是随机地通过某些毛孔,而非其他。比如我们的梦境,以及梦醒以后关于梦境的想象(它并非我们有意要去想,且与我们自身可能没多大关系)"(Descartes,论灵魂的激情I,21)。所谓的有意图性的想象力,则是灵魂通过与某种大脑精神的辩论而产生的,是"梦的天堂"(palais enchanté ou une chimère),一个魔幻城堡或梦幻[Chimäre](同上,I,20)。这种图像往往没有实在的外在客体对象,也不需要参照外在表象,就可以使不在场的客体现场化的同时,不再处理纯粹的想象。

帕拉塞尔苏斯把"幻想"(Fantasie)和"想象力"(Imagination)翻译成同一个德语词Einbildungskraft(想象力),强调的是主体在图像生成过程中的主动性。借助于想象力,外部世界得以进入主体的大脑内部想象空间。在德国浪漫主义时期,对"想象力"这个词的使用越来越频繁,如沃尔夫(Christian Wolff)就属于最早使用这一词的人之一。同样,苏黎世美学家博德默尔(Johann Jakob Bodmer,1966)和布赖廷格尔(Johann Jakob Breitinger,1966)在他们有关"诗学与艺术"的研究中就明确地使用了"Einbildungskraft"这个词。而作为人类学的重要概念,想象力常常与自主(Selbstermächtigung)和主体化(Subjektwerdung)相伴相随。值得一提的是康德在这方面的见解。在《纯粹理性批判》的第10节,康德将想象力与付诸概念联结的"综合性能力"(synthetischen Vermögen)两者联系起来。他说:"我们在后面将会看到，一般的综合纯然是想象力，即灵魂的一种盲目的、却不可或缺的功能的结果。没有这种功能，我们在任何地方都根本不会有知识，但我们却很少哪怕有一次意识到它。不过，把这种综合付诸概念，这是属于知性的一种功能，知性借助于这种功能才为我们产生真正意义上的知识。"①此时必须"通过理性观念——它具有抽象性、反思性的本质——对对象知觉性的回忆，来实现完成了想象力对概念与感知之间的调节与联结。"（Mattenklott，2006，p.54）这种想象力的潜力隐藏着巨大的人类学意义。

创造力发生的关键也在于想象力（vis creativa）。早在文艺复兴之始，想象力最引人注目的成就是创造了使人心醉神迷、振奋人心的神的形象。文艺复兴时期的画家所创造出的通过 disegno（意大利语）来表现神如何创世、神的形象等的创作方式，成为被神创造的"人类"（类神）的最初模型。Disegno 是既有想法的具体表现形式，并最终通过想象力的方式跃然于纸上。多亏了人的这种想象力，人类才渐渐地习以为常，自然而然地将这一切看成是自然天成，而非自然的自我创造天性。也就是说，想象力并不是自然而成，不只是基于对外在形式和表现的简单模仿，更多的是指对它本身的样子的创造性构建。17世纪到18世纪是英雄的世纪。他们呈现了人类的全能性，并成为人类创造力

---

① 译文参见李秋零《纯粹理性批判》（康德）译本，北京：中国人民大学出版社，2004年。——译注

的模板典范。在歌德的《普罗米修斯》中,他对这种创造力的生命活力和理解,以无与伦比的方式表达了出来:"宙斯,你可以布云作雾;遮黑你的天;你可以像儿童斩杀蓟草花球那样;对橡树和山头练武;但你动不了我的大地。"[①]人们挑战着诸神的形象;并且企图想要居于其上,重新勾勒和构建人类自己的历史。不久诺瓦利斯更为直接地指出:"想象力是多么妙不可言,它可以代替人类一切的知觉感官,甚至那些长久地、专制地存在于我们里面的也不例外。当外在的知觉感官完全受控于机械规律而呈现时,想象力显然不受现实的影响,也不为外界迷惑所动。"(Novalis, 1965, p. 650)

曾经(约1797)出版的最早的一本名为《德意志哲学系统》的著作,其作者不详,或者是黑格尔,抑或是谢林,又或者是荷尔德林。其中提出一个由想象力创造的"诗意的世界"(Poetisierung der Welt),一个新的神话世界。这一提法旨在将想象力的创造性方面看成对人类生活具有决定性的意义。同样,有关想象力创造性的理解对20世纪出现的先锋派艺术发生着持久的影响。这种创造性,向世界献上各种新事物,人们也因此不断地趋向于完善。这样的认识实际上是将想象力看成是一种力量,这种力量能将不可见事物可视化,不存在的事物现实化,人类潜力发挥到极致化。因为每次"新的"创造,都会伴随着创造

---

① 参见钱春绮《歌德名诗精选》(歌德)译本,太白文艺出版社,1997年。——译注

性视野的"另一种更新"。

作为想象表演与表达的图像

早在亚里士多德时他就指出,想象力是知觉的幻想性审美(phanatasia aisthetike),思想的幻想性逻辑(phantasia logistike)(De anima,p. 433b 29)。萨特也指出,想象力参与了感觉和思考,所以想象的理论必须要厘清知觉性图像和想象性图像是如何相互区分的,这些图像对人的思维起着怎样的作用。康德提出了耐人寻味的问题,即:如果没有想象,是否还会有知觉;还是知觉必须以想象为前提,所以先有想象才有了知觉。根据康德的说法,想象力是纯粹的接收与综合性创生之间联结的前提,比如:对一只动物的外表及其行动(纯粹接收),与动物感知需要的图式(综合性创生)。梅洛-庞蒂(Maurice Merleau-Ponty)的认识则更为深刻。他认为,人们有关事物的感知可以看成是一个连续性的过程,这时事物的客观属性和主体的经验感受之间密不可分,且相互交叠。由于向内的投影与外向投射(Introjektion und Projektion)之间是相互交错的(Chiasmus),所以很难去区分这种内在与外在的界限。

巴什拉(1943)提出了辨别图像、知觉性图像以及由想象所产生的图像之间的根本点:知觉性图像与想象图像具有根本性的差异,以至于我们完全应当赋予其两种不同的概念,以使我们更好地对两种图像进行正确的理解和说明。想象图像影响着知觉性图像;图像的感知又影响着想象世界,作用于每一次感知行为发生之前的图像结构。就这一点,吉尔贝·杜朗(Gilbert Durand,1963)及其流派跟随着也进行了相关讨论。他们认为,内在图像是自发性变化,是符号化的过程,它们有自身独特的动态系统。因此,将它与知觉性图像联系在一起来讨论其发生过程,并无太大意义。这些内在的图像具有一种文化的特性,如下所述:主体活动于其精神领域内部。这一精神领域是人类生活世界构成的基础,是由符号性图像组成。知觉的主体性与表现力与这些符号性图像的可感知性内容紧密相关,且总是通过意义赋予的方式得以呈现,这种意义本身在概念的言语表达上天生就是一个动态化的词汇。想象力并非知觉的第二表象,也非对给定概念的生活性表达,也不是存在于大脑最初的精神图像的原型表象。因此,诸如空想、预言、诗歌或图像都可以被视为"真实",而不一定是现实。(Wunenburger,1995,p.31)

想象力不仅创生着新的图像,而且也改变着它们。想象力协调着图像与图像之间的关系,并使其象征符号化。想象力创生着相互交叠的集体图像和个性动态图像,进而形成图像网络。基于这些图像,我们认识着周围的世界、他人和我们自身。图像网络使我们的知觉结构化,但同时也是我们感知的结果。想象力在图像网络当中发挥着作用,并且由此呈现着自身,使我们清楚地认识到它的存在。图像创生着新的想象世界,使我们畅游其中,漫无目的,从一边到另一边,从一幅图像到另一幅图像(Bildsequenz)。这一图像链具有创造性,所以它构成了我们对世界的认识，我们思想的误解，我们内心的迷惘。这一图像链是无形的，但同时又具有现实性功能（realitätsmächtig），它决定了我们的知觉性图像，我们的记忆图像和我们的关于未来的期待愿景性图像。图像具有游戏性，而图像与图像之间也形成了连续性的游戏链，迫使着我们将一切秩序化。想象世界是动态能量的表达，这种能量动态性在图像当中、在其自身的不断流动中日益清楚而具体化。

图像不仅是可视的；它同时源于听觉、嗅觉、味觉以及触觉等各种感官。它混迹于象征性图像、言语性图像、隐喻、转喻和逆喻之中。它们相互重叠，构成混杂性的形式，形成图像链、生成图像群，并相互脱离独立（Entkoppelungen）。图像最初是通过模仿性过程展开的，并实现了对文化实践的创造性地再创造（Nachschöpfungen）。图像的意义，如表征图像，也是以同样的方式得以构建，因为模仿过程也包含着无穷无尽的符号化过程（Symbolisierungen）。内在精神图像是在追求生动性（Animation）和生活的多样性中形成的。这些图像不断地掠过，形成图像链，追求意义的涌现，意义的重构，新意义的继续生成。图像是多义的，是异质性的能量碰撞，是多维度的，是具有情绪意义的，同时也很难琢磨。所以，它违背人们一贯追求的清晰、简单、纯粹的诫命，而总是具有模糊性、多义性（Uneideutigkeiten）和难解性（Rätselhaften）（Wulf，2013）。

许多想象图像都是集体性图像：象征性图像（ikonische）常常源于宗教与艺术，言语性图像源于文学，另外的图像则往往是仪式、机构以及大众媒体实践过程的结果。不仅象征性图像和言语性图像归属于想象图像,由其他知觉感官对"现象"的想象而引起的也归属于其中,如歌唱和乐曲、动态图像、舞蹈、仪式以及体育运动等等。与此同时,像嗅觉、味觉以及触觉所带来的细微敏感的感受(intimen Spruen)也是文化集体想象的一部分。所以,那些与人的情绪和社会价值判断直接相关的现象、内心感受及图像同样可以代代相传,为后辈所传承。它们是青年一代个体想象中的一部分,并通过其内在的渴望和习俗的方式不断地得以身体化。很多现象(情感和社会价值判断)是在儿童幼年时就被其所习得,这些情感和社会将有利于其扎根于不同的文化当中。对图像和感受(Spur)的早期习得过程最鲜明的特点就是,它总是在模仿和无意识过程中进行。根据一项有关脑的研究证明,随着语言使用的不断扩充,图像、感受和实体也伴随着其他感知觉的发展而形成(Hüther,2004)。他们之间互相作用,相互渗透,相互补充,并且相互碰撞。到目前为止法国文化学已有研究,要么赋予言语图像相当的特权(Bachelard,1943,1987,1997),要么高唱图像性图像的作用(Durand,1963)。因此,布鲁门贝格(Blumenberg,1981)和利科(Ricœur,1991)对言语图像、隐喻与转喻之间的区分颇有启发意义。而对艺术图片当中的象征性图像、听觉性图像以及言语性图像三者之间的相互关系,以及这些相互关系最终对文化想象的影响等问题,到目前都还很少得到关注。因此,历时性和同时性的对比方式可以为这些有关想象的研究提供重要的视角。

根据柏格森的定义，图像是"或多或少"的"之间"的事物："我们把'图像'这个概念看成是这样一种存在。它比理想主义者宣称的'想象'(Vorstellung)要多那么一点，而又比现实主义者所称的'物体'(Ding)少那么一点。它是居于'物体'与'想象'之间的存在"(Bergson, 1991)。内在精神图像的"或多或少"是因为其既非单纯地来源于"物质"，又并非仅通过其典型性特点就能得以解释。内在精神图像是想象世界能量的组成部分。这种能量即是德语所谓的想象力，它促使生成新的图像，使其相互关联与更新。尽管当前脑研究已经对想象力的"轨迹"有所了解，但这一运动过程当中的"具体内容"我们却知之甚少。与基于现实客观对象的图像不同的是，内在精神图像的生动性是基于人的身体能量。身体能量的产生实现了内在精神图像的运动，调节着其快慢速度。由此我们和这些图像周旋、游戏：有时对其放大，有时缩小它，有时又仅仅是选择性地提取某些图像。如此看来，图像似乎就是大脑世界一个个富有活力的单细胞：时而出现，时而消失；时而与我们的意愿相左，时而又协助突显着我们的愿望。它们是模糊的，没有形式，也没有形态。图像、声调、嗅觉和感受存在于我们之外；但同时它们又是我们身体、我们内心世界和内在渴望的一部分。想象力更新并改造着图像，将我们从真实的图像当中解放出来，并且促使我们去追求激情(Lust)、和平和幸福的新图像；有时它们也会拒绝或驱逐那些真实事件的图像。想象力是自发的，不稳定的。它的形态构造遵循着自身独特的节奏和规则，从而影响着我们的意识。想象力从经验世界生成图像，将其归入新的秩序，从而再赋予其新的生命与活力。此时，我们内心的欲望常常伴随着想象力。图像是由我们内心的兴致高低而引起，是对内心世界的表达。在这一图像流动的过程中，能量扮演着重要的角色，它是延伸到人类生活的前提条件的各个方面，我们对它的认识常常是浅薄不足的，对它所产生的图像也始终不得而知。勒儒瓦高汉（1965，p.96ff）认为，想象图像主要受三种"器官-肌肉"的运动形式决定，即饮食、肉体反应和空间-时间导向相关联的活动。杜朗（Gilbert Durand，1963，p.51）持有同样的观点，并且通过想象图像里的"活跃的身体，新陈代谢的活动，节奏旋律的行为"，又特别是从性别的角度论证了这一点，并由此推断"我们基于这样的'工作假设'，认为身体姿态、神经中枢和符号想象/理解之间具有密切的相互作用的关系"（同上）。这种相互作用实现了外在世界、身体旋律、话语能力以及想象力之间的模仿性关系的联结（Jousse，1974/1987）。正是受模仿性运动和神经活动的驱动，内在图像的形态构造才得以形成。Edgar Morin（1974，p.117）概括了这一过程，并指出："随着人们有意识地觉察到变化，这就表明了……想象世界进入了感知世界，同时为神话进入想象世界提供了路径。神话与魔法将成为人类命运的见证或证据。"

作为情绪的形式和表达的图像

司汤达（Stendhal）在他的著作有关于"爱"的阐述中，将理想完美的想象力比作盐矿结晶的过程。在这一过程中，许多盐结晶体不断分叉为小的分支，就像钻石一样耀眼，并开始发光。以同样的方式，通过不断地向里加入无数亮晶晶的、令人着迷的、闪耀的钻石，想象力强化和美化着"爱"。这也是内在精神图像形成的原理，其首先引起人们内在的感受，进而不断地强化，并生成某种愿望，从而使其现实化。在欲望性图像里，这一点表现得尤为突出。即使是（其要么与人类共存，要么为人所避免）那些关于欲望、敬畏和痛苦的图像，想象力在此时仍然发挥着显著的作用。有时图像会如此强烈，以至于我们可以明显地感受到它并非源于我们主动的唤醒，而是它征服了我们，并且掌控着我们的感受。郁闷和忧伤性图像便属于这类图像，我们无法回避或战胜它。有些图像则用幸福和快乐充满着我们，拥有他们的时候，我们很少感到软弱无力。因此，并非我们掌控了图像，而是图像决定着我们的感受与行动。有时候当我们面对它们时，我们想刻意地不去接受；但它就在我们面前，使我们无法拒绝、反抗。图像统管着我们的情绪，但却使我们无法确定这一切是如何发生的。

想象力使我们感受着我们的感受，要么对其强化，要么反抗，要么逃避。有时这些感受自身也会变成具体的想象世界，而使我们无法寻找到其中的停靠和规则。纪德（André Gide）就此对精神分析的说法给予怀疑性的评论："在我看来，精神分析从来漠视那些我们日常所熟知的内心感受，忽略我们对日常想象的感受。如果一个人，只是对它所感受到的想象性地进行理解……那么在丰富的感受当中，对真实世界与想象是不能分离

的。"(Gide 1993, p. 84)

我们的感情明显取决于在何种程度上相信我们内在的图像世界。有时,这种确信会如此强烈,以至于我们觉得它比"真实"还真实。然后我们会依据"在何种程度上内在图像是与作为其前提的外在世界,即我们的记忆图像相一致的"来重新评判我们的内在图像。无论如何,我们确信的范围与程度决定着它们对我们的意义。我们常常认为我们的内在图像是真实的,是全知的,我们可以总是与其保持距离。我们进入图像游戏的世界,一个只要我们准备好就随时与我们游戏的世界。我们可以把内在图像看成是外在图像。我们可以存在于外在世界的图像,也可以将"在外部"的世界看作"内在图像"的一部分。只要我们身心健康,我们可以随时跳出这一游戏。正如卢梭在《忏悔录》中如是说:"在这种奇异的状态下,惶惶不安的想象常把我从自己的手里拯救出来,平息了我那日益加剧的欲火。经过是这样的:我以沉思默想书中曾使我最感兴趣的情景来自娱,我追忆着那些情景,改变着它们,综合着它们;我要变成我所想象的人物之一,并使我所设想的那些空中楼阁正好符合我的身份。我总是把自己放在自我感觉最称心如意的位置上。到了最后,我就完全处在我所幻想的环境中了,竟至把我极端不满的现实环境都忘掉了。"(Rousseau, 1955, p. 52)

这一情景有时是十分困难的,因为此时个体总是屈服于其内在图像的诱惑之下,而无法对其进行反抗并进行批判。文学里有许多这样的例子,如具有历史意义的歌德巨作《少年维特之烦恼》一书出版以后,明显就有更多受其刺激的少年寻求自杀。同样,像福楼拜的《包法利夫人》里所用的文学叙述方式,以及有关女主角的渴望、感受和行动的图像都影响着当世的人。在有精神病的人群里这一情况还更明确:在此,病状无法穿越内在图像与外在图像之间的界限与鸿沟。这些病症最终无限地跌入疯狂的图像世界。这一图像世界决定着,它所体验的以及它在何种程度上被其自身的感受所笼罩。在此,人们失去了自我控制的能力,失去了对自我潜力的认识,失去了对混乱图像进行秩序化调整的可能。

图像的动力性

图像的动力系统的活动既遵从于"相似性原则",又遵从着"联系性原则"。比如当谈到水,我们很容易联想到河流、湖泊以及海洋;或者我们也可以将水、出生以及死亡联系在一起。在这两种情况下,图像都在快速膨胀增加。"因此人们有时会通过记忆术来回忆。其原因在于,记忆术总能快速地从一个联系到另一个,比如,从牛奶可以联想到白色,从白色可以联想到雾气,又从雾气可以联想到潮湿。"(Aristoteles,2004,p.452a)当然,想象力有可能顺从着某种严格的规则。弗洛伊德相信,通过将梦境分解为可描述性的、强化、延迟和再加工等,便可以在梦的起源中寻找到这种规则。直到如今,这一规则对理解梦的动力原理仍然十分有效,为理解梦的意义提供了精神分析阐释。精神分析学家将这些规则相对化，并提供了理解梦境世界的新视角。尤其是荣格在其作品中突显了这一新的视角，他借助于这一新的视角为人们提供了理解梦境本身的更好的人类学观察。在荣格的著作中，他试图解读梦图像的系统性，以及想象世界的系统性。这一问题直到目前仍在不断地研究和实验当中。这一研究尝试的目的在于，是否可以发现一张图像，它承担着其他图像的起源，然后形成了纯粹的图像链；或者说是否存在一个所谓的"图像图式"，它可以为图像的起源和联结组合提供相应的解释。无论是康德和柏格森，还是荣格和杜朗，他们都认为，存在着这样一种图像图式，即基础性图像（Grundbilder）。这一基础性图像为特定的图像的生成和加工奠定了基础，也为这些图像链获取个体性和文化特性提供支持。荣格正是基于这一类被称为"原型"的图像来展开深入其研究的：它们是原型，可以引导可能出现的想象进入特定的轨迹当中……它并非是指那些可以遗传的表象，而是指表象得以被遗传的可能性（Jung, 1971, p. 62）。在定义诸如俄狄浦斯情结等心理问题时，弗洛伊德也曾有过同样的研究。在研究兄弟姐妹的关系是否会直接影响或改变其与父母的关系时，即"撞入者情结"时（Komplex des Eindring- lings），拉康（Jacques Lacan, 1986）也持有同样的看法。巴什拉（Gaston Bachelard）则试图寻求一种"文化情结"，他将其定义为"自发的行为，控制着反思性运行。比如说……那些人们所谓的最喜爱的图像（人们由此创造了一个表演的世界），实际上是对内心世界的映射"（Bachelard, 1993, p. 25 f）。

在上述情况中所提及的图像,不仅是指图像具有"传染性"的扩展,而且也指想象不断地发展为符号力量。这种符号力量可以创生新的图像,对其进行改编,并基于不同的文本背景产生新的意义关系。从符号象征学的角度来看,想象图像的使用在异质性的时间和空间动态中包含不同的、多样化的意义("水"的使用便是一例)。因此"不必通过正确与否,或者同质性与否来判断图像;因为它本身是一个内在建构的复杂体"(Wunenburger,1995,p.60)。

在巴什拉有关梦的物理运动的原理研究中,他试图去说明:基础图像(如,水、火、气和土)以何种方式,基于某种矛盾性规则,发展其语义矩阵(每一个基础图像都有指向正面,或倾向于负面的可能,这样才出现了具有对立性的"生命之甘泉"或者"死亡之水");在何种程度上,相互对立的元素(比如从水到火)之间的联结成为创生更强烈的诗意图像的源泉。(Wunenburger,1995,p.64)杜朗则致力于"想象世界结构"的挖掘。他认为,想象力动态性的源泉在于"白天的秩序"与"晚上的秩序"这两个基础却又完全相反的语法结构。这一结构关系着图式的分离与图式的对立,关系着图式的整合与图式的融洽等。从空间的角度来看,第一类图式首先是指对距离、片段以及张力的表达;至于第二类图式则相反,是对圆形或洞穴(Hohlen)的表达。从时间角度来看,两种结构都含有高度统一的时间弹性,"去时间性"(En-tzeitlichungen)。在第一类图式中,包含更多的英勇善战的形式(Formen des Heroischen);在第二类图式中,则包含更多的神秘形式以及激情形式。想象世界的第三种类型则是将以上两种秩序基于同一个"和谐的圆圈"(Kreis der Versöhnung)去重构另一种秩序的语法结构。"因此人们可以在每个(文学的或者雕像的)作品中都发现一个占主导的组态(Konfigurationen),从而让其作品更独具特色。那些不断重复的结构化形象使其从表面上色彩斑斓的现象(被赋予了某种印记,与世界有天生的亲密性关系)当中解放出来。"(Wunenburger,1995,p.65)

图像与意象

几乎所有文化都充满着符号象征,而象征与符号则构成了文化的基本特点。文化中所呈现的象征符号,使人们确信自己归属于同一文化,并且促使其致力于文化内部集体性的构建。这些符号是不同感知觉的相互重叠,且作为一个不可分割的整体为人们所理解。尽管人们可以通过多层面的阐释对其进行剖析,但它对于信仰者自身则是联合统一体,因此富有神秘性。对符号进行阐释分析的关键,在于能够有意识地理解它们的内涵和预言性。由此就可以避免符号的灵性意义被简化,而非相反。这种不利之处在于,符号脱离了日常理性生活,只是在游戏当中呈现自己的另一面。对符号的阐释依据的是:阐释者必须参与其中,承认它的意义。如果缺乏这一点的话,则很难理解符号所指涉的其他符号、意义以及其所在的生活世界和其本身的复杂性。然而,此时也要求一种批判性的视角,又特别是在涉及到政治符号、国家整体主义时，更需要有符号批判、对意识形态的批判。

　　所有文化的符号性图像都是基于他者（Alterität）的经验而生成，即他者性。这是一个可以无限靠近，但却不能完完全全领会其内涵的图像。要完全理解其意义，人们就要成为文化的一分子，并且完全放弃其原有的文化。但事实上这是无法实现的，许多民族志研究已经证明了这一点。如此一来，对他者的理解实际上是一个"关系构建的过程"。在这一过程中，无论是研究者自身还是他者，都不能夸大任何一方的本体意义（大写的本体性）。相反，这是一个双方的视阈"融合"的过程，然后才有所谓的阐释性的理解。正如勒内·夏尔（René Char）在其诗集中所说的，这同样可类比到符号性图像：他们知道我们所不知道的。它包含着让人充满新奇的元素，充满不可预见性，是我们日常生活理性很难体验到的，是我们在获得知觉性图像之前就可以体会的图像。

　　对符号性所隐含的精神图像的阐释，可以参考艺术史所发展的图像阐释方法，特别是当这些图像所反映的是某一集体文化的生活图像时，则更具有借鉴意义。首先，当然要说明艺术图像阐释方式在何种程度上也适用于破译精神符号性图像。人们对潘洛夫斯基（Erwin Panofsky）的图像学运用越多（因此也受益越多），就越能发现其使用的界限范围：他的方法曾在对文艺复兴的图像分析当中盛极一时，具有强烈的"认知原理"和文本分析的基础（Lektüre von Texten），很少关注图像中的形象性

（Mitchell,1994）。如果将潘洛夫斯基对图像阐释的论点运用到符号的精神图像的解读中，就可以得出如下论断：第一步前图像学阶段，掌握想象世界的图像（imaginärer Bild）的轮廓和色彩或者相类似的；第二步图像阶段却明显不同于第一阶段，此时，有关其形态构造（Figuration）、形成过程和给定意义等附带性信息，对于理解精神图像十分重要，比如一些有关个体成长的自传式信息。第三步则是对图像学的阐释。此时，应当将内在图像看作其所在文化的内容和表现形式。这时就需要特别地对内在精神图像的历史和文化意义进行深入的研究，旨在强调内在精神图像的文化历史意义。潘洛夫斯基的不足之处在于他缺乏对"图画本身的意义"（Bildsinn）的关注。伊姆代尔指出，"所谓图像本身的内容是直观的形象，而非对图像表象的反思，也非图像本身的可能性。我们可以把这种图像性称为图像（Ikonik），它是与图像直观自身相关的直观性。这种关系可正如图画之于图像，理性之于逻辑，道德之于伦理"（Imdahl,1994,p.308）。追溯内在精神图像的历史性时，应当基于图像（Ikonik）这一基本框架，去讨论图像与语言的关系，两者的差异性，如语言叙事往往具有顺序性特点，而内在图像的表达具有同时性。由于许多内在精神图像的阐释无法依据潘洛夫斯基的图像分析原则进行，因此推动图画与内在精神图像的互通就尤为必要。在伊姆代尔看来，这里便会涉及到一个具有创造性的，以及无限反复的已有图像结构的可能。正是这种无限反复的图像里所内含的矛盾性和反差性，才会激起观看者自身的、独特的内在图像结构，也能同时意识到他自身独特的无力支配感。尽管这一展演的结构化过程的独特体验是基于一个其自身的现象而进行,但也无法将这一结构化的行动引向最终的同一性的整合和控制(Imdahl,1994,p.318)。上述所提到的过程,使观察者的内在精神图像体验到图画本身带给它的"不可超越的软弱",进而开启了审美上的体验。图像是基于它的形象性,基于其不可化简性——一种观赏者总是通过图像本身的形象性才能认识的图像品质。

图像和想象力的游戏性

图像对"自我"的形成具有重要意义。图像协调着人的内在世界与外在世界,使个体的唯一独特性成为可能。在每个人的内在精神图像世界中,个体本身都是独一无二的;没有谁会拥有和另一个人一模一样的内在图像。人人都是主动地加入到自身图像世界的构建,比如说记忆性图像、知觉性图像和未来愿景性图像的形成都是个体积极主动加入的过程。如果是涉及那些符号性图像的加工与构建——它们往往来自于某一文化且反映该文化的集体存在——那么要求会更高。想象世界"构建了一个真实的有关未来的框架蓝图。基于这一蓝图,人通过自我装扮和自我判断的方式去完成自我实现,成为人。"(Morin,1985,p.233)为了使自己成为真正的人,人们必须不断地自我构建,也就是说,人们要不断自我塑造和自我完型,并根据自我已有的内在精神图像去不断自我更新,自我完善。此外,他人也形成了有关我们的图像。这些他人有关我们的图像为我们自身所接受、为我们所调整加工,或者使我们烦躁厌倦。就这一点而言,这些图像也决定了他人对待我们的态度,同时也有助于我们自身的形成。

当然,想象力不仅是通过图像来影响我们,它的功能也持续不断地通过游戏的表演性特点发挥作用。在这一游戏当中,我们被邀请加入不同的人群和机构,在其中勾画着自我、形成新的经验并发生着转变。如此一来,游戏就是一种实践,而想象力作为文化实践就更为明显了。我们可以区分出许多不同游戏形式,其中最为经典的是凯洛斯(Caillois)的四种分类:竞争性游戏(Agon)、乔装表演性游戏(Mimikry)、赌博性游戏(Alea)以及迷幻性游戏(Illinx)。这四种游戏清楚地呈现着游戏是如何的丰富精彩、多种多样,人们是如何在不同机构、仪式以及其他的社会结构当中游戏生活(Caillois, 1982)。游戏的主要特点在于在游戏时,游戏本身像是严肃的,这也使得游戏的想象性特征可以为人所体验。这样每一种行为都被赋予了双重意义:一方面,游戏是严肃的,但同时它又是游戏性的,而这两者之间的界限与差异只有通过想象力才能得以认识。不管怎样,这种双重性是游戏的特性,如果游戏当中没有这种矛盾对立性,其本身是不可能存在的。因此,游戏要成功完成,就必须有游戏者对其游戏同伴的各种游戏行为的模仿。此时,所有的游戏参与者都必须理解并熟知他们的游戏实践,因为只有如此,他们才能共同游戏,与其结伴为友。席勒也曾强调游戏的特殊性,他认为:在游戏当中人是自由的,并且人首先是通过游戏而成为人的。虽然不如席勒那样理想浪漫,蒙田在有关游戏的体验论说中对此给予了相似的解释。他说:"我们所从事的大部分活动都是具有伪装性的(Mummenschanz, mundus universus exercet histrioniam)①。人们必须忠诚地扮演着他的角色,将他自身假定为某一演员角色。人们无法在面具中获得有关人的真正本质,就像透过他者无法看清真实的自己一般。我们从不将皮肤与衣服截然分开来看待。人们只需粉饰脸部就足矣,而无需再掩盖和伪装自己的内心。"(Montaigne,1992,p.764)

在宗教领域,学者们就一直试图借助于人们的想象力对象征性图像的冥想,从而完成人最高的灵性成长,如曼达拉图形。在基督教世界,自埃卡特(Eckart)大师以来就提倡人们借助于想象力去获得解救,摒弃之前的基于意图性去获得终极灵性上的体验的说法。在大众教育中,尽管想象力的构建功能一直扮演着十分重要的角色,这一点却很少为人们所熟知。实际上,如果人们乐意将想象力用于自我教育(Selbstbildung),那么就会创造更多的可能性。而如果青年人要提升自己的创造力与创新性,他们也需要努力地丰富和扩展自身的直观感受力(Flügge,1963)。因此,无论是对卢梭还是对德国改革教育学派而言,都并非停留在对想象力的理念化的认知,而是坚持不懈、集中精力地参与行动,以推进想象力发展的潜力。拉图尔(Bruno de La-

---

① 即,一个表演的世界 Die ganze Welt treibt Schauspielerei (Petronius)。

tour)将这一任务如此描绘道:"我们所谓的'严肃的思考',大概就是想象制造各种图像的能力。这种图像可以不断地得以再加工,基于这些加工过的图像,又会发现其他新的事物,这样最终想象占据了全部的力量。"(参见 Wunenburger,1995,p.106)

第二部分

想象力与想象

第五章
想象的集体性与动力性

受巴什拉和杜朗的影响,自二十世纪八十年代起,法国人文学科中掀起了一股研究想象(Imaginäre)的潮流(Wnenburger, 2012, 2013)。与拉康流派将"想象用于阐释分析个体内心的自我欺骗与虚幻迷恋"有所不同,这些研究更加关注"作为人类社会的集体文化性图像的想象"。在他们看来,一方面,想象是想象力(Einbildungskraft)的同义词,表明的是人们的一种能力,一种勾勒图像、联结图像、共同协作的能力;另一方面,想象也是想象力作用于人类社会的最终产物,即图像及其他文化产品。但无论想象是指一种具体的物质形态的图像世界,还是指人所具有的能力,都共同指出了想象的创造性特点。同时,想象又对这两种相互渗透的表现形式都发挥着作用:它创造了现实世界;现实世界又反过来为它提供基础,协助其获得最终的想象产物。想象就像一张入场券,通过它我们可以有意识地理解我们所在的世界。想象具有表演性;它生成了各类图像,并构建着相应的秩序;与此同时,它自身也是对各种图像和规则秩序进行内化的产物。想象图像调解着我们自身、人与世界以及人与人之间的关系。想象是意义生成的动力系统,在其中形成了各种关系的联结,秩序的形成与构建,"想象这一概念,是以图像的显现出现在我们面前。图像开启了我们的视野,直指我们潜藏的内心。在某种程度上讲,这些图像只是显露出来的冰山一角,想象可以帮助我们进入这一复杂关系和组织结构动力系统的研究中,却毋须我们亲自进入那些复杂的网络图像"(Thomas,1998,p.18)。想象也是一个系统,或者说是由各种隐性元素构成的网络系统。这一系统由不同语言文字、象征图像组成,也因此突显出不同的逻辑与行文风格。想象的动力是源源不断的,它不断地促成新的图像组合和联结。

巴什拉认为,从方法的角度来看,图像必须要凭借着其他的图像才能得以研究(Bachelard,1943,1980,1993,1997)。他的研究并非纯粹的文学研究,而是通过自我剖析去寻求以下答案:特定的图像是如何在他所关注的文本中作用于个体自身,在他的白日梦中又唤起了怎样的联想,在这过程当中想象力是如何展现的。当然他研究的焦点主要是"诗意图像"。这种分析方式,使巴什拉与精神分析学的图像解释截然不同。精神分析学的图像解释方式视角相对狭窄,指向的是普适性的历史解释,从而只能进行一些表面上的图像解释。要知道,没有任何图像是不需要想象力的,也没有任何图像可以离开其过程性来展现其生命活力。想象力是一种能力,"是对通过知觉所获得的图像的去形式化;但最为重要的是,它是一种能使我们从原初的图像解放出来,赋予我们不断更新图像的能力"(Bachelard,1943,p.5)。在这一过程中,想象力丰富了我们的内心世界,使我们摆脱无谓的虚幻迷恋,将我们从日常现实生活中解救出来。与此同时,它为我们生活的意志力提供支持和动力。我们可以这样来看待意志力与想象力之间的关系:"想象和意志力是同一个体内在深层潜力的两个方面……想象,是点亮意志的火;意志相互联结,以获得对事物的想象,并在自己构建的想象中去生活。"(同上,p.144)在图像还没成为表征图像之前,想象力就对图像的生成过程发生着重要影响。想象是一种超验力量,它并不局限于日常生活的现实性问题,而总是在欲望和激情当中去追求美、圣洁。它游历于冷漠的世界,让世界充满活力。与科学研究的兴趣旨向相反,想象总是存在于真实世界的对立面,与之存在着张力。想象力的对象和主题往往是非现实的、超现实的,拥有自己的真理和逻辑系统。想象力以强烈的情绪力量(令人着迷,或令人厌恶)渗透在图像当中,使图像从原本幻想的世界进入一个具有强烈情感的诗意世界。

图像可以分为许多不同的图像风格。首先是那些存在于心灵深处的,隐藏在我们潜意识里的图像。它们总是出现在夜晚的睡梦当中,以碎片化的方式进入。在这类图像中蕴含着人情感的起源和意义的生成,具有普适性,与单个个体的生活经历无关,用荣格的话说,它们是"原型"。这种潜意识图像往往出没于"情结"(Komplexen)当中。就这些"情结"而言,它们与其所在的文化相联，并且其本身是文化特性的表现形式。潜意识图像构建了人类最原初的集体和个人生活的组织形式。因此，对想象的研究必须要"以梦的系统性为出发点，从而揭示图像自身原本的基本元素和基本运动"（Bachelard，1943，p.39）。

第一类可以被我们真正意识到的图像，出现在我们自发的梦境当中，此时意识的控制功能是处于关闭状态的。这些梦境图像是自发产生的，具有某种形式，可以诱发宗教沉思（Kontemplation）。它们常常安置于观念和叙事神话中。梦境图像是永恒的，因此不受时间限制。树木图像、花朵图像、岩石图像、水晶图像和房屋图像都会属于这类梦境图像。因为这类图像主要是一种"导向性的形式"（Formen der Orientierung），不需要与具体的意义相关联，因此它还不具有代表性和表征性意义。

当图像转化为文字得以书写和表达时，图像便呈现了其创造性。想象力是可表达的，巴什拉认为这一点往往在文学创造中得到了很好的体现。以文学的形式，图像可以获得新的普遍性。每一张文学图像都是一次图像的变革，一次图像的重生，从而赋予其独特的价值。在巴什拉看来，作为一种象征隐喻，图像到达了其尽善尽美的高度。文学性图像和隐喻性图像都能打动并满足人的内心。

想象力的创造性出现在人的无意识与肉体的交流互动中。尽管这一图像兴起于潜意识，但如果仅从人的内在驱动力去理解梦境图像的意义就显得太局限了。因此，这些图像如果要转化为文学图像或诗意图像，就需要对其进行升华。此外，文学图像(图像原型在其中得以呈现)的生成,要求图像从外部现实世界抽取基本的元素和实体,从而帮助图像审美价值的获得。正如巴什拉所言,"对生活想象有着决定性意义的基础图像,必须将自身与基本的实体物质以及基本的运动相联系。"(Bachelard, 1943, p. 340)基于某一物质或实体获得的想象力,将通过想象的动态性得以补充和渗透。这种想象动力包括冲动性图像、热情性图像和鼓舞性图像。简而言之,图像里所突显的知觉运动是主动发生的,并且具有想象的能量。这一想象动力是随空间和时间的变化而产生的。通过梦境中与某些元素和事物的相遇,以及存在于身体本身里的能量,成人的想象才成为可能,想象与人所在的世界得以碰撞,并使想象有机会加入到丰富多彩的生活世界当中。借助于想象力,意识的时空性、张弛的节律可以在生命的流动中为人们所体验。

伴随着图像间的相互交织,网络化构成具有本土化的、节律式的想象力。它具有相对自主性,但同时也受规则秩序引导与限制。想象力将人们从现实束缚当中解放出来;此时它需要遵从某种语法和语义规则。图像并不是相互孤立的,而是相互形成一个"集群",由此形成了动力图像的构成规则和物质图像的联合原则。通过对立(诸如水与火这样的基础性图像),图像与图像间相互吸引、相互排斥、相互充实,并加强着双方的动力。相互对立的图像在"来来回回"之间体现了想象力的辩证性。

图像除了具有语法原则外,还具有语义规则。此时,文学图像里的同构性（Isomorphismus）显得尤其重要。基于它的同构性原则，即使图像形式以不同的方式呈现（如洞、房、肚子），图像本身的意义却是恒定不变的。其中最能体现这种语义规则的是图像与隐喻之间的关系。比如血与红酒，它们在很大程度上具有可逆性。同样，主体与客体、人与世界之间同样遵从这种可逆性原则。

　　文学是表现想象力和想象取之不尽的宝库，这可能会导致图像的审美旨趣不那么为人所注目。尽管存在着分歧，但还是有一些研究试图将图像作为研究的中心去理解作者、诗人的想象世界，进而也帮助读者扩展他们的视野，从而为人文科学里的图像研究带来新的视角。巴什拉十分热衷于对文学图像的研究，关注文学图像里的形象性（Bildlichkeit），而并非通过简单的文本解释草率地获得的结论。于他而言，重要的是，需要对图像进行"凝视"，对文本的纯粹文字进行知觉感知，对梦境里创生性起源进行寻觅，从而才能与创作者进行对话。他研究的目的在于帮助人们加工处理其负面的图像，以便更好地对待人们内心的缺陷、恐惧或精神疾病。

　　巴什拉感兴趣的是图像和想象力对人文科学的认识论有何种意义，而曾深受巴什拉学说影响的杜朗，却更关注从人类学的角度去研究图像、想象与想象力。他的研究兴趣主要关注"主体以及其同化而习得的本能驱动与客体（主要基于喜剧和社会构成）之间的相互作用"。正如他提到的"想象最终只不过是在本能驱动下，寻求对客体的理解过程……反之亦然，主体的想象就是主体对客体的适应过程"(Durand, 1963, p. 38)。杜朗这一人类学视角的关键,在于他指出了人的本能结构与社会世界之间的相互关系。这种相互关系可以在图像媒介中,在想象世界的结构中,以及想象力的结果中得到观察和研究。

这一过程基于三个基础性体态语,即身体姿态、饮食和性爱。由于这一基本的特性,这三者中的任何一种都是一种图式,一种能动态且有效地实现图像的普遍性、标明想象的非实质特性。身体姿态包括两个图式:其一,呈上升趋势的垂直性;其二,视力的或手工的分化(visuelle oder manuelle Trennung);饮食则包括衰退(化)的,以及"筑巢依恋"的图式(Anschmiegens in der Intimität);而性则是一个循环圆圈式的图式。这些图式本身还不是图像,但它在原型(由符号构成,且受文化限定)中却是有形式和形态构造的。"原型具有超强的稳定性。这样上升的图式也相应地产生了持久的高峰原型、攀登原型和光的原型……下降图式则生成了洞穴原型、格列佛式的黑夜原型;而筑巢依恋图式则形成了母腹的封闭原型,以及亲密原型。原型与一般性符号的区别在于它的非矛盾性,它的普遍持久,以及对图式的适应实在(Angepasst-Sein)。比如说,'轮子'就是周而复始圆圈图式的最高原型,因为当人们看到轮子时,除了想到周而复始的圆圈外,很难再想出其他另外的意思。"(同上,p. 63)

象征符号也是原型图像的历史性和文化性的具体化。符号体现了某一历史时段或者特定文化背景的事物,同时也构成了文化的多样性。符号常常以叙述的方式来彰显自身,这样就产生了各类神话传说。杜朗认为"神话"是"由符号、原型和图式构成的动态系统；它始终致力于将图式转化为各种叙事"（同上，p.64）。在图式的影响下，出现了具有标准化-规范性，定义清晰，且具有历史追溯效力，稳定的想象再现。这类再现连接组合了最初的图式，也就是我们日常所说的结构。这一结构并非永恒固定，而是可更改的，它组织调整着图像与图像之间的联合。当这一结构被归入一个更大的系统整体时，便是所谓的"大结构"（régime）。

杜朗划分了两类大结构，即白天与夜晚。与"白天"这一大结构相匹配的图像是"身体姿态"及其两个图式，即呈上升趋势的垂直性和视力或手工的分化。与"夜晚"这一大结构相匹配的图像是："饮食"及其伴随它的两类图式"衰退"和"依恋"；性及其周而复始的图式。"白天"大结构是处于裂变状态的（schizomorph），具有"分裂性"，其中包括分离、分化、测量等。"晚上"大结构可以分为两种，即（依恋性图像）神秘性结构，以及（周而复始的循环图像）综合性结构。

图像与想象力之间的相互关系，是在身体基本姿态、神经中枢、符号表征三者的同时在场、三者间的交互作用中得以确定的。身体姿态促使着想象里的符号表征不断形成。与符号学里符号（Zeichen）的随意性有所不同，想象性符号表征的图像没有随意性，它源起于个体的身体姿态，个体对周围环境的影响，以及周围环境对想象世界的反作用。这些基本身体姿态的功能，是随着身体本身与外部世界的交叉互叠而完成的，它们可以被描绘为：直立式身体姿态、创造了可视化的物体和分离技术，比如箭和刀剑等。饮食姿态，即"衰退"姿态构建了质料的"深度性"，比如水的图像或洞穴图像创造了诸如碗或箱子之类的容器，也创造了有关用食和饮水的幻想。节奏性体态语不仅存在于性交模式中，也体现在季节时令中，并引申出了轮子、纺车和食物油桶。这三种分类正如杜朗所言，"与其技术型分类相匹配。它们首先区分出了扁平、击打的工具，接着创造了容纳式器皿的'下陷'技术，最后通过圆形轮子产生了交通工具和纺织业。"（同上，p.55）。图式是基于这些基本姿态而形成的，也正是基于这些图式，基础图像、原型和想象三者与理性思考过程之间符号连接的恒定性才得以成型。

杜朗又特别将其研究指向对神话的剖析。对他而言，神话是研究图式和叙事如何影响着神话传说的基本模式。而他这种有关神话的批判性观点，也可以扩展运用到对文学和艺术文本的分析中。这些文学或艺术文本本身可以呈现出当时的社会想象，以及个体的自我理解。在研究神话当中，重复（Wiederhol-ung）和冗余（Redundanz）这两个概念又显得尤为重要。如果它不是重复性的，或者以完全不同的方式呈现，那么任何神话都无法成为想象的一部分。重复与冗余能以同时性的方式来创造表达具有历时性的神话叙事，因此这两个概念又对研究隐含于深处的神秘结构尤为重要。在杜朗看来，神话的分析应当以对文本所处时代和所处文化的神话分析和神话批判为起点，这样才能有效地获得洞察神话所在当时社会的认识。

如果没有图像，人们既不能进行创造，也不能进行思考。因此对图像的认识与研究，有着重要的人类学意义。在杜朗看来，亚里士多德高唱人的理性，以及笛卡尔对图像的藐视直接导致了图像的边缘化。直到德国古典哲学和浪漫主义萌芽，这种情况才渐渐有所好转，并涌现了人们对图像、想象和想象力的研究。在图像中，主体与客体之间得以相连，世界与人之间得以碰撞，人与人之间得以相遇。由此便产生了一个棘手的问题，即那些恒久不变的基本元素(如之前所提到的三种基本的姿态，并由此而兴起来的图式，以及再次发展而形成的原型)是如何与人所存在的社会的历史更替、文化变迁以及想象之间发生关联的，又如何对其产生影响。

杜朗以及杜朗学派的研究，其实也深受荣格符号和原型的影响。他们关注并强调想象里的恒久不变和稳定性因素的意义。当然，这并不意味着他们的研究没有关注到想象的历史变迁性，而是说他们未能有力地将历史性与想象的各个方面都关联起来。在他们的话语系统中，以上提到的三种人类的身体姿态是恒久不变的，不以历史或者文化为前提。同样，两种大结构以及相应而产生的图像和结构也是超历史和超文化的概念，只有符号(系统)才具有文化性和历史性。他们的这种看法，与当时人文科学研究盛行结构主义相辅相成。当时，身体的历史性和体态语的历史性被人忽视，处于边缘化的地位。当时人们认为：其一，存在一个与人体构造相同的恒久不变的部分；其二，由此，存在着由于恒久不变事物之间相互联结，从而形成的外部世界的想象存在。然而，这一说法却缺乏说服力。实际上，人们必须以此为出发点，即身体姿态本身以及想象的结构已经随着他们的构成部分的历史性和文化性得以相互区分。这三种基本的身体姿态是人们所共有的，但由于其所处的历史和文化的不同实践而显得不同。这同样适合于以上说的"白天""夜晚"的大结构，以及与之相关联的图式和结构。只有当人们明显地从当时社会当中抽离出来，他们看起来才似乎是具有共性的。在具体的分析中，我们可以立即发现（并非直接跳到第二层，看似缺少抽象意义的层面），其实所谓的"白天"与"夜晚"的大结构在不同的文化里、在不同的历史时段也有着不同的意义，比如人们对夜晚的理解：随着电灯的发明和普及化，人们随之也赋予"夜晚"完全不同的意义。

要更好地摆脱这一困境，我们可以借用维特根斯坦的语言游戏这一概念。事实上，在任何一种文化语言游戏当中都存在着"白天"和"夜晚"的句式。当然，它们并非以永恒不变的形式出现在语言游戏中，而总是与具体的生活实践相关联，进而实现了相互的区分。因此就有许多不同的行动游戏和语言游戏不断地被创生，并在频繁的重复中，形成各式各样的、与具体情景相关的实践性知识。自然而然，这些实践知识的构成总是以文化、历史、社会背景为前提。因此，并不存在有关"白天"或者"夜晚"永恒持久的、抽象的知识，而只存在一种以具体行动和语言游戏为基础的"白天""黑夜"的实践性知识。这种知识以家族相似性的方式与不同形式的知识关联结合，而超越文化间设定的界限。

没有任何两种文化中的实践性知识是完全具有同一性的,它们只不过具有相似性。比如,某种实践行动或某一语言游戏的某一方面可能会让两种文化看起来十分相似,但这两种文化在其他领域的实践和语言运用却会呈现出显著不同。因此,人们不能将其看成是相同的,他们仅仅是家庭相似而已。就像在一个家庭当中,父亲和儿子在嘴巴上相似,母亲和儿子的眼睛很像,兄弟与姐妹的下巴很像,家庭相似便是同样的道理。就白天和夜晚的实践行动和语言游戏而言,他们在不同的文化和历史背景中不是相同的,而只是在家庭相似上具有类似性。这种相似性足以解释白天与夜晚的实践行动和语言游戏里所包含的实践性知识。如此说来,身体姿态自始至终都植根于某种历史性和文化性。这同样适用于大结构白天与夜晚,它们可以只是不同的实践行为游戏和语言游戏的总和(Ensembles),它们的相同点是通过其家庭相似性表现出来的。由于这些大的概念与不同的生活实践的联接,也使得其所在的具体社会背景造就了不同的知识结构组成。

这种理论同样适用于去解释结构和图式,也就是说很有必要从另一个角度来思考图像和结构的问题。事实上,从一开始结构与图式就是在不同的实践行动和语言游戏当中获得的,它们并非通过其共同性而是通过家庭相似性来标明自身。这些图式和结构一方面是行动游戏和语言游戏的产物,另一方面它们也构建着具体的行为和话语。这种结构化和可结构化的双重特性是在语言游戏和行动游戏当中完成的。因此,它们从一开始就是基于历史和文化的结构,也是通过它创造实现了想象图像总体。简而言之,这些基础图像或原型也在语言游戏和行动游戏中得以产生。这里我们可以举一个"车轮"的例子,以便更好地理解我们上述所说的。早在很久以前,"轮子"的功能就已经通过语言游戏和行动游戏为人所熟知。由此,也出现了关于"如何使用轮子"的实践性知识。而这一"使用轮子的"实践性知识在不同文化、不同的历史时段也是以不同的方式被感知体验的:如手推车的使用,双轮滑车的使用,自行车的使用以及当前的动车的驾驶。从家庭相似性的概念来看,这些不同的体验产生了一种普遍性的知识,并且在孩童的时候就已熟知:所有的"轮子"都是这些不同形式客体的总和,并在任何情况下都具有相同的功能。基于这样的认识,我们就不需要通过基于"轮子原型"的假设,去指明不同文化、不同历史条件下有关轮子以及如何使用轮子的知识。但遗憾的是,这一解释却并不能完全说明,在"轮子使用"过程中新的创造与发明是如何产生的;它也不能完全解释"轮子"象征性符号(如幸运之轮)意义是如何生成的。要真正了解这一点,人们必须深入到想象的符号象征层面,那常常是新生事物之源。

想象的历史性和象征性

勒高夫和杜朗两位学者曾就"想象结构的历史性未曾获得足够的重视"这一问题发起过激烈的争辩。其中他们十分关注对"想象结构"的定义,而与他们不同,我以为对想象力的象征符号性的讨论显得更为重要。这里,所谓的"象征符号"是指"每个知觉结构都是直接的,第一性的;而对文字语言的感知则是一种间接、一种需要通过第一性来传递的知觉,因此它是第二性的"(Ricœur,1973,p. 22)。毫无疑问,想象力不仅能生成那些不需要借助于象征符号来表现其内涵的图像,同时也能创造具有象征符号意义的图像。在这样的象征符号性图像中,它的形态内容并不能简化成单一的某一种意义;相反,这一图像包含丰富的、具有隐藏性,且总是需要在阐释时才能获得的意义。阐释总是关系到图像与解释者之间的相互关系,总是关系到图像的历史和文化前提与阐释者的历史与文化背景的相互关系。因此,如果谁说图像的意义是存在于图像之中,而与阐释者无关,那这一说法是没有说服力的。如此说来,对"这一关系"的认识是阐释的根本,是绕不过的话题。这种关系首先创造了人们的知觉广度,基于此才有可能对图像的象征符号进行阐释。"象征符号的矛盾性存在于它的呈现方式中,存在于其意义的超验中,存在于处于客体对立面而存在的富有激情的不在场人之中。象征被看作为一个不完整的感受,因此,它只是能指,但即便如此也是唯一可能被等同的方式,由此看来,所指从来不是单单被赋予的意义。因此,象征是极具浓缩性的,是意义形态的缩影;它能将某种图像转化为真实的图画,并将自己隐藏于图画的深处,使人们持久地将其多样化的意义身体化"(Durand,1963,p. 5)。

象征性想象力明显地改变着以往单一的、直线式的图像表征。图像表征与实际的语境相关联，能够发现那些超越日常理性而存在、蕴藏丰富的超验思维、若隐若现的情境。"因此，喜剧人生的本质也好，邪恶的源起也好，或是对死亡的体现也好，都是建立在象征之上。这是一种超越了宇宙起源或来世论的神话所需的象征英雄产物，因为它的存在无法在解构话语中理解，而只能通过想象的喻意性得以彰显"(Wunenburger，1995，p. 69)。在宗教里，象征符号有着更重要的功能，特别是当他们用于帮助人们提升视界时，例如耶稣的十字架，佛陀的莲花座。这就会涉及到神圣和人灵性的成长所需要的一些品质。在许多文化当中，信仰者通过符号在日常生活中来呈现他的神圣世界。他们中的许多与过渡仪式有着紧密的关系，且常常通过这些过渡仪式表现出来，从而打开了朝向超验世界的门，诸如出生、死亡的表演过程。

第六章
想象、象征与实在[①]

在本章中,我们将围绕着想象、符号象征和实在三者的关系展开讨论。这一话题也曾是坎普(Dietmar Kamper)想象理论的中心要素(1981,1986,1995)。在拉康看来,这三者间的相互区分是因为这三者处于一种并非和谐的统一体中;恰恰相反,主体被分离,这就使得"主体既无法承受住它的分裂,也无法暂时地排除它,忘记它。其中就潜藏着由主体自身对自己的恐惧所引起的躁动不安。另外,拉康认为,与悬置主体——通过超现实主义和后结构主义而实现的——相对而存在的是这样一个不变的事实:主体始终处于渴望的戏剧性运动中。"(Kamper,1986,p.134)这时,欲望的观念取代了需求的观念,它是离中心的(exzentrisch)、相互矛盾的,但最终却如同语言一样得以结构化。只不过语言是在以明显的文字链表现这种结构化,而欲望

---

① 该章节 Dietmar Kamper 有部分贡献。

则无意识地被结构化。欲望的观念只在欲望这一框架里以一种对他人渴望的方式展开，并基于此而行事，获得对主体性的寻求。这种观念起源于个体出生之时所遭受的分离痛苦，以及之后为弥补这种痛苦而对完整统一的寻求，也因此渴望的观念进入到了想象之中。在家庭的三角关系中，俄狄浦斯恋母情结转移了个体的乱伦行为，引导个体遵守父权规则抑或符号象征式秩序。个体愿望因此被延迟，社会的结构正式出场。在这一恋母情结里隐藏着这样的灾难，即"主体错误的自我认识（即成为世界的中心，或成为欲望的主人），又同时上演着渴望的诉求，身体堕落。"（同上，p.135）很明显，伴随愿望的延迟，不会出现愿望的满足，也无法治愈那因为弥补和拯救早期出生分离痛苦而对完整统一的渴望。对努力、需求的满足而非对欲壑难填的欲求的控诉指责，这种做法就变得十分狭隘。同样，通过寻求自我身份构建的努力，就可以平息减缓个体内部散乱的想法，这种说法也不完全正确。因此，基于以上错误的观点而形成的人学观很难带来和平。个体无法处理他对重构最初完整性的徒劳追求的想象，也无法直视恋母情结中由个体愿望与父亲为主导的规则结构的缠绕关系而带来的自我欺骗。这总是残留在"我"当中，让人们无法理解，也常常被人所误解的，即：实在。对于康德来说，这种实在叫做物自体，而对心理分析学派的人来说，无意识就是实在。这两种观点都并非以人的自我认识为基本原则。对于跌入图像想象世界的人而言，解开这一问题的答案在于对神秘的镜像图像的重新认识，正所谓"镜像图像结束了儿童早期身体分离的体验;幻想(Phantasma)只是交叠在原初分离的创伤之上,放置了所谓的图像-屏幕。图像-屏幕是不可通约的,这样它就分散转移了最终的连接链,构建了愿望的延迟"。(同上,p.127f)。

　　原则上,欲望可以采取两种方式来对待实在,即"要么毫不犹豫地接受'实在',这样便可以结束无尽的强迫性想象带来的不幸;要么就将实在看成一种不可知的、无尽的谜团,接受其为一种象征符号,但与那实际生活中的裂缝、习俗、敬拜、壁龛、分裂等等有着理论上的区分"(同上,p.138)。主体只能在恋母想象的自我欺骗当中或者通过象征符号秩序(虽然并不总是成功有效的)作出选择。这时就要求作为权力中心的主体转换为一个"无力的、超主体结构(如渴望、语言、符号秩序等)"的主体(同上,p.142)。此时问题就浮出了,即象征符号在何种程度上可以弥补实在的不可企及性。所谓"哪里有语言,哪里就没有实在。因为,此时身体和物体自身为语言所掌握"的说法就会为人们所质疑(同上,p.144)。

　　既然无法与实在产生直接的联系,那么人类作为语言的本质存在(sprechendes Wesen)就只能依靠象征符号系统才能使自身摆脱强迫性的想象、自我欺骗、无尽的空想。拉康言简意赅地指出,人类的这种无路可寻的绝望困境"离实在越是接近,想象就越深刻"。拉康的这一论调基本上否定了历史的作用,这种历史性恰恰可以将想象力的再生产与想象力的创造性区分开来。所谓的想象的再生产性是指对现存事物的仿制,并将其添置入原有的风俗习惯之中。而想象力的创造性则指创造生成那些当前没有的事物。此时,想象被视为新生物的力量。从范式的角度看,图像的价值在于其"生产性",在于它能将事物彰显突出,使其可视化,进而显露出来变得引人注目。就像上帝所显示的创造人类的能力,人类也因此在自己的创造力中开始创造构思关于世界的图像。想象出现了分裂。大脑当中包含的具有创造力的那部分给人类提供力量,从而使人类从已经由想象世界操控的结构性(Imaginäre besetzten Strukturen)当中解放出来。这一过程的形成既包含了社会大环境的某些因素,也交叠着个体心理的某些元素:"正如在睡梦中人们仍对其在母亲肚子里的生活有一种清醒的记忆,自恋也对整体图像有着向往,这种整体图像总在体验着无法承受的痛苦,面临身体肢解的困境。人类对死亡的想象与惧怕尤其丰富,极具创造力。这种惧怕与想象,协同睡梦构成了人们余生的动力,也是最原初的想象。这被视为一种人生的伤疤,通过其综合力量一点一点地滋养个体身份的空想。想象是单子结构,在充斥了缺乏、创伤、无法逾越的伤害中,替代着实在"(同上,p. 85)。人的创造性由此而生,并且总是尝试着在伤害与伤疤中去寻求人的存在本质。

自文艺复兴时期人们确信世界可以被还原为可视化的图片以来,图像产品就以一种无法想象的速度大范围被人们接受。这些图像进入了人类的想象世界,其中蔓延着人们对失落整体性的回忆,充斥着人们对抗死亡畏惧的自我保护性图像。随着图像的过度泛滥,一种新的格局产生,从而改变了人们对身体的认识、对时间的体验以及语言的运用。长久以来，人们对身体的抽象理解在不断地增强，从而忽略了其形象性。弥漫在人类日常生活各个领域的工具性观念，有助于我们理解身体的抽象性发展。只有那些功能性的、理性的和普遍适用的才得到了关注，而那些多样性、碎片化的非但没有得到尊敬，反而为人所排斥和贬低。人的感觉与整体性感觉之间的关系可以很好地说明这一点："整体感知的意义可以基于对单个的知觉的理解，从而缺失了对过程与体验的，以及允许保留作为经验和行动基础视角的自我体系。前者，人们称之为客观精神，也是之后称之为的有据可依的工具理性，即随意性目的。复数的知觉是身体器官，是为他人而准备的眼睛、耳朵、鼻子、嘴巴以及皮肤等。人们必须为这些相互平衡的、与感知整体相关的知觉器官命名。这些知觉确保了对复杂性数据的接受。它们之间的协调互动是始终充满神秘性，且妙不可言的"(Kamper, 1995, p. 23)。基于这一解释，"逻辑与激情"(Wulf/Kamper, 2002)之间的冲突将另有一番理解。在这种情况下，人的意识作为一个防卫的、屈身的、否定的以及排斥的复杂系统，就会意识到他者的"知觉"：身体与渴望，愿望与激情，以及知觉群的感觉。科学研究的主流描绘的是一个普遍化的逻辑，与其相伴随的是人们对操控机制和权力机制的关注，而很少关注其中的"他者"。

在这一讨论中，工具理性与想象及想象力相互间的关系是透过彼此来理解的。想象和想象力可视为"想象力、想象和幻想的基本形式，是一个先验的知觉综合体，是内在时间的感受，是由媒介想象,正如视听图像所构成的强行性力量"(同上,p. 29)。另外,想象世界可以描绘成"想象世界呈现一个具有社会性的内部世界空间。这一空间具有强烈的自我封闭性,且无穷无尽地进行着内在构建;与之对立而呈现的是个体幻想、想象和想象力。它们冲撞着这一封闭的空间,使其让渡给时间,从而在时间的非连续性体验中去获得自我确定"(同上,p. 32f)。因此,想象世界创造了具有空间迷惑性(Verblendungszusammenhang)的内部世界。在这一空间里,总会有越来越多的人受到新媒体的影响,人们将不断受到图像的迷惑,陷入到危机中,从而只能借助于幻想才能逃离。因此,想象世界和幻想的区分便由此说明,想象世界是否定的,而幻想或者想象力都是肯定的、积极的,这样才能说明某一特定文化发展过程的差异本身的价值。想象世界是由"单数的知觉"、工具理性、知识理论和经济理性构成的;而想象力则相反,它与"复数的知觉"、身体、具象和形象化相关联。"图像和幻想具双重性。它们一方面对自我进行反思,但同时又是走向他者的桥梁。反思的最终形式是想象世界;而想象力则是构建桥梁的力量,是开启新视角的天窗。"(同上,p. 25)

早在欧洲文艺复兴时,圣灵就以身体禁欲的形式出现在画像中,形象化即将物质转化为图像。自达·芬奇起,"真实"总是越来越强烈地以"可视化"的方式为人所理解;因此它也使一切"可能"都可视化。"自此以后,寻求确定性,使事物表象化成为人类——即创造者——最重要的任务。创造最重要的就是呈现、表达和展示。"(同上,p. 39)"欧洲的油画不是描述世界,而是构建着这个世界:鉴赏行家如何描绘此画,就应当如何去理解这幅画。主体的渴望是在将世界视为图像的满足感当中组织构成起来的。因此,人们所说的'真实',只不过是这种描绘规则的结果。如果没有五百年前文艺复兴时期的图像透视,没有这种具有独创性的展现方式,就不会有如今的'规范化知觉'(normierte Wahrnehmung)"(同上,p. 45)。不管是望远镜、显微镜的发明,还是人们登陆陌生的国度,寻找全新未曾发现过的文化并对其实施控制,这种对可视化的热情一直持续不断地升温。对"新新世界"的好奇与探索是人们对寻求尘世天堂的渴望和贪婪的结果。"为了向中世纪旧有的传统秩序示威,文艺复兴时期,人们放弃理性而以想象力取而代之,并将其视为人类世界的向导。文艺复兴、启蒙运动和现代化是异端的起源。它们是虚构的存在,也就是说,是以'想象力'为基础的(Imaginiation fondatrice)。"(同上,p. 46)这种趋势仍然持续着。想象世界得以延展,人的认识得以经验化。其中,"眼睛"登场为"理解世界的主导知觉"便是想象世界延伸的结果。艺术家和科学家都参与推动了这一发展趋势。可视化所囊括的范围越来越广,如今它甚至包含了身体的内在心灵。图像成为知识的载体,这种知识很难再表达和传递更多的意思。因此很显然,可见范围越是宽阔,不可见的就越多;照亮的地方越多,阴影部分就越大。"视觉化时代是基于其'排除性'(ex negativo)意义而得以诠释和理解的。它所谓的'将一切不可见的变为可视的'这一座右铭实际上具有双重欺骗性。它不让原有的不可见的进入,与此同时又制造出更多的新的不可见的。在'观视'当中附着某种特殊的迷惑点(Blendung):可见的越多,不可见便随之增加。"(同上,p.57)

只有当事物处于静止的状态下,人们才能对其进行辨认。"在视觉化过程中人们是无法将世界占为己有的。图像就是事物的遗尸。漫无边际的想象世界则是最初的'杀手'。"(同上,p.58)眼神观视使事物变得死寂,如果没有死寂也会对其进行操控。这一点,在福柯有关医学里的观视和监狱的观望塔的相关研究中清晰可见。第一种情况下的观视就是按照事物本身的样子来接受它,这对福柯的研究特别重要。比如解剖实验中,如果想要研究反应肌如何对特定的刺激作出反应,就必须先让身体慢慢地安静下去,就像死了一般。只有身体转化为一种死亡的对象存在,才能进行科学的实验。而在第二种情况,即全景观望塔的研究中,是基于罪犯的内部观视进行考察的,旨在研究这种观视是如何从外在监控过渡为内在的自我控制(自律)的过程。

照片的发明同样应当彻底得到研究,照片定格了所拍的真实世界。当前就这种现实与照片的关系,有某些国家的学者也有所涉及。比如罗兰·巴特(1989)就曾论证过照片与过往之间、消逝与死亡之间的密切关系。照片记录着拍摄者过往的一瞬间,并锁定住那一刻。照片是对流逝事物的图像记忆。同样,照片无法赋予这一瞬间生命力。照片本身仅仅是对某一刻的见证,是对其曾有的生命活力的记录。如果要赋予照片里呈现的固定时刻以生命力,则需要观察者对其动画化,这就是为什么照片或图像崇拜总是与泛灵论相关。生命力当然不是图像,而在于人本身,在于那个观察图像并赋予其生命力的人。图像复制是图像魅力的另一种扩展形式。本雅明很早就对这一机械过程进行过描述,并认为这种机械复制的过程直接导致了图像神韵的消逝。

对图像的机械复制直接危及到个体对图像的欲求。在镜像图像阶段不存在这种图像,也无法呈现图像不可企及的整体性。"这种无边无境的复制与扩展,呈现的只不过是渴望的消逝。在这样技术化的观视当中,人们会因此而失去观看的诉求与渴望。技术性图像所呈现的不过是其证据性的再现,而其图像的神韵却完全消失为零点。图像不再有所指涉,也因此而丢失了其存在。图像在哪里?存在于人的内心还是外部世界?这样的问题是没有明确答案的。这一逾越禁忌的图像迫使人们违反其意志而参与到尝试当中。这种尝试是想象世界的力量,不是通过禁止来获得,而是通过夸大的释放,通过转嫁而进入人的内心。"(同上,p.65)基于这一点认识,启蒙似乎也是一种尝试,"这是一种将现实、困境和身体转化到具有光亮的、启蒙意义的图像中、去物质化的尝试,并在一个透明的虚无主义中毫无预兆地终止"(同上)。

想象世界的图像不再是可以架起我们理解他人的桥梁、对他们进行模仿习得的图像。想象世界的图像也不是窗口,透过这一窗口我们看清事物,理解他人,从而与他们很好地交流。想象世界的图像是一种镜像,我们不能透过它看到别人,却能看到自己。在其中,我们无法体验别人的体验,而是创造我们自己独特的体验。这些图像就像一堵堵没有出口的监狱墙。尽管这种图像束缚着我们的视野,尽管它们只是一面反射自我的镜子,但正是由于它让我们尽量少地与外部陌生世界交流,使得我们远离恐惧,远离对空洞空间的惧怕(horror vacui)。此时,人们的眼神只是被强迫性地"对单纯现象表面作出反应。在这里,只有诸如轮廓图、草拟图和素描等简单的图画,至多有时也会出现空间式的幻想,但却没有身体性的空间体验。如此一来,生活空间便由数字屏幕上所呈现的字母构成,它无法因此获得一个让自身立足的空间,也无法通过附加的额外装置开启通往虚拟空间的可能"(同上,p.67)。图像流动的增速,对图像呈现的追赶式知觉,使得可视之物越来越多,而想象世界的图像也日趋膨胀。如此说来,图像不再是指向于外部世界的,而是在大脑精神内部进行大范围的彼此关联,进而通过这种快速性扩展形成了丰富的想象世界。越来越多的机构组织生产创造着越来越纷繁复杂事物的图像。凭借着新的技术发展,原本不透明的身体内部空间可以被转化为图像的形式加以保存,以便为人们进行比较研究和操控性研究提供素材。这些图像构成了庞大的数据库,并以数字形式得以保存,以供任何时候为人们所调出使用,进一步挖掘其潜力。电脑技术生成了一个虚拟的空间,对时间和空间进行着仿真。这样,就出现了一个所谓的数字化世界,它具有高度抽象性,为大批量的图像洪流(Bilderflute)所席卷,因此便与我们常常生活于其中的身体实在世界存在明显的差异。需要补充追问的是,到底是什么成为了图像? 是政治,是商品还是身体本身？通过图像性特点,政治、商品和身体都得以复制,转化为图像化的政治、商品和身体,不再受时间与空间限制,它们将近乎于普遍化。在图像形式中,人与物变得意味深长,图像承诺使他们可以超越时间,不再走向衰老与死亡。因为图像不会退毁;它不会流逝;甚至与我们的身体相比,它是永恒不灭的。图像引导我们在媒介的想象宇宙中,在团体的集体意识中,在人类的个体化记忆中,赢获一个别样的人生。

图像急切想要将所有的事物可视化,促使消除个人与公共之间的界限,推进创造一种公共空间的新形式。在电视荧幕中,个体和事物都失去了其原有的三维性,失去了其物质实在性,而是作为一种象征符号形式随意性地被快速相互联结组合。到此,原本被藏匿的个体与事物又得以可视化,正如波德里亚(Baudrillard)所言,"图像所要处理的不再是潜藏的、受压抑排挤、处于黑暗中的不可告人的事物。它需要直面的是那些全然可视化的事物,需要处理的是如何将某些可视化的事物显明出来,使其更具可见性。因此,它要面临的是如何对待那些昭然若揭、为大众所明了的事物的不可告人性,那些消解淹没在信息和交流中的事物的不可告人性"(Baudrillard,p.39)。

随着图像神秘性的消逝,其抗争性也渐渐被丢失。其原因在于,传统概念里的大部分图像总是指涉那些它们原本所不是的事物,也就是图像总是基于其之外的他异替代物。图像只是对熟悉事物的瞬间写照,使得基于他异替代物的参照性大打折扣,而图像与他异性之间的抗争性存在也就无从谈起。数字化图像成为了一件商品,其自身也以快速而轻松的方式被消费。这样,强调内容和形式的图像学就显得具有合法性。伴随着图像的挥霍与消耗,图像学中的欲求性(Suchtcharakter)也由此呈现。在商品的消费中,也出现了对图像的消费,并在现实生活中得到同等的消费。这样,图像洪流也演变为消费品,也会像其他商品一样被挥霍使用。

单单从镜面符号来理解新的数字化图像是远远不够的。这些图像不是平面的,也不再是通过线条得以处理形成的。因为在数字荧屏中,在数码相机中只有"0—1"二进制编码。这些二进制编码受基于能量流而形成的算法所操控,并通过相同的方式让我们知觉其图像结构。媒体的0—1式的二进制(它或是静止,或是流动)慢慢取代了所有的十进制,获得四面结构,将整个世界放入能量的像素方格的序列中。就此而言,图像不再是镜像图像,不能确保想象的进程;它是一部时间的机器,是像素与像素组成的洪流所组成的平面。但镜像图像至少还表明的是一个可视化的当下现象,或者当下的主体,它仍是基于对当前模型的知觉而去认识他者的图像。

当下,人们所认识的许多图像都形成于电视荧屏。因此,电视荧屏对想象世界的构建有着重要的意义。人们可以通过荧屏发现"惧怕的栖息之地",并通过将出现在其内心的图像借由想象世界与先前已经存在的形式相系的方式,将有关恐惧的身体性知识彰显、清晰化:"荧屏首先不是作为电视设备的组成部分,而是儿童心灵世界的心理设备。它服务于恐惧的管理与调节。

过度要求和破坏性的挫伤,都会在图像中被保存并得到安抚和缓解。此时,为了防止其演变成创伤,就需要想象力的加入。与此同时,那些真实存在的伤害或有可能演变成的伤害都在图像当中消失。它们使回忆无法靠近。那存在于创伤和想象的中间之物(Zwischending)就是荧屏。一方面,它使人们远离各种现实的伤害,另一方面,它又具有体验的结构和形式"(同上,p.81)。荧屏上所为人知觉的图像洪流与个体现存的想象世界相互碰撞,并被观众纳入其原有的想象世界中。这种接受方式既包含着个体的接受模式,也包含着社会的接受模式的成分,基于这种个体性和社会性的模式,个体对知觉性图像进行选择、接纳进而进行加工。这一过程将伴随着一个对已有惧怕的改造,当然也会有对已有幸福体验的加工。之后便没有纯粹的感知,因为所有的感知都会碰上个体的或者集体的想象结构,而该结构将决定以何种方式感知认识图像,以何种方式体验图像,又以何种方式对图像进行加工处理。

伴随着图像洪流的出现,现实世界的艺术化以及图像学的审美化发展,图像丢失了其整体性和确定性等功能。现在仅存于大规模大范围的模仿过程中的是仿真的可能性:"通过具有迷惑性的相似性图像,模拟仿真替代了现实。模仿通过身体姿态创造着现实,但其中却不带一丝欲求渴望。"(同上,p.91)模拟仿真使图像独立于其起源之地,而不断地向外肆意扩张传播,图像与图像之间相互联结,形成了无法消除的图像混杂。这样,图像之间不断援引,相互嬉戏玩耍,并满足于其中。图像没有更多的欲求与渴望,它们只是陶醉于自我,并且也原原本本地接纳自我,所以图像在这里是自我指涉的。同样,图像与外部世界、图像与他异者之间的联系也面临着缺失的危险。这时,自我指涉图像的变革与转型是在指向于——如果说它还有所指向于他物的话——同样具有自我指涉的图像中完成的。接着就会出现模拟仿真链条,以及模拟仿真的螺旋,图像便在其中持续不断地发生更改和加工。波德里亚着重关注了模拟仿真这一概念:"首先,它应当是对真实具有迷惑性的真正模仿。其次,它应当以其所创造出的'更真实性'替代原本的真实。第三,它应当可以宣称它从来没有被赋予过真实。最后,它应当是居于自身的祥宁和愉悦的体悟之中,对抗一切来自外界的破坏与干扰。由于在它膨胀的巅峰没有可替代之物,因此这一对抗是可能且成功的。因此,模拟仿真就能实现其漠然性和无所指涉性——一种绝对的空想,一种全力追求无冲突和无干扰的作用方式。"(同上,p.136)因此,对现实的伪装、对现实的替代、对现实的解体以及对现实的消逝等维度的呈现与表达正在加速升级。这四个维度都存在着想象的参与,又尤其是在对现实的解体和替代当中,想象更是以一种强烈的方式展开。要遏制这一点,则可以借助于文学的想象力。但鉴于群体都加入了这个持续不断扩张的想象世界,我们只能借助于想象力一点一点地对其进行更改,最终扭转该局面。

以上我们主要讨论了有关想象世界、象征符号和真实存在之间的相互关系,以及人类当前的生活境况。这些论点主要是基于当代学者的人类学观点与视角，又尤其是基于欧洲文化历史发展的脉络梳理和认识。厘清和认识这些关系，为我们理解和诊断当前西方文化现实和所遇到的问题提供了有力的支撑。而以上这些论述与观点在何种程度上能适用于分析其他文化所存在的问题或现实情况，目前我们无从判定与获悉，这还需要进一步地进行相关研究与阐述。

第七章
想象力的表演性

表演性与模仿

在过去的二十几年里,图像日益成为人类学和文化学研究中的重要议题。最初,人们的旨趣主要停留在"什么是图像"这一基本问题上。此时,研究的关注点主要集中于语言象征性图像、艺术作品和新兴媒体,以说明图像本身的无处不在,同时形成了有关"图像是文化形态"的新理解。基于"将符号看成主体与外部世界连接的桥梁"以及"观念之间的符号关联"这一认识,我们就能更好地理解图像的表演性在文化、科学和哲学当中的中心地位。"视阈"(Blick)的发现,以及伴随其所产生的物与眼睛之间的交叠性,开启了理解图像、视阈和身体之间相互关系的新视角。视阈融合(Blickverschränkung)的相互交错的模式,包含着"视野"与"观点"的相互融合,并清楚地说明了人的"视阈"如何构建着图像,如何将其存放于大脑,并通过记忆再次被赋予活力。从现象学的观点来看，"视阈"是独立自主、不可替代的文化产物，并对想象力的表演性具有重要的作用。

在社会行为展演过程（如仪式）和艺术审美活动中（如表演），图像对语言的表演性具有重要意义。语言层面的表演性通常是那些具有显著性意义的符号象征。在社会实践活动中，主体的内在图像明显地影响着行为活动的最终结果。在社会实践过程中，同时掺杂融合了集体和个体的图像，进而形成了独具特色的表演和群体特征。回忆唤醒了人们过往的情景图像，使之当前化，并在模仿的过程中转化为具体的行为活动。文化行动正是想象力的表演性结果。与此同时，文化行动的展演又为参与者与观众提供了新的内在图像，它叠加在原有的图像之上，并唤起人们未来的行动。展演过程最终会汇成一种模式。这一模式生成了想象力的内在图像，并将其整合于人的想象世界。最终，表演性具有了社会及文化实践性，而表演本身也具有了审美性。表演性体现在图像、声音、味道、气味以及触觉等感知当中，也只能基于它们才能很好地为人们所理解。如果不对其品质和复杂性进行简化，就不能将其转化为抽象的语言。

对艺术作品的模仿也传达出某种图像性的体验（ikonische Erfahrungen）。因为，人们通过"欣赏观看"形成了对图像仿制式的摹拟，并将其纳入其内在精神世界。这种图像"观赏式的仿制"是一个习得的过程，一个将图像通过其形象性纳入人们的想象和记忆世界的过程。这一过程也正好展现了其表演性功效。对图像模仿是为了获得其意象性，一种基于人们每次阐释之前、理解之中、解释之后所赋予的意象。如果图像纳入为内在精神图像，那么它就是意义阐释的关联点，并随着人生命的流逝而不断变更。重复性的图像模仿是另一种意义上的学习，甚至也是知识的获得，且完全独立于每次不同的阐释。这种模仿是对想象世界中图像的全神贯注、全心全意的关注摹拟，并总是需要在眼神对视相遇中对其所"观看到的真实图像"或其再生产图像一再地更新。这种与图像相遇(Begegnung)并不是占有。对图像的形式和色彩等的"观看式重现"要求对观察者内心世界不断涌起的图像和想法进行抑制；这种重现需要"凝视"固定的图像，需要对图像的意象性"自我开放"(Sich-Öffnen)，需要"完全让渡"于图像(Sich-ihm-Überlassen)。模仿过程就是观察者在"观看式的模仿"中使图像与图像之间产生相似，并将其纳入内在精神图像，并且不断扩充丰富自己的内在图像世界的过程。

图像的模仿-表演性式习得可以分为两个并非完全分离，且常常相互交叉的阶段。第一阶段，主要是超越一种机械式地看，艺术图像此时被视为事物对象，是通过"获悉-知识"而完成的。很多时候，这种有方向性的、占据式的观看，可以避免图像的过度要求；但另一方面，这种方式的"观看"也窄化了"看的能力"。在有意识的模仿性观看中，观看的展开过程才是其宗旨所在，这也是模仿的第二个阶段。这一展开过程包括对观看对象的驻留、打破对习以为常事物(Geläufigen)的认识、发现非同寻常的事物(Nichtgeläufigen)等。这样看来，对图像和对象的模仿习得是一个延迟的元素，是一种基于"攫撷式的理解"(ergriffenes

Ergreifen)。在第二阶段,通过第一阶段里的模仿性观看,图像已经成为内在图像的一部分。此时,就实现了对图像的模仿性相似。模仿过程必然是开放的,且总是可以达到新的强度。这一已有内化图像持存于表象的方式是练习注意力的过程,也是锻炼想象力的过程。这样一来,图像就会在想象世界当中得以再生产,它必须持续不断地反抗其内在兴起的、固有的强制力,并避免不断出现的"干扰性图像"。想象的这一职责体现了图像的创新性元素。想象的强度和结果在原则上的开放性要求想象不断地创新与创造。

模仿过程主要是基于图像的知觉性层面发生的。其中,植根于身体的想象联结了人与世界的关系,将外在世界转化为内在世界,又使内在世界转化为外在世界。在这一过程中,对认识世界的欲求渴望起着决定性的作用。在这一欲求渴望中,我们不仅生产了图像,也被图像所构造。在我们有意地接触事物、对其关注之前,我们身体的欲求性和感知欲求性就在发生作用。因此,当前的图像学也必须对这一关系进行研究。

图像、身体和媒介的相互作用

当我们提及图像的表演性时,就涉及到这样一个问题:我们指的到底是内部图像呢,还是外部图像? 实际上,图像囊括了这两方面,是对事物的表达。外部图像进入内部图像,内部图像反过来又回到外部图像。这两种情况都具体取决于个体行为的特性。任何时候，图像都是带有人类特性的产物，都是建立在人类身体的多产性和生长性之上的，都具有高度表演性。贝尔廷持有同样的想法，他认为身体是"图像的栖身之地"。（Belting,2001,p.12）

人们对其所拥有的知觉性图像和内在图像仅有有限的支配，因为人们关注什么，忽视了什么，又记住了什么，都只是部分地依赖于人的意识。其中，想要将他人、情景、事物以图像的形式纳入自身世界的渴望也起着重要的作用。内部图像驾驭着感知，并且决定人们看到了什么、忽视了什么、记忆了什么以及忘记了什么。内部的图像流（Bilderströme）不仅取决于外部世界的何人何物通过注意力进入了图像，也取决于哪些图像侵入了人的注意层面，从而"驻扎"下来。即使人们总是试图去控制图像，但还是听任内部图像的摆布。这一图像随着人生活境遇的变化而发生波动与变化。过往的重要图像失去了其重要意义，被一些新的图像所取代。所有的图像都有一个共同点，那就是人们能透过它体验自身，透过它认识和明确自身。

一般情况下，内在图像都是人们对外在图像洞察的结果。内部图像是文化的产物，表达着自身所在的文化特性，从而与他者文化的图像、不同历史时段出现的图像相互区别。通过将外部物化世界转化到身体内部世界，通过新图像与原有图像之间的交叠重合，图像的群体性特征被嵌入个体。因此，在某种程度上讲，这些图像是社会集体的产物，是通过媒介物化而产生并不断得以变更加工的（Leroi-Gouhan,1965）。

图像与图像是基于媒介(Medien)而相互联结得以存在,也因媒介图像不断地得以物化。比如早期的岩石壁画图像,其中石头就是其媒介。通过石头,岩石画得以存留。古罗马时代的死亡面具(Totenmasken)同样如此,此时身体面貌的暂时性通过媒介转化成图像,从而使已死的身体得以永恒存在。现代化的照片、电影及视频遵循着同样的道理。如照片中,人的身体通过光线复制影印在底片上,接着冲洗为照片,从而被人们长久保留下来。此时,照片以一种图像的方式呈现着身体,并被赋予完全不同的面貌。具有动态画面的电影和视频的原理同样如此。图像媒介并不仅仅使图像外化,而且对图像具有决定性作用。如果没有媒介,就不可能有图像,我们也无法对图像进行知觉,无法将其纳入我们的内在图像,更无法将此图像身体化。图像之所以存在,是因为其可传达性(medial)和中介性;换言之,通过媒介,图像得以表象化,为人们所感知,被人们印刻入身体,也因此人们可以运用感官体会图像的内涵。媒介明显地决定着我们图像体验的方式和风格。比如我们观看到的到底是绘画的图像,拍摄的照片图像,还是数字化图像,这会使感知体验有着质的差异。

空间与时间是影响图像体验的又一重要因素。通过转化为图像,身体超越了其"暂时性",之前我们提到的死亡面具便是例证之一。同样,那些映射在底片上的照片图像也说明了身体已经超越了时间性。照片会唤起回忆,也有可能成为集体共同的永恒图像。由于图像的"中介"性,图像是可以保存的,并且在任何时候都可以被使用；换言之，我们可以在另一个时间点感知到它刚刚被拍摄时的那一时间段。

图像的中介性使其独立于原有的空间，并可以在不同的空间里重复呈现。图像无处不在，无时无刻地得以呈现。电视图像能够让观众在家就感到某个遥远不可及，或许曾在他想象中浮现过的某个地方。那么观众此时在何处呢？他是在家呢，又抑或随着镜头到了那个遥不可及的远方呢？具有中介性的图像，尽管已经超越了时间性与空间性，但它总是依赖于情景性。随着它所在的情景关系的变化，不仅其意义得到改变，而且其图像特性也随之变化。图像的中介性潜藏着人们如何运用图像的性情倾向，也隐含着表演性表演过程的倾向——这种表演性引导着我们对事物的感知方式。在对每种图像的运用中，都伴随着不同时间段和不同空间区域的交叠。这可以区分为三个不同的时间点：一是图像出现的时间，二是图像再次呈现的时间，三是图像被感知的时间。这种区分同样适用于空间。

有关于人类想象世界的剧烈变迁的例证（Augé，1994，1997），在文化人类学的研究当中数不胜数，比如在对墨西哥的殖民化和基督化过程中就曾发生过这样的变迁。西班牙殖民者曾竭尽全力去摧毁土著人原有的集体想象，并试图以基督化思想取而代之，进而维持其殖民统治的长久不衰（Grunzinski，1988）。在这个复杂的模仿性过程中，印第安人的想象世界经历了持续不断的变更与调整，后来出现了一个融合基督和非基督为一体的形象。通过制造这样一个能为印第安文化想象所接纳认识的形式——一个新的基督形象——殖民者才能够征服这里。

人们可以通过他的客体化形式来认识身体,如通过图像、语言以及文化表演。正如其他事物的客体化过程一样,身体可以在不同的历史文化中以不同的图像形式得以表达。身体与图像的相互关系总是在不断地发生变化,且常常受着媒介变更的影响。通过镜子,人们已经可以看到自身的身体,这与玻璃或金属片反射而呈现的自我很不相同。此外,在绘画中人们将原本立体的身体转化为平面的身体。同样,摄影也完全改变了图像的品质。照片所呈现的是一个光影的身体,并以平面的方式呈现出栩栩如生的立体表象。如果说将新媒体看成是假肢组成的身体,此时身体就出现了数字化图像形式,尽管是以十分抽象的方式。总的说来,认识世界的媒体中介日益增多,而人与世界关系建立的媒介也应当得到重视。这也包括自然科学里一贯重视的"图像"处理方式,如 X 光照片,电子显微镜,以及 X 光断层摄影术等的使用。这些技术的认识论意义以及文化学意义也逐渐为人所发觉。这些不同的媒介方式使图像以十分不同的方式呈现着其表演性。

图像同时交织并呈现了人与物的在场与不在场。正如照片能表达的身体当前化一样,它同时也展现了不在场的身体。尽管图像和媒介总是以整体的方式感性地呈现在我们面前,但不可否认图像总是具有精神性,而媒介总是具有物质性,如人们通过观看注视将静态的照片转化为图像,并通过这种注视赋予其生命活力。此时照片的媒体性就退居二位，而图像的精神性就更为强烈。这点在电影和电视中表现得更为强烈。在观看电视电影的过程中，观众会将媒体展现在其眼前的世界拉入其自身的图像中。尽管观众完全意识到图像的媒介特性，但他很快便会"忘记"，因为在观看过程中媒介产生的图像与其自身的内在图像产生了联结，进而使电视图像转化为人们生活经历的体验性图像。在这一过程中，媒介生成的现实图像相互重叠交错。无论是电视电影图像还是人类自身的内在图像，都蕴含着该文化想象和社会想象的深层意义，并一再得以上演，不断地通过最新的图像传递着其内涵。

数字化图像与电影电视图像不同，它是一种数据矩阵模型，其实已经不再是图像。当然，不仅仅是它的图像特性，它的媒介性也是值得思考的问题。它是电子数字生成的过程，虽然很难企及，但还是可以在很大程度上对其进行操控。在合成的图像里，传统图像的主体与客体的关系被解除，不复存在（Manovich，转引自 Belting 2001，p.39）。尽管图像以这种方式行动，合成图像仍然始终都只能指涉它所呈现表达的，尽管这种呈现表达是以一种全新的方式出现的。除此之外，合成性图像需要通过屏幕来呈现，以便其有可能转化为"图像"。屏幕图像本身是与观看者的内在图像联结的，并如其他所有图像一样具有交叠性和限制性。屏幕图像通过一个简洁宽阔并可控的空间呈现来表明其可获得性。屏幕画面大小，其呈现的动态却暂时性的画面，视角观看的标准化，也会促使这种可获得性幻想的产生。动态性的合成图像会给观众带来双重性的错觉：一是对图像的，一是对动态的。其中对后者的错觉更为持久，他会觉得其自身的身体好像是静止不动的。如果随着合成图像不断地增加，而要求放弃对图像的确定性表征，那么这就会导致人们对图像的态度发生持续性的变化，并使其更具文化特性。

维兰·傅拉瑟（Viém Flusser）如此描述这一现象的产生过程："首先，人们从日常生活世界脱离出来，以便对其想象进行构建。接着人们抛开想象，以更好地对其描绘；然后人们摆脱线型的文字批判，以便更好地对其分析。最后，人们通过分析投射出一种新的想象，即合成图像……换言之：摆在我们面前的挑战是，跳离出这些线形的存在，而进入一个完全抽象化的、无维度的存在界面"（Flusser，1999，p. 125）。

幻想和想象力的表演性能量

幻想是一种交错式结构（chiastische Stuktur）。这一交错式结构对人的感知和图像产品有着十分重要的意义，以至于梅洛-庞蒂和拉康很早就曾提及过。之前有过这样一种观点，其倡导将"观看"看成是纯粹主体对具有同一性的客体的接收。这种看法当然是不正确的。实际上，"观看"本身已有所附着，我们只能通过我们的"眼神"去捕捉它，触摸它，并无限地接近它。梅洛-庞蒂也曾指出视觉目光的这种交错性。他写道："目光包围可见之物，触摸着它，从而与其相互贴合联姻。就像目光和可见物之间存在着某种早已预定的和谐关系,就好像目光在触摸可见物之前就知道它们认识它们,目光以自己的方式忙碌地、连续地,又或是急切地审视着、移动着。不过,看并不是随意的、无规则的,我不会观看杂乱无章的混沌,我看的是事物,以至于人们不能说清楚到底是目光掌控着其所见之物,还是所见之物驾驭着目光。"①除了这里所说的"视觉观看"具有这样的特点以外,触觉、听觉、嗅觉和味觉都具有这种感官与外部事物的相互交错性结构。

人类的感知是需要一定的前提条件的。一方面,我们拟人化地认识着外部世界,换言之,以我们身体的生理发育为前提来认识感知外部世界。另一方面,我们的感知又是以所处的历史、社群、文化为前提。举例说明,与口述时期相比,文字发明和传播以后,人们的视觉感知已经发生了重要的变化。同样具有决定性意义的转变发生在新兴媒体兴起以后,新的快速的图像形式改变着我们的感知过程。正如格式塔心理学所指出的,幻想对纯粹的感知,特别是对感知的补充完形方面起着重要的作用。这同样也适用于那些首先需要通过感知来彰显其意义和内涵的事物的文化指涉。每一次"看"都完成了某种历史性及文化性,当然与此同时又将其局限于这一历史文化之中。观看本身是可以更改的、偶然的,且时刻朝向未来。

---

① 译文参考罗国祥《可见的与不可见的》(梅洛-庞蒂)译本,北京:商务印书馆,2008。有改动。——译注

当提及幻想的身体基础时,盖伦(Arnold Gehlen)提出了以下看法:"在残余梦境的深处,或者在遥远时间的覆盖处,一个生命正在贫瘠地生长——那或许源于童年或者源于与异性的交往,正是在此那赋予生命成长的力量正在被展现。我敢断定这些不断变幻的图像里,有一种关于生命原初框架的原始幻想。这一生命引导我们走向更多的形式,感受着如暴风般强劲的体验"(Gehlen,1986,p.325)。盖伦明确将幻想看成是能量过剩的表现(Antriebsüberschüssen),而且幻想或许发生在能量过剩之前,"这样,生活的驱动力才能在图像中寻求到满足"(Flügge,1963,p.93)。无论如何,在盖伦的观点看来,幻想在人的生活中是一种"缺陷",这纯属人的本能反应(Instiktausstattung)以及联结刺激与反应之间的裂化。因此,它总是与需求、驱动以及满意度相关联。当然,幻想不止于此。人的可塑性和向外部世界的开放性要求其文化塑造的必要性。对人类而言,幻想扮演着如此重要的作用,以至于我们完全可以将人类的本质看成是幻想的存在,正如以前将其看成是理性的存在一般。(Gehlen,1986,p.317)

显然,幻想与理性存在着对抗关系。图像只是这些基本能量(想象力、幻想等)的物化形式,而其本身则是抽象的、非客体化的。就幻想而言,它可以分为四个不同的方面,且与不同的历史时段和不同的文化背景紧密相关。首先,幻想为人走向完美提供可能的助力;其二,对他者的文化世界与人类活动的理解,只有借助于幻想,以一种我们能够理解的方式模仿式地完成;其三,关涉的是无意识与幻想的关系,此时幻想跳出了人类的意识层面,而作用于人类的图像世界,进而在梦境中,在虚构中,在强烈的欲求渴望中,在各种具有生命的能量中彰显自己;其四,其关涉的是意愿与能力的关系,以及愿望的满足。在以上这四个方面,幻想都指向了如何去改变世界,而且是自发地、体验式地、零散无系统地参与其中(Iser,1991,p.293f.)。

超越了幻想的社会性功用的讨论,阿多诺从科学、艺术以及文化的角度对幻想进行了深入的讨论,正如他所写道的:"去研究幻想的人文精神史,而非其实证属性,这是十分有意义的。早在18世纪圣西门和达朗贝尔(d'Alembert)编著的百科全书(Discours préliminaire)中,它就被视为艺术中的创造性来源,并且部分含有生产力的解放。孔德将社会学研究转向了一种对社会静态机械结构的推崇,他被视为反对形而上学,当然也反对想象力的第一人。在一个专业化分工的社会里,对幻想的诋毁和挤兑,是市民精神退化的一种最初表现。这种诋毁和挤兑并不是可避免的错误,而是一种致命性,是工具化理性的结果。一切都是物化的,现实得以抽象化,幻想很难再被容忍,科学和艺术承担着越来越大的压力。在摇摆不定中,人们试图从合法性的角度清除这种错误。"(Adorno,1969,p.62)

同样,Imagination 和 Einbildungskraft 也存在着意义区分。在英语国家的人文科学中,对洛克而言,Imagination 就是"大脑的力量",对休谟而言,则是"灵性的神奇能力……即使人们竭尽全力也无法进行理性认识。"①科尔里奇(Coleridge)将 Imagination 看成是人的一种能力(Fähigkeit),或者是一种财富(Vermögen)。他区分了两种想象力形式:"我把一级想象看成是一种富有生命活力的能量,一种人们感知的真正搅动器;它是有限精神里持续不断的创造力,是生成无尽的'我是'(ich bin)的动力。二级想象是一级想象的回声,它与可意识到的意志共生,在功能性上与一级想象具有同一性,只不过在强度和模式上有所不同。它先消散,然后解除,接着蒸发,最后得以再次创造;如果在这个过程当中哪一环节呈现某种不可能的端倪,它就会全力以赴地趋向于理想化,走向统一。这将其天性彻彻底底地赋予了生命力,正如所有存在客体(als Objekte)永远是稳定而静止的一样。"②根据这一观点,想象力就是主体的一部分。基于这一主体它可以发生功效,使世界充满活力。在科尔里奇看来,想象力还包含解除和破坏原有关系、创造新关系的能力。如一级想象力的形式(原始想象)还只是被认为是自然创造力的类型,即 natura naturans,那么二级想象力就是与世界的物体相关联,它可以破坏或者重建物体。此外,还存在第三种力量的幻想,它可以生产并联合新事物和关系。想象能力的这三个层面与游戏性相互作用,且相互交织。它们生产着图像,破坏着图像,并在摇摆不定中联结其各元素组成新的图像。

---

① 转引自 Iser, 1991 年,第 300 页。
② 转引自 Iser, 1991 年,第 320 页。

萨特和拉康都曾强调想象世界的表演性特质。萨特将想象世界看成是意识的"非现实"功能,在此意识使不在场的物体再现,从而使其与客体间产生了想象性关系(Sartre, 1971)。拉康认为,想象世界属于前语言,是一种身体的状态,此时主体还没有意识到他的局限和不足(Lacan, 1994a)。之后,想象世界源于孩童将母亲视为同一体,这种认识是如此强烈,以至于儿童并不认为母亲是独立于他的不同个体。儿童的幻想在于婴儿还没有从身体上与母亲分开。正如在镜面里,人的整个身体体验了其特有的完整与权力。但与此同时,将母亲视为完整统一体可能危害到儿童的整体性,以及儿童对他人非整体性和依赖的体验。在这种对自己非整体性及终结性的体验中,也潜藏着性的最初起源。对拉康而言,想象世界是各种图像的组合,正如符号是语言的组合一样。

卡斯托里亚迪(Cornelius Castoriadis)同意拉康的这一说法,并且如此描绘两者的关系:"想象必须要利用符号。这不仅是为了利用符号去显明自我(这一点是不言而喻的),而是因其而得以存在,为了要成为已不再是虚幻的,而是实实在在的事物。就算是精确的妄想,也跟最神秘的、模糊的幻想一样,都是出自于'图像',只不过图像本身具有符号性功能。然后反过来,符号又以想象力为前提(capacité imaginaire),因为符号总是基于具有将一物视为另一物,或者通过某物来理解自身的能力。正如想象世界归根到底可以追溯至某种能力,某种将不在场的某物或某一关系(在知觉里从未被赋予过或者从来没有存在过)

在场化的能力，我们可以将之前的或者强烈的想象世界视为活动着的想象，或者具有活力性的符号"（Castoriadis, 1984, p. 218）。

如果幻想、想象力和想象世界要获得其表演性，那么它们主要是一种力量，一种形成图像的能量。这些图像是身体化的。如何使图像可视化，则需要借助于媒介。植根于身体的幻想和媒介之间的相互作用，会影响内在精神图像转化为外在图像，又会再次通过模仿内化为内在图像。表演性在此分饰两角：首先，在图像基于媒介生产的过程中，此时内在精神图像不仅通过其他图像显明自我，而且还通过表演的媒介和文化的各种活动呈现自身。其次，文化表演是基于其审美的表演性而展开的。此时，文化表演激起参与者和观看者的幻想，将行动图像在模仿的过程中纳入理解世界和想象世界。

第八章
作为实践行动的图像

图像具有表演性，社会性图像又尤其如此。社会性图像产生于诸如仪式和仪式化的社会行动和表演当中。而社会行动的鲜明特性，总是旨在于形成一种关于仪式活动行为的特定图像。这种特定图像既取决于社会活动的表演者，也针对其观看者，且往往在仪式化的活动当中加强集体性的个体化表演。仪式的目的常常在于促成集体归属感的图像，从而加强社会集体的凝聚力。这些图像富有奇妙的魔力性，并借助于社会图像的表演性，"说服"活动表演者和参与者确信他们"同为一体"。仪式活动的表演旨在生成一种社会图像，以加强仪式表演者对其所在集体的信念。因此，社会图像对仪式的功效发挥具有重要作用。

社会图像会生成一个关于集体的想象，也会产生个体的想象。基于这种想象，仪式活动表演者相互绑定。想象本身既包括了集体元素，又包含了独具个性、迥然不同的个体元素。仪式当中的重要瞬间或高潮部分总是被全部纳入记忆当中，而那些无关紧要的时刻却只是很少地被记住；换言之，仪式活动是不同程度地进入到人的大脑记忆的。根据个体所属的阶级、性别、民族、团体归属以及个体生活背景的差异，人们会获得不同的社会图像，形成不同的社会行动。相应地，人们也会产生不同的图像关联，由此便衍生出了不同的回忆以及关于未来图景的假设。集体想象和个体图像之间的关系最好通过维特根斯坦的家庭相似性去理解：在具有异质性的个体图像中，也有同等性和类似性，以使不尽相同的图像具有共同性，从而突显其"家庭相似性特点"。

这些社会图像是构成人类内在精神图像的重要部分，而那些我们在儿时就习得并收获，进而对其进一步发展的、具有历史文化特性的内在精神图像，使我们具有了观看的能力。如果没有这些内在精神图像，儿童就很难获得观看的能力。我们可以举一个例子来佐证，如某些在早年就一直失明的儿童，即便等到青年时他们眼睛得到复明，却很难像一般正常人那样去观看，理解所看之物的内涵。基于这一点，我们可以认识到三方面：其一，对社会组成构造的"认识观看"是习得的；其二，在儿童早期习得的"观看能力"使人们基于"已看见的"去理解（sehend zu begreifen）世界；其三，儿时获得的"观看体验"并因此而形成的图像，对于"观看概念的获得"具有不可替代的重要性。对社会行为的理解，是通过图式和内在精神图像——其往往是通过自然而然的遗传方式在历史文化当中得以表达——最终实现的。反之，如果没有这些图式和内在精神图像，"理解的观看"（ein begreifendes Sehen)是无法获得的。

内在精神图像是想象的一部分,没有内在精神图像,对社会行动的感知便只是表面,而无法理解其深层意义。对社会行动形成理解,并将某一具体的行动联系到原有感知理解的行动,都需要一个现成的内在精神图像。感知过程、理解过程,以及行动的联结发生过程往往都不会被人们意识到。只有当阻碍出现的时候,意识才会被召唤参与进来。此时,知觉性图像会基于其内在精神图像和图式对其进行查证,期待在残余图像当中变得不断清晰,而它与人所感知的社会行动之间存在的差异与交叠就进入到了意识层面,并要求对两者做出权衡和决定。

原则上讲,对社会行动的感知认识是在实践模仿过程当中展开的。我们观察各种社会行为,通过感知与其发生联结。这样,他者的行为才对我们有意义。如果他者的行动是直接指向我们,那么对这一关系接受的冲动就来自于对方,这也就要求我们对其作出反应。任何时候我们对社会行动的感知认识都会构成某种关系,并对我们的内在精神图像起着重要的作用。大部分社会行动的感知认识都是模仿性的,这也就是为什么它们总是潜在地需要我们共同参与、共同开展及共同对此做出相应的反应。我们参与到一种游戏行动当中,并按照我们的期待和愿望在这一社会活动当中行事:我们要么会接受,要么调整修改,要么也会违背反对它。我们的行动是具有模仿性的,但这种模仿性很少依赖于相似性,而更多地基于"相切性"。当我们参与到行动中,我们捕捉到别人的行为,并将我们自身与其相联系,那么，此时就需要提供更多的前提性条件。

　　首先，我们必须理解他者所在社会情景中已有的隐性知识和社会期待，因此人们之前的社会经历和体验，以及相应的内在精神图像构成了其重要前提。接着，我们必须占有某种能让我们有能力行动的实践性知识。在之前的模仿过程当中习得的行动经验过程（Handlungserfahrungen）、内在精神图像和内在图式，在实践性知识当中具有重要意义。但这还不足以让我们完全理解社会行动的表演性特质，因为在社会行动的展演过程当中，自发性和游戏性等作为想象力的重要呈现和表达形式起着同样重要的作用。此外，实践模仿过程也是感官-身体的过程。这要求他者身体的在场，社会行动的发生，如此才有模仿性的展开。行动的感官在场性，引发了具有社会集体交互性的模仿过程。模仿过程中的相互需求与渴望最终扮演着重要的角色，并成为模仿过程的动力：我们想要理解对方，也需要被对方所理解；我们想要与对方产生联系，也将对方主动邀请进入某种关联。过往图像对当下和未来的愿望性图像，对这种渴望和需求的形成过程具有重要意义，且通过我们的社会行动对他人产生影响。由此，它以不被行动者所意识到的方式驾驭着社会行动。

　　对他人行动的模仿和我们如何理解对方的行为，与我们的知觉性图像都有着紧密的关系。而我们在开展社会行动时，欲望性图像和儿时获得的内在精神图像都会作用于我们理解他人行为的方式，影响我们知觉性图像的记录、排列以及加工的方式。此时，集体的图像及图式与纯粹个体性图象及图式之间是相互交叠、显而易见的。在这一共同作用中,图像构成了人的想象,并使其相互交织,构成网络化结构。因为这些图式和图像是在历史文化关系中构成的,因此也只能基于其所在的历史以及文化特性才能得以理解。图像图式的具体形象可视化了某物,却隐匿了其他事物。就这点而言,想象力是在图像图式当中具体化的,但又同时不需被直接识破和理解。

由于人们总是生活在具有历史文化性的生活场景中,因此内在精神图像和图式也是基于该历史文化性构建而成。生活场景往往是由许多不同的因素决定的,而其中最为重要的有:社会阶层、性别、民族以及社会场域。它们中的任何一个因素都可能形成某种特定的图式和图像,并与此同时将一些事物排除在外。这样就形成了惯习,一个"持续不断且可以传递的性情倾向,一个结构化的结构。正如其所形成的那样,它同样以结构化的结构产生功效"的系统(Bourdieu, 1987, p. 98)。作为历史-文化的产物,惯习产生了个体性以及集体的实践,而这些实践又是在我们以上所说的阶层、性别、民族以及场域当中实现且受其限制的。惯习确保了早期经历和体验当前化,确保了与之关联的内在精神图像和图式——受感知、行动,以及感觉与思考形式的影响——的活跃化。惯习是由具身化的、在社会情景当中模仿性习得的实践性知识组成,而其中性情倾向决定着具体的社会行动。在惯习中,存在于社会阶层、性别、民族以及场域所内含的价值与规范、图像和图式得以具身化,并成为接下来行动的起点。

仪式和仪式化对于惯习的性情倾向的内化,惯习中的价值和规范,惯习当中的图像和图式起着尤其特殊的作用。仪式的表演性特点激发了具身化的模仿过程。仪式的重复性确保了表演过程中产生的行动秩序的接纳与吸收,以及对相应的图式和图像的内化。仪式的游戏性特点也促使它们为惯习所吸收。同样,在仪式行为过程中呈现的权力关系也在模仿过程中形成。仪式有利于将机构、组织以及社会场域所包含的价值、规范以及性情倾向以模仿的方式具身化,并为未来行动提供依据。由此,社会文化现实不仅形成于社会机构组织,而且也在人们的每一次身体行为当中,透过其所在的阶层、性别、民族以及场域归属而得以实现,与此同时受其限制。

借助于在仪式和仪式化过程中获得的社会实践模式的具身化,一种习性倾向形成了,它促使着社会行动的最终形成。此时,社会行动的范围包括从日常生活的习惯性行为——其不具有反身性,且基于实践性知识和其内涵的性情倾向自我呈现——到那些庞大的复杂性行为。社会行动都是基于不确定和不稳定过程而展开的,且其起点始终是开放的。社会行动框架及其调节只有借助于想象力才可能实现,又尤其是当行动框架是基于陌生背景开展时。如果社会行动中自发性和游戏性占据着主要地位,那么想象力便走向了游戏状态。有了想象力,才有新生事物,即转变和创新。这也适用于结构变革和思想革新。借助于想象力,社会行动得以摆脱那些惯习性的形式。此时,那些关于未来、变更、不确定性及新生的图像愿景便扮演着重要的角色。

如果说阶层所属、性别差异、民族文化和社会场域的习得过程对惯习获得和社会身份的形成有着重要作用的话，那么它们对图像和图式的作用同样不可小觑。个体的阶层所属是通过其所属的社会空间来呈现的。由于社会空间所占有和支配的经济资本及社会资本不尽相同，我们可以划分出不同社会地位。当然，这一空间不仅仅是表面上的"差距性空间"，更是人际关系的网络空间。社会空间差距自然也影响着人们生活方式的差异。这种差距是通过对社会的不同观点、社会实践具体过程体现出来的，尤其是在社会实践逐渐展开和判断评价过程当中，这种差距分层的实践性意义突显得更为明显："存在于惯习里的阶层、决策原则、价值以及思想图式都表现在生活方式的实践当中；通过各种物体，如住房、书箱、车、服饰、艺术品、契据等，以及各种活动，如体育活动、文化活动、旅行、社交等来传达获得其惯习——在'清晰或者独特的符号'当中得到改变，并且会通过连续性的分配……不连续的对比……在物体的排列秩序当中通过符号秩序的显著区别来呈现实现区分"（Krais/Gebauer，2002，p.37）。这种区隔和变革过程进一步通过"品味"，以及此时所出现的阶层差异而展开。上层阶级与下层阶级差异产生的根本在于"形式先于功能，并且有可能因此而放弃否定功能"（Bourdieu，1982b，p.288）。上层阶级拥有奢侈品味，而下层阶级只有生活必需品的品味，这种品味影响着个体生活方式的各个方面，因为"生活的任何方面无一不是基于这一基本的规则而进行分层的——质与量,物质与举止,实体与形式的对比"(同上)。

布迪厄在其著作《区隔》中对这种阶层之间的差异性进行了详尽的描述。他明确说明了这种差异性是如何在谈吐举止、用餐礼节中相互区分,进而成为一种阶层差异。"与'坦诚地交谈'一样,我们也可以通过'坦率地用餐'来说明这一区别。用餐是富足(此时束缚与界限并没有排除在外),尤其是慷慨的符号性表达。桌上摆着'品种繁多'以及'丰富多样'的现成食物——汤、酱、面条与土豆……这些都可以用勺子,或者汤勺直接食用。没有人会觉得必须要进行严格测量,或者精确的区分;而与之十分不同的是,在煎食物时都要将其切成一片一片……一般而言也没有需要严格遵守的秩序流程,它们几乎都是在同时被端上桌……,这样的结果是,女性有时已经都在吃甜点了(孩子端着盘子坐在电视机前),但男士此时才开始吃主菜,或者有青年来得太迟,快速地、胡乱地用勺喝着汤"(同上,p. 313)。与之形成鲜明对比的是资产阶级整套完美的用餐礼节。他们用餐总是有着明确的程序,有着事先约定俗成的、严格的上菜规定。比如,什么东西可以同时上桌,什么东西不可以同时上桌,什么东西可以同时食用,什么东西不可以同时食用,都有着明确且不成文的规定。

同具有差异性的生活方式及生活习惯一样,具有差异性的图式和图像也促使着阶层区分的产生。不同阶层出现的品味差别又影响着人们对图像和符号排列的偏好。在模仿的过程中,图像及其图像符号排列的审美价值得以具身化,这将有助于品味以及由此而产生的阶层差异的加固区隔。同样,不同生活世界的图像也成为阶层区分的标志,如上述所描绘的不同阶层用餐形式的不同体验和感受的图像。这种体验和感受往往通过图像得以表达,且通过图像得以互通交流。由于图像总是与人们所属阶层的生活世界直接相关,这样某种图像就自然地形成一个组合,而另外的一些则被排斥于这些图像组合之外。

同样,人们有关自我的理解和自我认识的图像,也是通过对性别差异、民族文化和代际归属的区分而生成的。比如初次与他人相识时,我们首先会判定他是少年还是老人,男的还是女的,德国人还是土耳其人或者亚洲人。由于我们感知判定,我们原有的内在精神图像就被激活了,而那些未必源自我们亲自体验的"刻板印象"则扮演着十分重要的角色。因此,图像的形成往往与文化的集体想象有关。借助于这些图像,历史性体验和源起于某一集体的价值观也由此联结起来,并深深地扎根于个体之中。因此相对于这种历史性、文化性和集体性而言,个体所持有的态度或感情就显得相对柔弱无力。个体只有通过有意识地处理图像中的文化历史性,才能很好地操控其对个体社会行动的作用和影响。实际上,这种无力感是由于文化历史性本身的涣散特性所导致,而这又使其很难从情感和态度上去处理。因此,如果能理性地面对这些图式、图像以及刻板印象,那么就可以更好地控制其影响,并且慢慢地改变对它们的态度。例如,关于性别、种族歧视以及对老年人的偏见等刻板效应所引起的激烈讨论常常都是非理性的。有时对这些图像的无谓抵抗导致人们把社会的复杂关系简单化。那些操控着我们对他人性别或民族归属的态度的图像是流动的，也有可能在新生体验和领悟图像中，慢慢发生转变、调整和区分。过去几十年里，性别关系的变化，对其他国家认识的变化，说明变化本身是可能的。

与性别和民族相关的图式与图像很难更改，其阻力在于这些图像和图式大多都是具身化的，且总是与惯习相关。巴特勒曾经明确地指出"性别"是如何被人为性地操练实践出来，男孩和女孩是如何被人为地区分开的。在她看来，我们日常所称呼的女孩或男孩、男人或女人，使得性别界限在日常生活当中不断重复，并且借助身体去完成这一"性别制作"的过程（Paragrana，2004，p. 251—309）。性别关系属于一种原初的社会区分图式。自出生以来，人们就发展形成了一种性别性惯习；而社会分工的性别差异以及由此而产生的社会性差异，对性别性惯性的形成和发展具有重要的作用："性别是惯习最为基础的成分，就像音乐当中的升号与谱号一样。它与社会基础相互关联，并且调整更改着社会属性。"（Bourdieu，1997，p. 222）几乎所有的社会都是通过"相互对立"的两极性来构建性别关系的。因此，性别-身份很多时候是差异和区隔的结果。这就必然伴随着简单化和排他性，从模糊不确定的构成，到归属于特定性别群体的区分的发展趋势。其中，身体是变化的基础，也是社会行为发生发展的起点。如此，性别关系及因此而形成的身份模式由此而内化。正如柯瑞斯和格鲍尔所言，"性别关系中的社会性构成通过惯习决定了人们对身体的认识、身体的自我体验和感官上的理解，使人们有可能感受并且表达其愉悦或悲伤。与此同时,当身体与那些看起来单调无味、完全外在的事物互动时,便与个体的身份直接相关"(Krais/Gebauer,2002,p.51)。通过对特定性别编码的社会行动的理解,便出现了有关支持并确保性别的最终归属的性别-身份的图像。相应的知觉性图像与原有的内在精神图像交叉重叠。这一重叠性的联系,加强和变更着其内在图像,进而推进着性别归属的惯习形成。

与阶层、性别、民族的形成过程相似,社会场域的形成经历着同样的历程。社会场域构成了人们的重要体验,有助于惯习形成、图式图像的产生。借助着社会场域,人们划分出了各个不同的社会领域,也就是不同的工作部门和社会系统分层。各个社会领域是通过其相对的自治性和其自身逻辑的功能性而相互区分。在其中,行动主体与社会场域的背景通过惯习相互作用。社会场域可以看成社会互动的总和。它包括权力①、政治、经济、科学以及宗教、教育和艺术。总的说来,社会场域具有五个显著的特征(Krais/Gebauer,2002,p.56):

首先,社会场域具有独特动态性和自身逻辑性。人类的专业性活动总是基于特定的背景前提而获得,如学校的学习活动。学校场域所开展的学习过程是在师生的代际活动中,在机构性的成绩划分、筛选和分配等功能前提下得以刻画的。这一背景

---

① 尽管权力场域中金钱和权力发挥着重要的作用,但却不能将其简单等同于金钱和权力。

前提影响着学校学习过程的动态性和逻辑,而不需要其完全认同这些前提。尽管社会场域是结构化的,但它还是为教师提供了个性化的决策空间。由于教师的惯习不同,对这种可能性空间的利用也各不相同。但无论如何,基于这一可能性空间的教师行为不会危及到学校教育任务的开展。教育的日常工作的开展是基于内化到内在精神图像的图式图像而进行的,这种图式图像本身又影响其对社会关系的理解和具体实践行为(并非稳固持久的)。社会场域的动态性赋予了个体决策的可能性,同时不会妨碍或影响机构发展。

其次,社会场域的人都各司其职,各尽其责。社会工作部门划分有助于人们在现实社会中发展不同的职业能力。那么,此时就出现了对其职业复杂性、专业化的要求,进而出现了职业差异区分。以学校为例,一个在小学工作的老师,自然与一个在中学工作的老师有所不同。这种差异最终导致惯习的差异性。同时,每一行业内部的不同工作任务,以及由此而产生的具有差异性的内在精神图像,也会影响个体的自我认识与定位。

第三,社会场是各种"力"的总和,是异质性的。在社会场域这把大伞下,个体为个性化行为提供了更多的自由空间。譬如在教育研究中,对教师职业理解与自我理解之间的差异调查就证明了这一点。不同的惯习、结构化的行为形成了丰富多样的社会行动。其中,社会场域的集体价值与意义和个体个性化的行动相互交织。从个体行动层面来看,教师的行动总是试图将机构学校的意义在个人身上实现。教师作为一个集体,由不同的教师类型组成,且他们各自有着自身的行动偏好和倾向,却不会危害机构的社会性功能。社会行动的差异保证了社会场域中社会观点的差异和其自身的动态性。例如,在教师群体当中有着不同风格的教师,有的严厉却又公正,有的友好且宽松,有的身兼多职却能完成其教学任务,有的活跃并为儿童安排许多课外活动,等等。尽管如此,这些个性差异都不会危害到教育任务的开展和学校的机构性意义。在这些差异性行为的协调一致中,教师对其工作持有的看法、教师的自我认识与定位,以及推动教学活动和教学任务开展的内在精神图像也在发生变化。总而言之,根据工作任务不同,教师的职业想象,以及其对未来行动的取向也在不断地发生变化。

第四,社会场域中主体的行为取决于其所在的行动游戏空间。总的来说,社会场域中主体的行动并非固定不变的,而是受制于其行动游戏空间。这里所说的"游戏"并非象征意义上的游戏,而是指社会场域中存在的不同游戏行为。它指导决定着人的专业化行动,如学校场域里游戏行动要求学生的共同参与。如果他们共同参与了,那么学生可能就会在学校机构当中获得成功;如果失败了,那么他将会被排除在学校之外,并给未来的生活带来巨大的劣势。学生融入学校场域中的游戏行为的一个重要途径,也是以仪式表演为基础的。借助于仪式表演,学生可以参与到各项不同的游戏行为当中。也是通过仪式表演,学校机构化行动模式将会施加给儿童,而学校的价值、规范及相应的性情倾向也得以贯彻。尽管在存在主义看来,这种游戏对儿童过于严厉,但这种游戏却是指向学校主体的行为自由:它们以自身独特的方式和风格展演着学校的行动游戏,从而在实践中改变着游戏本身,以及学校教与学的过程。正如仪式一样,行动游戏的一个重要前提就是社会场域的游戏参与者必须确信游戏本身,并且共同参与到游戏当中,而这一点往往在仪式以及其产生的惯习中得以确保。一方面,惯习是成功仪式和游戏行为的结果;另一方面,惯习又促进着仪式以及游戏行为的成功完成,促使社会场域机构的客观意义转向主体意义。此时,内在精神图像促使机构化社会行为的耦合,有助于所有期待性行为在社会场域中相互转化。

第五,社会场域与呈现其中的不同行动以及行动所具有的不同立场所伴随的内容表达之间的同一性相关。譬如说,校长与教师之间、教师与学生之间所持有的正面或负面的看法都与家长的行动相关。人们除了对不同立场适宜性的确信,立场持有人(Positionsinhaber)相互间的承认对社会场域的功能发挥也起到重要作用。这里还包括不同立场持有者对行动差异的认同,这些差异对职业的自我意识的形成,以及社会场域的同一性的保持都有着重要的意义。

在内在精神图像的形成过程中,时间和空间起着重要的作用,同时时空也影响着这些内在图像对惯习作用以及社会行动的结构化。正如社会行动一样,内在精神图像也总是具有时空性。因为借助想象力,图像可以将那些基于历史文化呈现的社会行动从过往当中唤醒,并使其当前化;也可以使其中潜在的行为潜力为当前或者未来的行为所使用。这些潜在的行为潜力存在于与图像相关的感觉、期待和行为冲动当中，并有利于行动的策划，使行动与情景相符。由想象唤起而进入到当前的内在图像，与穿梭于情景中、勾勒出行动的可能性共同构成行动间的内在一致性。这是十分重要的，因为当行动者不知道应当如何行事时，或者在他面临的社会情景特别复杂的情况下，他可以寻求以往的基本的行动模式（Handlungsentwurf），以使其行动与社会情景相适应。而想象对行动所具有的重要意义，在于想象使得那些在先前情景中所获得和形成的经验图式和内在精神图像适应并用于新的情景，并转化到行动之中。那么，此时就实现了对时间差异的超越，即超越了先前的时间与背景前提，以适应当前以及未来的需要。因此，这就有可能具有决定性意义，即：内在图像主要并不是去实现行动框架的解决方案；相反，一切都是开放且悬而未决的，它有可能改善当前的形势，也有可能形成更糟的行动和决定。所以，内在精神图像在复杂行为过程中尤其具有重要意义。当需要自动化的行为时（惯习产生于其中，且不具反身性），内在精神图像则位居次要。然而，当图像没有进入意识层面时，它对偏好的选择以及其相适应的行为就扮演着重要的角色。

内在图式和图像的非物质性（immatereller Charakter）使得它具有灵活性和应对新情景的能力。想象力使已有图像和新生成的图像间建立起关系，由此具有了多产性和创生性。它所关涉的并非对现有的答案图式化地简单运用，而是在内在精神图像与能在复杂社会情景当中触发行动可能的创新之间构建新兴关系。这一情景就出现了：过往已有的内在精神图像、当前想象正在形成的行动性图像以及未来投射图像之间相互作用。

社会图像生成了内在精神图式与图像。它们是对行动过程的记忆，也为当前和未来行动提供某种潜能。因此，这些图式图像有助于行动的展演，也包含着表演性。这种表演性与想象相关，且可以引导出新行动。因此，图像具有"之间性"（Zwischencharakter），它回旋于过去、当前和未来，引起和勾勒某些行动，而毋须放弃行动的现实性。作为图像，它将其差异保留下来并转化为真实，并且不需要有任何的保留或掩饰。在渴望性图像和意愿性图像当中，这一点尤其突出。

内在精神图像的强度和它与社会行动的相关度取决于模仿过程的强度。在这一模仿过程中，这些图像也成为内在精神世界的一部分。它的涵盖范围包括：知觉性图像，想象象征性图像，语言图像。其中，知觉性图像是在模仿性图像当中形成的，具有渴望与他人相似的需求，从而包含强烈的动机潜力和行动潜力；而语言图像是通过人们指向于自身而形成，并基于模仿过程形成其自身的内在精神图像。

第三部分

想象力与身体实践

第九章
游戏中的世界

"什么是巨人呀?"桑丘·潘沙问道。"你没看见吗?"他的主人回答道:"那些长胳膊的,那些巨人胳膊差不多有二哩瓦长呢!""你仔细瞧瞧,那不是巨人,是风车;上面胳膊似的东西是风车的翅膀,给风吹动了就能推转石磨。""谁看不见呀!",堂吉诃德说,"你真是外行,不懂得冒险。他们确是货真价实的巨人,你要是害怕,就走开些,做你的祷告去,等我一人来和他们大伙儿拼命。"(Cervantes,1975,p.112)

在感知过程中想象力起着重要的作用,这是显而易见的(Schürmann,2008)。如果不是通过想象力将外部世界转化成图像和表象,那么,我们将无法进行观看,也无法进行保存和记忆。一方面,这一过程是普适性的;但另一方面,它也受着历史文化的规定,因此是独特的。以上列举的情景与对话很好地说明了这一点。当然,这里指的是一个风车,当地人当然熟知风车翼的功能,也知道它应当具有怎样的外观。我们对世界的感知,总是因人而异,但也包含历史和文化的密码。透过这些密码,差异本身是可以理解的。

堂吉诃德对这种从实用性功能角度来认识世界的看法提出了异议。在上面的场景中,他将风车看成是巨人,而将风车翼看成是巨人的长臂,将有目的的旅行看成是冒险和"一个人与他们大伙儿拼命"的体验。他的这一说法只能建立在想象力基础上,即一个"想象力所创造的世界"。想象力将他者世界带入表象,将真实世界中的事物转化为幻想。这样就出现了真实风车存在的去现实化,构建了另一个充满冒险和斗争的新世界。显然,如果没有桑丘·潘沙所提及的真实世界,就不会有堂吉诃德所描绘的冒险世界。幻想世界的生成,总是需要一个暂时存在的现实世界,对其进行转化和转译。与希腊语"Fantasie"的意思所指出的一样,堂吉诃德构建的冒险游戏总是借助着"想象力"才能进入表象世界,世界才能自我生成。这一世界是审美体验的存在,是虚构的。对阅读者而言,他也正是以这种方式接受和领悟着世界的虚构性,允许他进入自己的想象空间,以一种经历-体验方式感受着这个世界。

只有当人们对幻想和游戏完全确信时,人们才能进入幻想世界,进入游戏世界。谁相信游戏的世界,谁就可以进入一起参与游戏。如果没有确信式的信念,就不可能参与游戏世界,进入这个"似有非有"的情景。堂吉诃德将风车看作"仿佛"是一个巨人。这一"仿佛"的视角使他有可能进入搏斗,或者进入冒险的状态。在这种"仿佛性"中，时间和空间是开展游戏的重要前提。如果没有确定的空间和时间，那么游戏行为便无法展开。

拜腾狄克(Buytendijk,1933)、赫伊津哈(Huizinga,1981)和芬克(Fink,1960)等学者及其后继者认为，"游戏挣脱生活世界的枷锁，让人进入一个自由空间，为人之所以为人提供可能性"。当时这些学者都忽视了维特根斯坦的相关论点：游戏实际上是一种规则化的社会行动，在游戏当中社会生活得以建构(Wittgenstein,1960;Gebauer,1997)。我和格鲍尔(Gebauer)都一致认为，游戏的内在规则与社会规则之间存在着一种模仿关系，也正是基于此游戏才得以开展。我们曾指出，"游戏活动和行为体现了社会是如何得以组织的，如何做出决策，如何形成了阶层，权力如何得以分配，社会观念是如何得以结构化的"(Gebauer/Wulf,1998b,p.192)。游戏活动和行为记录和保存了社会结构中的基本要素和结构。在游戏的展演过程中，它们得以显性化，被改编，从而作用于社会。

在游戏中，身体具有双重性。一方面，人们是以个体的方式进入到游戏世界当中的，此时身体是以单个的个体的方式而存在；但另一方面，一旦个体进入到游戏世界，身体本身就被赋予了一个潜藏的、已被规定的游戏角色。如在一个印第安游戏中，一个十岁小孩子扮演的是一个印第安首领，只要游戏在持续，观众就会一直相信其所扮演的角色。在这种双重性中出现了一个游戏化的身体(Spiel-Körper)，它就是随每种游戏的规则和评价标准而变化、去行动，而并非局限和拘束于其原有的身体本身。

比如,这个孩子拥有着"他"自身的身体,同时也拥有着印第安首领的身体。作为一个孩子,他通过现有的自身身体、自身的体态语和行为,去表演出作为一个首领而会做出的动作和行为。当始料未及的意外干扰事件出现,迫使他不得不脱离游戏世界时,他会在干扰过后竭尽全力再次沉浸入角色,继续以双重的游戏身体去展开表演。

借助于想象力,游戏生成了一个相对自治独立的游戏世界,但它又同时与一个或多个其自身以外的世界相关联。如上述所提及的印第安男孩进行游戏行为时,他总是在游戏中与当时他所在的印第安的社会规则关联起来。这并不意味着这个孩子只是单纯地临摹着当时印第安的社会现实,相反要比这复杂得多。在游戏世界中,没有一个一致的有关印第安现实世界的解释和说明。因此,这一关系过程是这样展开的:这个男孩受渴望的驱动,在不断的游戏表演中展现成为一个印第安人,在表演中不断地趋向类似于印第安社会的内在精神图像。此时,幻想就进入了游戏。

借助幻想,孩子基于过往的事件渐渐形成其内在精神图像,尤其是在幻想文本和电影中获得的世界。它并不要求是对历史事实准确无误的理解,而是通过图像的生成去表达明显远离其日常生活的渴望,在游戏中成为另一个人的愿望。特定的体态语和道具都是引起"转变"的重要媒介或手段,如和平烟斗(印第安人)或羽毛帽。通过仪式活动实现"身份转换",满足了人们成为另一个人的愿望。愿望创造了有关他人的生活图像,使其有可能扮演他人的角色和承接他人的身份。孩子变成另一个印第安人，一个狂野的首领，一个"面色苍白"的人，一个充满着仇恨愤怒的人。此时，孩子的想象力生成了"他"的印第安世界，一个完全由对新体验的愿望构建而成的世界。如果想要让其中的渴望成功地持续下去，那么游戏过程应当是强烈且极度兴奋的。如果运用盖鲁阿(Caillois)的游戏分类说明来解释这一过程，这其中则包含了三类游戏类型，即竞争性游戏(Agon)、乔装表演性游戏(Mimikry)以及迷幻性游戏(Illinx)，即：与其他印第安人的竞争对抗；乔装成印第安人的角色扮演；分不清我与他人之间身份的恍惚状态。在许多游戏中，这三个绝对异质性的元素之间的相互作用构成了游戏的张力与强度。

游戏存在着矛盾的情景，如孩子既是印第安的首领，但同时又不是。孩子的一举一动、言语用词代表首领，但另一方面又不是；说孩子是印第安首领是准确的，但同时又不是。只有当游戏表演者、参与游戏者和周围游戏世界(观众)都相信游戏及其创造的幻想和想象世界时，这一切才会是真的。

在游戏中总是存在着对过往情景或世界的模仿性关系。对游戏的确信，是游戏在游戏过程当中不断趋近想象图像与构想，是成功进行游戏展演的先决条件。这里就出现了"非现实"的现实化。与之相伴随的是，人们有可能跨越日常生活的界限，体验新的强度节奏，自我境界不断扩张，进而在这一过程中成为他者。比如，上述提到的印第安孩子，就发展和形成了新的体态语和行为方式。这个孩子学会了引导其他的孩子在遇到任何危险时要保持沉着稳定的态度,经历了游戏的搏斗后重获自我的平静,由此又在新的游戏体系当中再次挑起新的争端,估量其中的力量关系。在这一过程中,孩子不断实践和练习着自己构建想象世界的能力,使自身畅游沉湎于其中,并在一再出现的反抗中得以固定和完型构建。

游戏是次级世界,并且一定会作用于人们的日常生活。格尔茨在一篇充满争议的研究中指出,巴厘斗鸡是其主要的社会动力,是维系巴厘人相互依赖的关系的关键。这一关系体现了其相互间的义务、各自拥有的名声和地位,并在一遍又一遍的演练中得以确定、辩护和合理化(Geertz,1983)。

在斗鸡游戏中,巴厘的社会阶层、社会义务关系网通过游戏的方式得以传达、策划、上演,从而可视化。在这一斗鸡游戏中出现了一个对社会复杂系统的仿真。这个社会系统原本就是相互交错、相互重叠、严格拥护游戏的合作团队。所有游戏的参与者都相信这一社会阶层,且认为有必要公开明确地指出自身团队的高贵与声望,并贬低或者蔑视别人所在的团队。这一行动原则同样适用于日常生活。在斗鸡游戏当中,它又再次得以表演。游戏中公鸡之间的搏斗,参与下注的人的激情,将会把社会冲突替代式地表达和展演出来;因此这里不存在所谓的模仿,而更多的是通过斗鸡过程去呈现和表达在其他时候无法看到的东西,也在这一过程当中使其区分化。在竞技过程中,巴厘人体验到大获全胜之感,确切地说是对失败的摧毁,这也构成了巴厘人主体性最中心的维度。即使人们不赞同格尔茨的所有解释与观点,在他的研究当中所呈现的游戏的社会性和文化性维度,仍然具有典范性的意义。

无论是在上述提及的斗鸡游戏,还是除此以外的其他游戏中,它们的表演几乎都是独一无二的。尽管当前游戏的发生总是关联到过往的游戏表演,或者关系到相同和相似的游戏演出,但是每一次游戏表演总是因其参与的成员、地点以及时间、过程不同而呈现差异。游戏是具有反复性的,但却从来不重复。每次游戏都呈现一个全新的,或者别具一格的世界。因此,其从来不呈现相同的表演;而常常形成相似、偶然或者相互补充的行为和情景。正如贝特森(Bateson)所指出的,鉴于人与人之间的差异,立场与立场之间的差异(也就是分裂性),它们要么是相互同化的过程,要么是互补的过程(Bateson, 1981)。无论是这两种情况中的哪一种,都关系到对他者差异性的模仿性关系。这种模仿性关系要么使两者越来越相似,要么使得两者之间的差异越来越大,最终获得双方的互补关系。

游戏是需要编排和上演的。游戏表演是表演性的,它是与身体相关、富有表现力以及引人注目的。在很多时候,游戏是内在精神图像展演的结果,且每次都被赋予新情境,并为内在图像转化为外在身体表演提供可能。游戏是被生成的,且总是使某物显性化、可视化,它是一个自主发生、自我生成的过程。在游戏中,情绪得以表达,且公开地得到表达。很多游戏具有示众性(demonstrative Seite)的一面。游戏不仅使某事件得以呈现,它还旨在于使其所表达的明显被他人所观看,即可视化。因此,它需要一个结构上的自由空间（Gestaltungsfreiraum），以使差异在展演中成为可能。游戏的引人注目性还伴随着丰富的表现力。相对来说，日常生活是某一时间段里规则化的、单调无味且缺乏张力的存在。如此一来，游戏本身的兴奋元素和表演成分就别有一番意味。在游戏中，个体感受和体验着自身，情绪和激情也由此而起，埃利亚斯和邓宁（Dunning）将其称为追求兴奋与激动。在这不断高涨的生命瞬间的寻求过程中，游戏越来越基于其身体性和与之相关联的表演性。

游戏的表演性包括以下几个方面：

首先就是其过渡性。这种过渡性是指：从想象性的理解到游戏的具体表演，再到由此而生成的游戏性世界的过渡。在这一游戏性世界中，游戏主角的一举一动是被审美性地为人们所感知。这样，游戏的表演性就包含了游戏展演过程当中所呈现的历史性和文化性。这种历史性和文化性同样可以在其他的游戏当中寻找到蛛丝马迹，而一旦游戏者和观众知道所表演的是什么，也可以马上理解其中蕴含的基本原则。此外，游戏的符号性也是其表演性的一方面，这种符号象征性使游戏架构稳定。最后，游戏的表演性还包括规则的生成和使用，以及其他的游戏元素的催生。只有在游戏中才能确定什么是游戏，什么不是。这并不是通过定义来获得，而是通过游戏的行动表演，通过对游戏的参与实践过程才得以完成。

维特根斯坦曾经指出，游戏只有在为人所使用中才能完成，而注解与说明只是辅助手段。也就是说，游戏只能在游戏过程中才能学会,它需要的是一种实践性知识。语言的注解和说明只能为"学会游戏"提供一种贫乏的帮助。游戏所需要的实践性知识是在模仿当中习得的。当人们模仿性地关联到现有的游戏和游戏图像世界,并将其中的相似性印刻转化到其表象世界,进而将这些表象性图像转化为游戏本身需要的游戏行为时,就出现了实践性知识。在这一过程中,需要内在图像、个体身体运动、外在的游戏情景和游戏活动之间持续不断地相互调整与平衡。这一具有模仿性的你来我往、不断反复形成了不可或缺的实践性游戏知识。这种实践性知识是身体性的知识,在展演过程中,它的转化需要一种与身体相关的动作想象。

具有模仿特性的实践性游戏知识的获得过程,又会促使人们去习得更多新的能力,从而充实和丰富自身。游戏表演者通过自己的身体、语言、情感等上演具有个性版本的游戏,使个体的社会参与得以面向大众,为观众所观看。在游戏中,个体是朝向外部他者世界的,且扩展延伸着自己的行为内容。与此同时,他的情感、能力和潜能都得以充实和丰富。因此,游戏组织规则的最终确立,一方面通过规则以一种主体的、内在的方式成为游戏不可动摇且稳定的根基,另一方面通过各种具体的游戏活动使规则一再地表象化、客体化。借助于这两种模式,我们内心的认识结构也与社会实践的组织规则之间出现了类比性。就此而言,游戏不仅是对外部现实世界的模仿,同时也是对个体内心世界的不断加工。游戏是介于内部世界和内部世界语言之间的媒介。人们无法对游戏的所指很明确地进行表达,所以单纯的语言无法代替游戏。人们只有通过反复地基于另外的游戏，才能理解其真正的所指及喻意(Gebauer/Wulf,1998b)。

在游戏中，个体成为庞大的关系网中的一部分。在游戏活动中，游戏表演者与别的参与者、与观众、与之前的游戏、与之后构想的游戏形成了一个关系网，其中也涉及到游戏的物质条件，包括具体所在的空间和时间流程。其间，便实现了其实践行动，即游戏的展演。除了获得某种确定性经验以外，在游戏当中还形成了经验自身的规则和结构，特别是空间、时间和社会性的划分。这都是对世界的实践性阐释，是赋予社会行动确定性的基础。

游戏是一种社会行为的形式。它是基于实践性知识的，且基于一定的空间来展开，具有"仿佛性"(als-ob)的特点，基于这种特性，并在反复的模仿性过程中而被习得、练习并内化，从而影响着社会组织原则的结构。游戏的竞争性特点，既是个体努力的结果也是集体参与的成效。这种竞争性是对更高、更强的强迫性的全力拼搏(如足球比赛)，而这种组织原则正是资本主义国家市民社会组织的基本价值观。譬如每一次的足球比赛，都使这种价值观和组织原则得以上演、表达、模仿性地习得、练习并得以认可。工作是社会组织的中心原则，用贝特森的术语来说，它是通过游戏表演者和观众的方式原则得以组织的。正如语言一样，游戏也是一种媒介，在其中工作原则、部门划分、集体规则得以策划、表演并确定化(Gebauer,1996)。

随着实践性知识的形成，儿童与青少年能够参与到游戏中，与此同时,价值观与社会组织原则就通过学习和模仿性得以内化。这样就出现了一种跨领域的元素(Transwelt-Elemente),它们时时存在于现实社会中,且通过家庭相似性实现相互的联结。这种跨领域的元素是在反复的不同的游戏当中、仪式操练当中、其他的社会实践当中获得的,并不断地印刻进入人的身体内部,成为身体记忆的一部分。

在所有从游戏中获得的跨领域的元素当中,性别-角色就属于其中之一。性别扮演是在社会加工当中不断获得的,它是通过在游戏中体现出的对男孩与女孩所持有的不同游戏态度方式而得以确立稳定下来的。比如,我们会认为"男孩游戏主要是在宽阔的空间、公开地以及身体性地、阶层地以及竞技式地得以组织,而女孩游戏则与之相反,即狭窄空间的、私人化的、合作的,并且总是以关系和亲密为导向的"(Gebauer/Wulf, 1998b, p. 210; Thorne, 1993; Tervooren, 2001)。尽管反对传统习俗的呼声越来越高,但由于性别的区分和差异是扎根于社会和文化中的,且总是通过游戏和仪式不断地再生产,得以稳定化,因此出台的相关消除性别歧视的政策也很难奏效。

就像游戏因其所在的社会、其所在的文化不同而存在着巨大的差异一样,它也具有历史性的差异。从人类学的方面看,无论是对于社会、集体还是个体,游戏都是不可或缺的。无论是语言游戏、自由游戏还是规则性游戏,都具有同等重要的作用。这些里面都包含了许多人类性的活动,如宗教礼拜、节日庆典、互动仪式以及游戏性活动。游戏构成了历史、现在和未来之间的连续性。基于它的创新性,游戏带领着社会和个体走向变革。在游戏中,幻想与想象力都能得以彰显;将显性的事物表象化,且常常是十分引人注目的体态语,并得以公开表演。游戏是矛盾的;他们呈现出一种"仿佛"的活动,生成了游戏的身体的双重性。在游戏当中展开的是另一个广阔的世界,所呈现的是全新的视野和结构组成。人们从中也获得新的体验,此时偶然性和随机事件扮演着重要的角色。如果人们需要进行游戏活动,则需要游戏性的知识。这种知识并非理论的,而是身体的、表演性的、实践性的,是在模仿当中习得、回忆并且得以构成的。

第十章
舞蹈的人类学内涵

舞蹈是人类自我表演和表达的重要形式之一。通过舞蹈，人们表达着自我的文化身份，表演着与个体自身、与外部世界、与他人之间的关系。舞蹈可谓是文化的"窗口"，它彰显着文化的特征和动态性。舞蹈具有生产性，它创造着属于自身的、独具一格的文化实践形式；在这些形式中，舞蹈的特性又得以加强（Jung，1977；Sorell，1983；Baxmann，1991；Brandstetter，1995；Klein-Friedrich，2011）。舞蹈是一种通过实践而得以流传保存的特殊人类文化遗产，所以很难（如通过语言去）理解和把握。所以，联合国教科文组织把舞蹈归类于"非物质文化遗产"。接下来，我们从这一基本认识出发进行深入讨论。

身体是舞蹈的重要载体。舞蹈是通过运动着的身体来展开的，表演和揭示其身体性，及其所在的历史和文化背景。在身体舞动当中，在身体的节奏韵律当中，形成了各种不同的舞蹈形式和丰富的舞蹈形态。与此同时，身体运动也受制于其活动的空间与时间。基于某一时空展开的舞姿，便形成了具体的舞蹈形态。

大部分舞蹈不仅借助于身体媒介、基于某一时空而展开，还通过形式各异的声音媒介而进行。舞蹈转变了人与世界的关系。尽管语言能对我们理解舞蹈的意义有所帮助，但单从语言去理解舞蹈却是十分不够的。身体活动、节奏、韵律及声音形成了舞蹈，而非语言。然而问题在于"人们如何才能描绘和阐释舞蹈"。这个问题的解决，对理解和研究舞蹈具有重要意义。

舞蹈具有通感性（synästhetische），是调动不同感觉器官运动的结果，特别是动作、听觉、触觉和视觉等器官对集体的形成有着重要的作用。通过舞蹈的通感性和表演性，人与人之间（又尤其是参与舞蹈的人）形成了情感和社会交往的共同基础，进而促使着集体的形成。舞蹈富含的通感性和表演性推动着社会的动态性发展和社会意义的生成。舞蹈具有历史–文化特性，需要一个历史–人类学的观察视角：其中包含了舞蹈本身的历史性和文化性，也有表演者自身具体所在情景的历史性和文化性。这种历史文化的双重性（Wulf/Kamper，2002；Wulf，2009）对于舞蹈的人类学导向的研究具有决定性的作用。

舞蹈具有身体性、表演性、象征性、规则性和非工具性。它是反复的、同一性的、游戏性的，以及开放的；它构建了一个模型，为集体共识性知识提供平台，也使舞蹈的集体性实践得以展开，由此完成了集体规则的个体化表演和个体化阐释。

舞蹈既有一个明确的开始，也有结束，因此具有时间上的交流模式和互动结构。它是基于某一具体的社会空间而展开并被构建的。舞蹈具有突出的特点(herausgehobener Charakter),且基于某一具体的开展过程和框架得以正式确定(Dinkla/Leeker,2002;Klein/Zipprich,2002;Klinge/Leeker,2003)。

舞蹈人类学的结构特征

从人类学角度来看,舞蹈具有以下几个显著的结构化特征,这些特征也是舞蹈构成的重要维度。

舞蹈与时空性。舞蹈是基于人身体的时空性,在某一特定的时空中展开的。跳舞的过程通过身体活动而相互联结。此时,身体自身、身体与身体之间随着时间的流逝,在空间当中运转。在整个过程中,情景、空间架构、时间流程都有着重要的作用:也就是说,此时历史、文化、团体和个体等因素决定着舞蹈的表演、表达和氛围的营造。现代先锋舞蹈(zeitgenössische Avantgarde-Tanze)所展现的画面场景、空间的可视化、时间秩序的多维度性是其时空基础的重要特点,也挖掘了舞蹈的无限潜力。

舞蹈与身体活动。舞蹈的运动节奏,让舞者感受着自身的身体,感受着音乐与身体和谐,体验着自身与舞伴们的舞姿。个体的身体舞动又促使其自我塑造能力的发展,身体成为了无需附加任何功能的工具存在。舞蹈动作的表演和展示具有"富余性"。在舞动中,人的造型姿态被想象式地构建,并以行

动的方式被唤醒。人们的舞动塑造着人的身体形式,生成了想象力,并通过不厌其烦的反复展演让想象力现实化。舞动常常是规律性的,且是对秩序的表达。舞动的身体表现了身体的顺服性,并通过练习性和重复性表达着自身。身体的舞动形成了包罗万象、无穷无尽的隐性知识。舞蹈或多或少都与社会权力结构有所关联,只是根据舞蹈的种类形式不同,这种关联程度也不相同。

舞蹈与集体。对大多数集体而言,舞蹈是不可或缺的。舞蹈通过互动形式中的象征符号,尤其是互动的上演和意义生成的表演性,推动着集体的形成。舞蹈技巧有助于必要动作的重复、舞蹈的可驾驭性和可控性。非正式舞蹈团体不仅仅是基于某一特定的空间平台去展现其共有的象征符号性"知识",而首先是借助相应的舞蹈互动形式对这种知识进行"展演"。整个表演过程可以理解为为了保障自我的表演、集体的再生产和集体的融合而开展的表演。舞蹈形成了集体情感、集体性符号以及集体表演性;它是场景性的,且是表达性的,但却无需完全对舞蹈中象征符号的多重意义都达成一致。

舞蹈与秩序。舞蹈全面展示了身体运动的节律动态性,并以游戏性的方式彰显着规则,改变着规则,打破着规则。舞蹈是一个互动的行动模式,构建着特定的秩序与规则体系。舞蹈与其所在文化的结构组织之间是有相似性和适宜性的。这一点可以通过 20 世纪初法国宫廷舞蹈和法国市民社会生活当中的舞蹈来说明。舞蹈是分析社会秩序和权力结构的源泉和重要途

径;反之亦然,对社会秩序的分析会促进我们对舞蹈结构的理解(Lippe,1974;Braun/Gugerli,1993)

舞蹈与同一性。模仿过程使舞者之间、舞蹈与舞蹈之间本身具有同一性,进而形成了舞蹈中隐性的身体动作、身体图像以及由此而产生的情感感受,其内在的价值与规范的同一性。很多时候,这一过程也伴随着包容和排斥等元素。由舞蹈形成的同一性,也会带来生活方式、生活背景、社会团队生产的同一性,从而借助舞蹈的方式将他们都身体化。

舞蹈与记忆。舞蹈塑造了记忆,特别是对动律、节奏和声音的记忆。它使某种气氛、情爱体验、流动性感受、心醉神迷的感受确定下来,是对强度、节奏的记忆。伴随着这些记忆,人们既体验着自身,也体悟着他人。这些记忆都是联觉性的,牵动着多种感官。有时它们是集体共同性的回忆,而有的则具有高度个体性。有些记忆与精神图像相关,有的则与声音、与运动相关。

舞蹈与区隔。大部分舞蹈都会涉及对"差异"的处理,从中区分出不同的性别、年龄和民族。因为舞蹈往往汇聚了不同人群,所以差异性是其基本的特性及其展开的大前提。只有当舞者之间相互关联、相互合作时,才有舞蹈的发生。在舞蹈中,通过舞者姿态间的相互模仿、相互间的相视一笑,使那些迥然不同的差异得以融合。在差异暂时"缺席"的情况下,在节律中获得了"共同归属"的情感。舞蹈使集体归属感得以产生、固定和加工,此时仪式化的表演、身体运动、游戏实践和循环反复的模仿具有重要意义。集体舞蹈的表演性过程实际上就是行动空间和体验空间的构建,从而彰显舞蹈的情景化、模仿性和游戏因素。

舞蹈与超验。在很多文化当中,舞蹈都与宇宙秩序、上帝、灵魂、死亡和孕育相关。借助于舞蹈,人们试图使神灵力量发生作用和影响。在很多情况下,舞蹈是奉献仪式的组成部分,以讨上帝或圣灵的喜悦。奉献仪式常常通过魔力的舞蹈展开,此时,人们往往会戴着面具或者手持其他的道具来代指和表演某种非自然的力量,以此祛除恶神,或者邪恶灵魂。这样的舞蹈往往是通过狂喜和心醉神迷的"超人"力量进行的,以保证人们远离世界的恐吓和危害。在舞蹈中,借助于外在规则力量和内在规则力量的一致("宇宙秩序"也由此而形成),人们自身得以稳定。

舞蹈与实践性知识。人们跳舞,但却不仅仅只学会了跳舞。通过舞蹈,人们不仅学会了舞蹈本身,也发展出某种运用身体的技能,这同样对日常生活有着重要意义。在舞蹈中,人们获得了运动、节奏,对时间、空间,对声音和气氛的身体感知。通过舞蹈,人们在模仿过程中习得了实践性、身体性的知识。[1] 由此,实践者将图像、节奏、图式和肢体活动纳入其想象世界。在行动过程中,通过模仿性而习得的实践性知识,也可以很好地转化运用到其他情景当中,且持续不断地被重复练习、改进和加工。基

---

[1]　参见布迪厄《社会意义》1987 年有关实践性知识部分。

于此,身体化的实践性知识具有历史性和文化性,并且其自身在面对变更时也具有开放性。[①]

舞蹈与审美。由于舞蹈具有表演性和表现性,因此所有的舞蹈都包含有审美的一面。这种审美性清晰地表明,舞蹈是表现形式,是人类文化遗产无可替代的组成部分。无论是在路德维希十四世的宫廷舞蹈,当代的先锋舞蹈,上帝或者神灵的祈求式的魔力舞蹈,20 世纪的大众舞蹈,还是在当代青年中流行的舞蹈形式里,都可以发现这种"审美性"。正如文化的多样性一样,舞蹈也具有不同的显性或隐性的审美取向,尽管很多时候这种审美取向呈现出共同的特性,但其首先是通过其引力般的差异性而变得显著。

展　望

既然舞蹈是文化的一种表达形式,那么在舞蹈中就呈现了映射文化的多样性,且随着全球化进程得以确定。如果人们仍然坚信处理好文化多元性是促进人类共同生活进步不可或缺的因素,那么舞蹈作为文化遗产的实践形式就有可能使我们对他者文化采取开放态度,体验文化的多样性。同样,这也是教育面临的挑战与机遇(Featherstone,1995;Wulf,1997,2006a)。

舞蹈是人类的一种特殊表演和表达形式,它赋予人们除了

---

① 实践性知识的生产性参见 Wulf,2009; Boetsch, Wulf, 2005。

利用舞蹈而无法通过其他方式才能获得的对事物的体验。在舞蹈当中，人们对自己的身体、面部表情、文化特性进行大胆试验；同时试图去表达那些不能通过其他文化方式来展演的事物。因此，许多舞蹈，尤其是那些具有艺术性的舞蹈，都具有一种实验的特权。这一特性和需求刺激舞者去感受、去研究身体展演的过程，这有助于人们的知识提升。人们可以通过人类学的视角、不同的人类学研究范式更加接近这种知识，进而获得一个人类学取向的舞蹈研究。这里包括智人的进化与类人化进程，德国的哲学人类学（其强调人类历史的开放性以及人趋向完美的可能性），受年鉴学派启发的历史人类学（其强调人类文化的历史性以及心态史），英美国家的文化人类学或说人种学（其强调文化的多样性和异质性）以及文化–历史人类学的发展（Wulf，2013，2009，2010a；Wulf/Zirfas，2014）。基于这些范式，形成了历史–人类学的舞蹈研究，即它并非局限于某一特定的文化和时段，而是对各自独特的历史以及文化进行反思，且试图超越人文–审美学科历史强调的欧洲中心说。由此，就需要一种跨学科、跨文化取向的以及自我批判的反身性研究。

第十一章
无法回避的仪式话题

仪式归属于人类想象世界的重要组成部分。仪式展演和表达着所在社会的面貌,对人们的教育成长过程起着重要的作用。仪式是一个连续性的、不断变迁的结果,不同的仪式行为有着不同的意图、内容和展演背景。由于仪式具有身体性和植根于历史文化的嵌入性,因此仪式具有丰富的意义,却难以捕捉。又因为仪式天生的秩序性、适应性和压抑性等特点,所以仪式的创造性很少被人提及或发现。但实际上,只有通过仪式,集体才有可能形成,而通过仪式又可以弱化和消减出现在群体中的问题和冲突。仪式是以一种可观看、可感知的方式呈现和展演社会关系和社会事件,并以它的方式作用于这些社会关系和事件,对其结构化并进行相应的调整。就像我们前面提到的舞蹈一样,仪式也是文化表演的一种形式,它具有身体性、表演性、表达性、符号性、规则性和高效性;与此同时,它也具有重复性、同质性、阈限性、开放性和可操作性。它催生了社会组织,并使社会关系以图片化的方式为人们所理解。仪式是一种记忆式图像，它嵌入个体和集体的想象世界，并通过不同方式的重复性表演对其加以构建。仪式是一种机构模型（institutionelle Muster），表达着集体共识性的知识，展演着集体共同性的活动；由此，机构化的秩序的自我表演、自我阐释也得以稳定。仪式的展演活动具有再生产性、建构性和创新性（Willems/Jurga, 1998）。仪式是一种有始有终的活动，所以在时间上具有结构性。仪式也基于一个特定的、结构化的社会空间而开展。通过仪式活动，机构和组织得以具身化和具体化。它具有夸张外显性的特点，且总是通过每次具体开展的背景而得以稳定化。在仪式过程中，各种社会情景、各类机构组织之间的过渡性得以实现，而人与人之间，情景与情景之间的差异性也得以解决。仪式植根于社会现实中的权力交织，它实现了社会秩序和等级，同时又对其进行加工和改造。仪式的展演需要有仪式化的知识，这往往是一种实践性的知识（Wulf, 2006b），一种通过参与各种情景化的仪式场景模仿性地获得的知识（Wulf, 2005b）。由于它是一种实践性的知识，因此也可谓是感知性的知识，且总是通过模仿保障其表演性的力量。

　　由于在仪式中人的身体表演性占着十分重要的地位，因此它是人际交往当中最具功效性的交流形式。借助于仪式，社会集体得以形成，不同机构之间的过渡性也得以组织。与纯粹的语言交流不同，仪式是社会性的组织活动（soziale Arrangement），它构建了社会集体行动，实现了社会秩序和阶级分层。

仪式涵盖了礼拜、庆典、节日、仪式化活动及各类传统习俗。因此，仪式的内容既包括了宗教仪式、婚礼、出生仪式、葬礼仪式，也包括了日常生活的互动仪式。由于仪式是一种复杂的社会现象，且是许多学科的研究对象，因此在国际上有关仪式研究不存在一个普遍适用、统一的仪式理论，也没有明确的、固定的仪式概念（Wulf/Zirfas，2003，2004a）。由于研究对象、学科领域和研究方法的差异，不同学科在仪式研究问题上各有侧重，也由此提出不同的观点。所以当今学者都认为，没必要将原本丰富的仪式研究视角简化归纳为统一的、普遍适用的理论框架，因为一个多元的视角反而更能揭示出仪式本身的复杂性，进而推动其整体研究。

我们生活在一个高唱个性化和独立自主的现代化社会，因此人们时常认为仪式活动是多余的，且可以为其他的社会实践活动所取代。但实际上，这一认识是建立在最传统、最狭隘的仪式概念理解基础之上的，这当然是行不通的。因为，自始至终仪式在社会生活当中都扮演着重要的角色，没有仪式和仪式化活动，就不可能有社会集体生活。这也就是为什么每一次社会转型或者机构组织变革都首先关涉到仪式活动层面的相应变更。仪式是历史文化的产物，其中交叠着对社会现象的文化性和仪式活动的历史性（Wulf，2001，2009）。社会实践也常常可以纳入到仪式框架中进入研究和分析。

在社会和教育等各个领域中，仪式都扮演着重要的角色，并且催生着文化想象世界的形成，尤其在家庭、学校、同伴关系和新媒体中,仪式发挥着不可或缺的作用(Wulf/Althans 等,2001,2004,2007,2011)。以家庭为例,没有仪式和仪式化活动就无所谓家庭集体生活,因为家庭生活总是在共同用餐、新年庆祝、孩子生日、圣餐仪式、坚信礼及假日家庭旅行等仪式活动当中构建而成的。同样,学校活动也由仪式事件构成。在学校场域中,教师通过仪式和仪式化过程获得某种专业技能。在课堂管理中,仪式首先为学习过程创设出机构化学习的基本准则框架(Rahmenbedingungen)。其中一些常见的仪式,如开学仪式、毕业典礼、假期庆典、学校节日、夏日晚会等都对班级文化的形成有着重要的作用。在同伴关系中,仪式区分出了不同群体,形成成员与非成员身份,比如类似于霹雳舞(Breakdance,Lan-Party[见下文])的特定仪式活动。在基于新媒体的学习活动中,电视和电脑是尤其重要的载体。为了获得超越自身文化的想象世界,电视节目观看的仪式化行为及其影响和扩展对儿童和青少年的大脑想象起着重要作用(Bausch,2006)。网络社交圈是一种新的仪式,同时产生了相应的仪式化新知识。有了这种知识,青少年们才有能力和可能融入到"社会团体生活"中。在正式进入到仪式对社会和教育的重要性的深入分析之前,让我们先从历史的角度考察几种重要的仪式理论。

历史的视角

回顾历史,国际上有四种重要的仪式理论观点,它们各自有着不尽相同的研究前提和研究假设。第一种观点将仪式看成是宗教的重要组成部分，从而将神秘和文化作为中心论点（James Frazer，1998；Rudolf Otto，1979；Mircea Eliade，1998）。第二种观点将仪式视为社会结构和社会价值的承载体。此时，仪式与社会结构之间的关系是其研究的重点（Émile Durkheim，1994；Arnold van Gennep，1986；Victor Turner，2000）。第三种观点是将仪式作为一种文本来解读。这种提法旨在将仪式看成是文化的解码器和社会发展的动力。因此，其研究重点停留在关注仪式实践活动对文化的象征性和社会交往的重要性上（Clifford Geertz，1973；Marshall Sahlins，1981）。这一观点引发了许多有关仪式和仪式化实践的新研究（Catherine Bell，1992；Ronald Grimes，1995；Victor Turner，1995），也为接下来的一种观点做了铺垫。第四种观点重点强调仪式过程当中的展演性、实践性及其表演性特点。这一观点主要关注的是促使集体生成、发展、修复和区隔形成的各种仪式化活动的形式（Stanley Tambiah，1979；Richard Schechner，1977；Pierre Bourdieu，1976；Christoph Wulf，2001，2009）。因为篇幅的原因，我们并不打算对这四种不同观点的仪式视角做一一的解释（Kreinath/Snoek/Stausberg，2006）。

当代社会中的仪式

当前国际政治环境所呈现的社会瓦解、价值失落、对文化身份的需求的趋向,使得仪式和仪式化活动的研究具有更为深刻的意义。一直以来,仪式常常被认为是与传统、僵化刻板或血腥暴力等词相伴相随,而如今我们需要转变观念,将仪式看成是架接个体、团队和文化的桥梁。当前,仪式看起来更像是在混乱时代通过民族性和审美性去保障一种确定性的、实现社会凝聚力的力量。当前这个时代主体越来越走向个性化,世界越来越抽象和虚拟社会文化不断走向腐败和堕落,仪式正以补偿性的方式发挥其功效:它让失落的集体经验重新复活,赋予个体以身份和真实,使人们重回规则与秩序的稳定。

无论是在宗教的形成与实践,还是社会与集体的发展、政治与经济、文化与艺术、教育与人的成长等领域,仪式都是不可或缺的。借助仪式的展开,社会的秩序得以建立,人与人之间的关系得以稳定。仪式行为联结并贯穿着过去、现在与未来,它实现了社会的连续性、更替、结构化、集体性、过渡性经验和先验性的经验的获得。

根据表演的社会场域、机构组织的差异,我们可以将仪式表演活动划分为不同类型。上述所提及的传统习俗、仪式活动、庆典、宗教礼拜和节日等不同类别的仪式,就清晰地表明这些区分往往由实践过程所造成。尽管各仪式间的界限并非泾渭分明,且常常具有流动性,但它们却履行着不同的秩序规定。由此,仪式可以做出以下分类:

(1) 过渡仪式:出生仪式,成人仪式,婚庆,葬礼;

(2) 机构化仪式:就职仪式(如晋升仪式);

(3) 季节性仪式:圣诞节,生日庆祝,纪念日,国庆节;

(4) 强化仪式:欢聚,情爱,性别;

(5) 反抗仪式:和平运动,环境运动,青年运动;

(6) 互动仪式:日常问候,告别仪式,冲突仪式。

以上这些仪式对应的是不同的文化表演,基于不同的前提和背景,因此每一次上演又会涉及到许多不同的变量,这又会直接影响仪式表演的文化特质(Grimes,1995)。此外,仪式表演的物质性前提也深深地影响着仪式的展演,最为明显的是圣诞节、婚礼和洗礼。

很多时候,仪式表演的文化特性取决于仪式行动中的符号资本。仪式实践行动到底占有哪些经济资本、社会资本及文化资本? 它们又分别是怎样在仪式表演当中得以表达突显的? 我们已经指出,仪式行动的符号资本影响着文化表演的特性,仪式表演本身需要将这些符号资本的不同背景前提展现出来。仪式彰显了对社会资本和文化资本的支配和占有程度,弱化和调节着社会差异,进而接纳当前社会和文化分层的现状。在很多时候,仪式活动的展演过程似乎让一切事物都显得"自然而然",而非是隐蔽的、潜在的、历史-社会关系发展的结果,从而让人感觉其具有不可更改性。这些关系往往隐藏在仪式的魔力性(Magie)中,且人们相信这种魔力性的永恒不变及合理性,将其看成是"自然而然"的存在。

如此看来,仪式活动的展演过程是身体的展演过程,其中更多关系到社会层面而非"话语"性。借助于这种身体性,仪式行动更多包含着社会情景性,而非单纯的语言交流。这种更多性(Mehr)植根于身体的**物质性**(Materialität)、人类基本的生存活动、身体的当前性和身体的脆弱性。伴随着仪式表演的进行,产生了集体团队与差异分层。这一过程都并非语言-交流式的,而是身体-物质性的。仪式的展开过程,也是人们自我表达的过程、人与他人之间关系的呈现过程及社会化的过程。同样,也是在社会化的展现中,仪式生成了人类的自我表达、人与人之间的关系等。仪式创造了规则秩序。这种规则秩序又常常是等级制的,表达着各种权力关系,如阶级、代际和性别差异间的权力关系。通过对权力关系的身体化展演,使它们看起来十分"自然而然",从而为人们普遍接纳。通过"共同"参演到仪式活动的方式,使得其中的具体秩序和权力关系被视为一种"已然"的现象而得以接受。如果仪式表演过程中,有谁不与大家"共同"参玩,就会自动被排除在集体之外,为集体所不接受或成为替罪羔羊,映射出消极与暴力的倾向。

柏林仪式与姿态语研究

仪式在现代社会生活中扮演着重要角色,这一点毋庸置疑,尤其是它在推动人的成长与社会化过程中发挥着决定性的作用。这一点在我们关于"仪式和仪式化在人的成长与社会化过程中的意义"的经验研究中很好地得到了说明和阐释。这项研究所涉及的研究对象涵盖了人类生存环境的四个重要方面,即:

家庭、学校、同伴关系和新媒体。我们将研究的重点放在"仪式和仪式化活动分别对促进社会集体的形成（Wulf等，2001）、教育文化的传递（Wulf等，2004）以及青少年的学习（Wulf等，2007）具有怎样的意义"上，其中又涉及到一个重要但长期被忽视的话题：体态语。

这项研究首先聚焦于柏林城区一所小学的青少年群体。学校的生源主要由来自二十五个不同国家和民族的大约三百名孩子组成。我们认为这种多元化文化的构成方式是当前或者不久的将来许多城区学校将面临的主要问题。这是一所以改革教育为理念的联合国教科文组织的模范学校。这里拥有着一位优秀的女校长和十分积极活跃的教师团队。

在这所学校，家长也会参与到日常的学校事务中，与老师共事。因此家庭仪式便也成为了我们重要的研究对象。这些家庭仪式小到每日早晨的用餐仪式或孩子的生日派对，大到每年一次的家庭度假和圣诞庆祝，我们都一一做了详尽的分析。在清晨的早餐仪式中，家庭成员以不断地重复方式形成了相互间的归属感，确认和稳定了在家庭成员中的身份。在给孩子的生日庆祝中，孩子是首先被关注的中心与庆祝的对象；而此时孩子使得其父母双方的关系不再是以简单的夫妻形式得以存在，而是通过家庭的意义呈现加以表达；当然，与此同时孩子的生日派对对其同龄人同样重要，而对参与到生日庆祝里的成员间的团队关系也意义非凡。在基督徒家庭中，圣诞节是每年一度最为重要的家庭庆祝仪式。在整个的庆祝过程中，基督的降生与这个圣洁家庭团结统一的关系得到了展演。同样，每年一度的家庭集体出游将家庭成员从原本日常的生活抽离出来，使他们进入到一个共同选择的全新环境，并且在"梦想天堂"(旅游地)共同创造出属于他们共同的、难忘的记忆。通过这种始终更新的仪式活动行为，家庭本身得以构建和维持，家庭成员本身也获得了某种归属感。

学校是一个仪式性的活动场所，这一点是显而易见的。在学校这一场域中，学校成员获得了关于机构组织与仪式的关系认识，以及等级划分、权力结构等基础性知识，而开学仪式和毕业庆典的过渡仪式都体现了这一点。以我们所开展的研究为例，这所以改革教育为理念的学校在开学典礼整个过程中总是围绕着"家庭式学校"进行表演，从而让孩子通过这一过程更好地从原来的家庭生活和幼儿园角色顺利地完成过渡与衔接。在丰富多彩的仪式活动中，无论是占据了儿童生活大部分时间的班集体还是整个学校本身，都作为一个整体而存在。正如学校里的夏日庆祝、圣诞前夕的守望以及学校狂欢中所体现的仪式性行为一样，学校课程设置和学校生活构建都是按照交谈、学习、游戏和庆典四个原则展开的。除此之外，在日常的课堂教学中，学生与学生、老师与学生间的微观互动仪式也随处可见。如每周一早上都以"晨圈仪式"开启一周的学校生活，在"晨圈"中每个孩子都有机会分享他们周末的生活。通过这一仪式行为，孩子实现了从周末的家庭生活到以学业成绩和社会化为中心的学校生活的过渡。再比如，许多老师都以鸣磬为上课仪式的信号，磬声悠长而不紧迫，接着便是五分钟的冥想练习。尽管孩子们感到安静地坐五分钟十分具有挑战性，但却也乐在其中。教师的教学活动、学生的学习活动都是在仪式和仪式化过程中得以展演；也正是在这一仪式和仪式化的过程当中，儿童的想法和意愿与学校机构目的之间的差异与冲突得到了很好的处理。

同样，**儿童和青少年的团体**也是在仪式中逐渐发展形成的。这一点我们可以在孩子们的课间休息玩耍的游戏中观察到。孩子们通过不同的游戏小组组成，如游戏的方式、性别、民族所属等来完成"排除"与"纳入"的工作。在这样的"嬉戏游戏"中，同伴关系得以形成，并持久地保存，当然也会对新的成员不同程度地实行开放。青少年特别热衷于加入霹雳舞团队，并把这种公开表演的仪式行为视为一种时髦。同样，前面提及的 Lan-Party——青少年聚集到一所大的房间，一同玩电脑游戏——也拥有一种固定的游戏结构和群体组织方式。

有关**新媒体仪式**，我们首先从具体的媒体的仪式化开展当中去寻找突破口。具体说来，我们关注的是诸如广告、新闻、脱口秀和犯罪侦探片等仪式化的媒体表达（ritualisierte Mediendarstellungen）是如何影响着儿童的想象和理解世界。为了更好地考察这一问题，也就是这些电视媒体等对儿童和青少年的态度和行为所产生的效应，我们邀请了一些感兴趣的人参与到研究中，他们自由分组，共同进行影片拍摄和处理。在这个团队中有一些人是专业演员，还有一些是导演或摄像师。我们饶有兴致地观察到，在影片拍摄过程中德国的电视节目如何以仪式结构化的方式来表达"去民族化的、大众关于儿童的集体想象"。接着,我们也关注了电脑课程在正式课程和实践隐性课程中是如何塑造学习过程,青少年的网上社区又是如何得以形成发展的。

我们在研究过程中主要使用了质性研究方法。运用这一研究方法,我们对经验材料进行选取、利用和重构,并且在研究问题上越来越基于具体的研究对象,而其中又特别是扎根理论为我们的研究带来了启发与反思:我们将理论看成是一个过程,并从中对繁杂的信息进行收集、编码与分析(Glaser/Strauss,1969;Strauss/Corbin,1994)。具体而言,我们的研究所关心的主要问题是"仪式与仪式化过程中教育和学习的表演性"。运用质性的研究方法,一方面研究者可以亲身去体验仪式化行为的展演过程;另一方面也可以更好地了解仪式对被研究对象本身有怎样的仪式意义,他们又是如何理解并解释仪式过程当中的学习的。为了更好地实现第一点,我们又使用了参与式观察法和视频拍摄。而针对第二点,我们又使用了"团体讨论"和"访谈"进行信息收集。使用不同的方法,会收获不同类型的信息和不同形式的编码与诠释方式。一般而言,每一种研究方法都存在某种局限性,每种方法都有自身优势与劣势,因此在很多时候,我们对同一个仪式表演会同时采用多种方法(Flick,2004;Bohnsack,2003;Tervooren等,2014)。而在处理不同的数据时,选择的方法权重也是不一样的。方法的选取与运用主要取决于研究问题,或者随我们所在的具体的研究场景而定。

仪式作为一种行为表演

柏林仪式研究是基于学习和个人成长发生的重要场域——学校及其周围社会环境——而展开的研究,它表明,仪式之所以能产生长效持久的作用,是与其自身的表演性即身体的展演直接相关的(Wulf,2005b)。通过仪式和仪式化的身体化表演,人们向他人展现着他是谁,他与其他人有着怎样的人际关系,他又如何与周围世界相互牵连。因此,仪式的过程就是表演性行动的情景表演过程,基于这一大的框架和前提,机构成员们分别分摊着不同的角色与任务。有些仪式的表演具有自发性,那么此时我们就很难(基于情景)理解,为什么在此时此刻这种自发性的仪式会出现。还有的仪式表演要通过其所在的具体情景或过往之事件得以理解。仪式活动的组织安排中,仪式场景转换的偶联性有着重要的意义。情景化的表演是由特定且相互关联的元素成分构成。当然,这并不意味着每一个成分不会被其他相似元素或新出现元素所取代。由于仪式的游戏性,情景元素总是具有偶联性,这也充分展现了仪式的动态性(Wulf/Göhlich/Zirfas,2001;Wulf/Zirfas,2005,2007)。

仪式是表演性行为最重要的一种形式。首先,借助于身体的展演这一过程,仪式对参演者产生重要的影响。尽管人们对同一仪式的表演持有不尽相同的理解,但不可否认的事实是,仪式的顺利展演是建立在参与者对仪式所拥有的共同编织的想象性图像基础之上的。比如,在圣诞节的庆祝中就很好地体现了这一点。无论对于在圣诞节庆祝当中期待耶稣降临或圣诞老人到来的孩子们,还是看到孩子们快乐而高兴的父母们,抑或是倍感圣诞乏味无趣的少年们,以及借着圣诞而怀伤往日时光的祖父母们,尽管他们对于圣诞有着不同的理解,但作为仪式的圣诞节展演总会生成集体参与的效果。这种功效的产生与各人对圣诞节的**理解**并无多大关系,最重要是通过仪式的全面展开,参与仪式的个体间的差异性得以处理加工。尽管参与者拥有着不同的心理活动过程、不同的理解,甚至是根本上的差异,但仪式活动和行为却促成了一个(稳固)共同体的生成。

仪式的展演总是基于适度的框架或领域(Rahmung)(Goffman,1993)。这一框架可以使人们更好地理解仪式与之前的行为活动之间的关系,进而更好地把握和认识仪式本身。这一框架与其他日常生活的实践行为不同,成就了仪式的特殊性,保障了仪式开展过程中的神秘性。这一结果源于所有参与者对仪式本身真实性的确信。不管是创生了集体的圣诞节仪式,还是实现了某种过渡和界限的晋升仪式,都涉及到参与者对仪式本身结构组成以及合法性的确信,这种确信并不取决于其是受惠者还是被排斥的对象。即使是那些由集体性促成的仪式,也有清晰的界限,它标明了谁是组织者,谁是参与者。这一界限是自发实现的,且具有渗透性和永久排外性。

大部分仪式的展演过程需要恰如其分的表演性表达和道具配合。以圣诞节为例,每到节日之时,都有特定的礼拜用语、特定的歌曲、圣诞树、圣诞礼物和节日特制的食物。仪式生成了专门的表演性行为情景和情景展开顺序。这些情景和情景的构成不仅包括个体身体的展示，也包括对相应环境的组织安排。这些场景、环境的安排必须切合仪式本身的需要，以此获得必要的综合性。通过这种综合性艺术（Gesamtkunstwerk），仪式秩序得以形成。

仪式的展演过程需要身体动作的参与，由此参与者之间是亲密还是疏远、是相互吸引还是相互排斥都以"舞台化"方式给予了表演。与此同时，伴随着身体运动，社会举止态度、社会性关系也得以彰显。这就需要将他者在身体舞动中等级式的、在权力差异中得以确定的关系，转化成一种友好甚至亲密的方式。通过这种在身体动作中生成的层级社会性情景，身体本身也得以被统治，或者说文明化，变得更有教养。身体运动创生了种种社会情景，而由于其代表性和生动性特点，特别容易为人所记忆，从而一再重复性地得以表演。仪式展演常常带有夸张的色彩，因为仪式参与者想要他们的行动被人观看，为人所欣赏和敬重。因此，在身体运行过程中，具体的行为动作一定要有可呈现性和可表达性。

当人们提及展演性（Performativen）、表演（Perfomanz）以及表演性（Performativität）时，所强调的无非是"处于"现实世界之中的身体。这既表现在语言中，也体现在社会行动中。具体说来，身体的表演性包括两个方面，一是指语言作为一种行动（言语行为理论），一是作为表演的社会行动。如果将人类行为看作是一种上演的文化行动,那么行动本身的变化也就反映了社会变迁。此时,无论是行动本身的身体性还是行动结果中、行动上演中的身体性都显得十分重要。如此看来,社会行为显然不仅仅是人的有意识的行为结果。社会行动的意义是具有富余性的(Bedeutungsüberschuss),它往往体现在行动者为了实现自己的目标,并且尝试努力去完成这一目标的方式方法之中。在这一过程中,那些无意识的意愿引导人们去体验和感受。尽管这种意图性消失在具体的行动中,但却能在身体的上演过程中呈现,所以这一过程是"如何"被贯彻的显得特别重要。

本质上来看,社会关系的性质和强度取决于人们在仪式活动中如何调用自己的身体,如:如何保持身体间的距离,体现何种身体上的体态语,形成何种具体的身体动作手势等。通过这些特征化的行为,人们向他人多方位地展示自己。人们在举手投足间向他们分享着自己内心的感受,以个性化的行为方式展示着自己对世界的认识、感受和体验。尽管身体在社会行动当中占着中心的地位,但实际上在许多行动理论当中,身体的表演性特点常常被忽视,行动者的身体意义和文本性也被简化为某种意识的表达。如果想要避免这种简单化的认识,那我们就应当关注以下几个方面:仪式活动是如何涌现的,仪式活动是如何与语言和想象相互联系的,仪式又是如何在社会的、文化的模式中得以实现的,以及仪式是如何在不断重复中展现其特殊性的。进一步需要考虑的问题是:在何种程度上话语和交流可以理解为一种实践行为;言语和复演在性别、社会和民族身份的获得过程中起着怎样的作用。如果是基于这一视角去认识问题，那么就应当将行为活动视为对文化实践的身体-感官性模仿、共同参与和整合。如此一来，无论是艺术审美活动还是社会实践行为都可以被视为表演（Performanz），言语则被视为展演性实践活动（performatives Handeln），而表演性则是两者相互作用而衍生出来的概念。在此，仪式表演性至少可以划分为三个不同层面：

首先，仪式是一种具有交流性的文化表演。仪式本身是展演和身体呈现的结果。这一过程关涉仪式的场景如何安排与布置，对仪式参与者需要完成的角色和任务的分配。人们通过言语和行动相互间的配合，形成了共同的仪式场景。例如在艺术作品或是文学著作中，仪式可以被视为文化活动的产物，它将具有异质性的各界社会力量都编制带入一个公认的规则系统中。

其次，仪式实践中语言的表演性特点具有重要的意义。我们可以通过一些具体的仪式活动来说明这一点。如在洗礼仪式、圣餐仪式、过渡仪式或是就职仪式当中，仪式化言语的运用和宣称明显地有助于实现和过渡到一个新的社会现实（Austin，1985）。这同样也适用于那些具有性别标识的日常仪式：如我们总是通过不断地重复、仪式性地说明作为一个"男孩"、作为一个"女孩"应当履行哪些责任和义务，从而确立起一种"性别身份"（Butler，1995）。

最后，仪式的表演性也具有审美性。仪式表演性的审美在艺术性表演中最为关键。这一视角体现了我们与功能主义的根本性差异。从艺术审美的视角来看表演，首先不能将仪式表演性简化成"意识性"行为,也就是说,仪式的意义在于将人的"意识"现实化。在此,最为关键的便是以何种行为的方式与风格最终使目标渐渐现实化。

尽管有时在仪式当中表达的是同样的"意图",但在具体的身体展演过程却不尽相同。原因之一在于,行动本身是以历史、文化和社会普遍性为前提的,但同时取决于个体的特殊性和行动的唯一性。仪式过程中,这种普遍性与个体特殊性相互作用、相互协作,最终形成了言语、社会和审美的表演性。仪式的过程性和体验性明确了其计划性与可预见性之间的界限,而至于仪式的审美性则在仪式活动的风格中得以彰显。此时,仪式里单一目的性与基于具体场景的身体表演意义的丰富性之间的区分就更是显而易见了。仪式活动的表演性为理解仪式的多重释意与阐释提供了可能,但同时也不需要丧失仪式本身的功能性。仪式表演性的效用在于,它一方面体现了仪式活动中的多重意义性,同时又保存了仪式的社会魅力。

社会交往本质上取决于人们如何在仪式活动中调用自己的身体。尽管仪式对社会行动具有重要的意义,但在传统研究中却缺乏对身体表演性的关注。他们常常忽视了仪式参与者的身体感知及活动情景性,仅从认知层面对其进行剖析。为了避免这种简单化的理解,我们必须关注仪式行为的源起、话语和想象在其中的作用、个体特殊性的形成,以及复演性里的体验性等特点。

模仿：仪式表演中的实践知识

仪式的表演性是实践性知识的前提。这种实践知识是仪式表演中不可或缺的，且往往是通过模仿的形式而获得。这种实践性知识帮助青少年知道在仪式开展过程中应当做什么，被期待做什么，如何在形成自己风格的同时又不影响团体等。在当前学校致力于提高学习能力的同时，这种隐性的实践性知识对教育的作用却严重地被忽视和低估了。其实，早在联合国教科文组织的《学习——财富蕴藏其中》中就强调了隐性的实践性知识的重要意义。其中提到，儿童除了要学会认知以外，学会做事、学会生存和学会共同生活也是其学习的重要内容与形式（Delors，1996）。而其中，仪式及其实践性知识对于这些知识形式的习得具有重要意义（Wulf，2005b，2006a）。

在仪式化活动中获得的实践性知识，并非那些可以简单地套用于社会实践当中的理论性或可反思性知识。但实践性知识是在模仿中习得的（Wulf，2006b）。当青少年亲自参与到实践活动当中，感知且认识到其他社会成员如何在不同的仪式化情景中行为时，就会出现模仿性学习。由于社会行动方式和风格是感知性习得的，"这一过程是如何开展的"便对模仿的接受和加工具有重要作用。只有借助于审美，才能对社会实践行为（是在基本的、情景化活动中获得的）进行感知、认识并且进一步加工（Mollenhauer/Wulf，1996；Schäfer/Wulf，1999）。通过模仿而获得的、由身体行为表演而呈现的仪式行为是一个动态的、具有创造性的过程，并使感知到的仪式与仪式化活动的个性化加工和更新得以实现。模仿总是与他人、情景和个体想象世界相关，因而使得在不同的情景前提下形成的模仿行为总有所不同。进而，模仿的过程总是接近于无限地趋近于某种相似（Anähnlichung），并且总是指向于行为过程的风格与方式，譬如身体行为与社会化情景是如何进行表演，个体是如何对待处理与世界、与他人的关系，又如何对待与自我的关系等等。模仿过程总是指向他人的独特性，从而将对他人的映象，以及他人的社会行为纳入到自己的想象世界。所以模仿过程就是将外部世界转化到内部世界，进而不断地丰富扩充个体的内部世界的过程（Wulf，2005b，2009）。

在模仿过程中，通过社会行动而获得的实践性知识并非一定要基于相似性原则。例如，我们谈及对已往的事件的仪式行为与模仿性知识的表演性表演的学习时，首先是基于两者之间的比较来确定的，这才使模仿关系变得可能。"相似性"常常只不过是一种诱发模仿的推手，诸如"神奇的触摸"行为也可能诱发模仿性的发生（Frazer，1998），而对现有仪式与仪式的表演性表演之间的界限区分，仍然需要模仿关系参与，因为模仿关系产生了对原有仪式或他人的社会行为进行认同、区分或者否定的可能性。

对身体动作的规训与控制形成了规训式的、控制意义上的实践性知识。这种知识必须通过"身体记忆"才能保存（其是对相应的符号性-表演行为的展演）。这种实践性知识基于文明历程中的社会行为和表演形式，因此呈现出一种文化-历史的特性。因此，实践性知识是一种具有限定性的表演性知识。与行动表演性相关的实践性知识是身体的、游戏性的、仪式化的且基于某一历史文化的。它形成于面对面的真实情景，因而单从语义学的符号象征上去理解是无法实现对它的认识的。这种实践性知识具有想象世界的成分，不拘于某一意图，包含丰富的意义，常常通过日常生活、文学著作以及艺术得以表演与表达（Gebauer/Wulf，1998a，1998b，2003）。

仪式的主要功能

仪式的功能是多样化的，但仪式本身却不限于这些功能。就仪式对教育、人的成长以及人的社会化的作用来看，可以概括总结为以下十个方面。当然这十个方面也是构成仪式理论的基本元素。

1. 社会作为仪式化过程

没有仪式也就没有所谓的集体，因为集体本身是在仪式过程和仪式实践当中得以形成和进行相应的调整与变更的。通过交流互动模式当中的符号性内容，尤其是互动中意义生成的表演性这一特征，仪式保障和稳定了团队的存在。集体是仪式化行为的最初原因、过程以及结果。仪式将日常生活中的某些特殊实践行为框架化，进而通过这种"限定性"，将不确定性行为转化为确定行为。在这一转化过程中，仪式构建了一个相对稳定和同质性的整体。而在仪式表演当中所使用的相关技艺以及具体实践行为，有助于过程中必要活动的重复、对过程的操作和掌控，有助于对表演过程中所需手段和资源的把握，也有助于认清仪式的功效和障碍。

不管是社会化团队、制度化组织还是非正式的集体，它们一方面通过集体共享的符号在集体空间运用中得以突出；更为重要的是，它们总是在仪式性的互动方式和交流形式中突显自身，并基于和通过这些手段和形式使"集体"知识得以上演。这一上演实际上是确保社会秩序和社会融合在个体身上的自我表达以及再生产，共识符号性知识（kommunikativ symbolisches Wissen）的生产，尤其是互动空间和戏剧化的互动场域的创生。仪式形成了共享的情绪、共识性的符号以及集体表演性。仪式是一个场景化的和表现性的行动场域。在这一场域中，行为个体或参与者无须对仪式中的多层符号意义达成统一的认知，而是借助于相互间模仿过程去构成和稳定个体的感知世界和想象世界。通过仪式对互动关系中的整合性的保障，它最终旨在形成一个明确的共同体。

2. 仪式作为秩序权力

作为一种交流行为模式，仪式形成了特定的规则、习俗常规和所谓的基准，这潜移默化地影响着集体成员的实践性知识和认同性视野的获得。但人们很难去断定到底是仪式产生于社会规则当中，还是社会规则形成于仪式之中。仪式是一种身体性实践,它决定着人们的经验形式、思考方式和记忆内容,并对其进行简约化或扩展,疏通或转型。因此仪式创造了一个独特的现实世界。仪式事关的不是真理(Wahrheit),而是行为的正确性。所谓行为的正确性是指仪式参与者更加确信通过仪式获得的规则能对文本中的符号进行相应的解码。仪式指向具有准确性,因此其旨趣在于对每一个参与者都有约束性的集体性行动。由于集体仪式行动具有结构上的不对称性,因此仪式也可用于同化、操控和镇压等方面。在这一意义上,仪式与传统的陈腔滥调或简单的表演模式无异。

3.仪式作为同一化的过程

当仪式强调的是空间上、时间上或者社会关系上的过渡时,就可称为"过渡仪式"(van Gennep,1986),它重点关注的是仪式具有生成个体身份、实现社会转型层面的功能。仪式的变革性以及创新的潜力,关键在于它的象征性、表演性,在于它对现实的创造性的生成。基于这种变革性与创新性,(特别是机构性的)仪式才得以实施,如在割礼仪式和开学仪式当中呈现的都是对差异性的消除和加工处理。通过身份仪式和就职仪式,人们试图去说明他们正在或者将获得怎样的身份。因此,过渡仪式本身是一个矛盾的结构体。在这一过程中,仪式创设了一个新的秩序、新的场景、新的社会现实,让人们觉得一切是如此"自然而然",以至于很难与其保持距离,也很难反抗其存在。诸如这样的仪式,往往是对一种能力,或将要达到的某种可能性(Können)的"宣召"。认同性仪式是表演性的实践行动。

通过这种认同式的仪式，人们被邀请进入还未曾达到，但期待达到的某种能力或"可能性"，并与此同时认同他将要成为的样子。在此过程中，出现了通过安置（Zuschreibung）、标记（Bezeichnungen）和分类（Kategorisierungen）而形成的社会性实在（das soziale Sein）。

4. 仪式作为一种记忆与未来投射

仪式可以用于保持当前集体的永恒不变的规则，确保在重复性表演中变革的可能性和持续反复性。同样，仪式既旨在表现过程性、集体发展的规划性和未来性，也始终关注展演本身的连续性、永恒性及稳定性。仪式形成了社会的集体记忆，也为其勾勒着共同的未来。在具有时间性的仪式化过程中，形成了时间能力（Zeitkompetenz）和社会能力。时间性仪式是社会共同生活的媒介，它构建着工业化社会集体生活的仪式化的时间规则。仪式的时间性是"共同归属于某个团体"的集体在场，其中时间是通过仪式这一途径以先后顺序化的方式进行分配的。这样，仪式行为不仅推动着某种特定记忆形成，而且还使另外的元素在历史潮流中被冲淡。仪式本身结构的不断重复，表明了它的持续性、稳定持久性，仪式的展演又生成并掌控着社会的共同记忆。仪式表演把过往的体验带入眼下，并使其当前化。借助"记忆性工作"，仪式连接了当前（面临"被遗忘"的可能）与对集体具有重要意义的传统和历史的过往。如此一来，仪式总是不断地向前发展，且从不原封不动地照样复制，而总是具有模仿性，并在此过程中重复性地对潜在的创新性进行模仿。

5. 仪式作为危机的处理

仪式对集体的差异性经验的产生及冲突情景的处理是不可忽视的,因为仪式构建了一个相对安全、相对同质的表演过程。在这一过程中,仪式处理着集体中整合性的经验和分层性的体验,如从一种社会状态到另一社会状态的"过渡仪式"。仪式是对冲破日常生活框架并看似对当前状态有威胁的新情景所达成的一致理解。此时,仪式决不是工具取向的行为活动,所以不能将其视为解决某一具体问题的技术手段。相反,由集体仪式行为共同创造的力量(Kraft)充满浸透到每一个体的身上,促进集体的形成与稳定。诸如身份过渡仪式或献祭仪式的危机仪式,都是为了缓解社会暴力在集体中的出现(Dieckmann/Wulf/Wimmer,1997)。

6. 仪式作为神秘的行动

在仪式中,那些现实生活无法全部表达和不可控的情景通过仪式行为得到不断的练习和尝试。因此,仪式可以视为对一种复杂情景的简单化(Komplexitätsreduktion)活动。由此,人们超越了各种界限与距离,并且构成一种朝向"外部"的关系,从而确信通过仪式过程展现出的模仿的力量、表演性的力量不仅存在于仪式"内部",同样也作用于"外部"的真实世界。这样一来,在仪式中人们成为了"他人",并以"照着他人"的方式行事。这种"转型或替代"一方面通过符号象征得以完成,另一方面通过集体的、表演性的行动得以唤醒。前者对于社会或宗教意义体验的变革与更新具有重要意义;后者形成了对新的现实的构建。

这样就确保了神圣性在互动仪式中组织化的稳固性,促成了区隔和禁忌的产生,并且外化为时间、空间、对象和行为等不同层面,从而使人们意义化地体验。神圣可以被视为超验体验和超验权力的一种特殊表达形式,且总是关涉某种客体对象、行为活动、文字表达、个体或集体。神圣会让人产生敬畏或恐惧的内心感受,同时也伴随着规则、规范和禁忌的法典。集体就像一个"神圣"的存在体,其中仪式关系正是以一种神圣的力量构建着集体的整合、界限和交流。就此而言,仪式当中包含着对超验的信念,对集体中神圣性的确信,以及对能产生某种确定性和信任感的确信。因此,神圣节日对集体构建具有重要意义。

7. 仪式作为区隔的媒介

仪式是对差异进行加工和整编的行为系统。仪式通过确保行为关系互动过程中的整合性,从而构建某种融合性,并促使集体的形成。集体的表演性这一概念指的并非是过往的、组织的或自然性的统一,也非内心里的归属感,也非某一象征意义系统,更不是价值共识(Wertekonsen),而是指向互动的仪式模型。伴随着集体是如何出现,确定化,又是如何发生变迁的这一系列问题的出现,仪式的展演形式、身体和语言实践、时空结构、循环反复(Zirkulationsformen)等方面成为了中心话题,获得人们的关注。在这种情况下,集体就很少具有同质性和整合性,也并非真实的亲密空间的代名词,集体内部也是一个里面充满着张力、界限和协商的不确定的、具有模糊性经验的空间。在集体的表演性表演中,人们可以理解仪式行为和仪式化经验空间,它们都是通过情景化展演、模仿、游戏性和权力元素等得以彰显。

8. 仪式作为模仿的触发者

正如前述所提到的,仪式并非简单地复制以往的仪式行为。仪式的每一次表演都是以新的场景表演为基础,并总是对之前的仪式表演有所加工和调整。原有的仪式行为、当前的仪式行为及未来的仪式行为三者之间,总是存在着"模仿"的关系,且常常是后者基于前者行为而生成的新行动。在模仿的过程中,某种关系将被纳入到某一仪式世界中。很多时候,这种关系都是基于相似性关系,其中包含着引发相似性的诱因、行为主体,以及仪式的社会化功能等。当然,相似性并非起决定性的作用,与外部他者世界生成某种关联才是关键所在。如果说仪式总是基于以前的表演行为,并不断地趋向于它们,那么这里就会呈现出一种意愿(Wunsch),一种如何进行仪式化行为的意愿。基于这种意愿,仪式化行为就指向特定的关系,与他者无限地接近。这种意愿是基于如何成为他人,但同时又与他人区分的渴望与诉求。尽管人们对这种"相似性"充满渴望与诉求,但同时也要求"区分性"和"个性化"。仪式的动态性既渗透在不断的重复性中,也充斥在差异区分当中,由此产生推动仪式展演的能量。在重复性中,通过模仿过程,以往的仪式行为犹如印迹般被吸收,并运用于新的情景中。这种重复性的仪式行为从来不可能准确无误地对之前的仪式行为进行再生产;相反,它总会产生一种与以前仪式行为有根本性区别的新的仪式情景。这种动态性是仪式创造性的所在。在确保连续性的同时,仪式也为非连续提供了生长的空间。仪式活动安排使连续性与非连续性之间关系得以达成。此时，个体或集体(主体)所在的社会背景、所属的机构组织对不同的仪式行为和仪式图式的生成具有十分重要的作用。

9. 仪式作为实践性知识的发生器

为了获得某种社会性能力，人们对实践性知识的需求要远远高于对理论性知识的需求。实践性知识使人们知道在不同的社会场域、不同的机构组织中如何表现与之相应的行为态度，而大部分实践性知识都是在仪式模仿当中习得的。在这一过程中，个体将仪式活动的符号、节奏、图式和身体运动纳入自己的想象世界。而借助于模仿，这些元素又以仪式所必需的行为，以新的关系方式展演。模仿性习得使个体也获得了实践性知识，并且可转化和运用到其他新的场景。学习的这种仪式化特点促使人们在重复性中不断地练习、推动和更新模仿获得的实践性知识。这样以具身化的方式获得的实践性知识就具有历史和文化特性，并且随时都具有"转化"的可能。

10. 仪式作为主体性生产者

一直以来，人们习惯将仪式化与个体性或者主体性对立起来。近年来，人们已经认识到现代社会并非如此。事实上，个体的行为正是社会实践知识的结果，而这些社会实践性知识往往需要各种仪式活动。这当然并不意味着集体与个体之间完全不存在张力和冲突，而是说其实这两者之间的区别并非人们想象中的那样明显。它们常常是互为条件。只有当个体参与到社会群体当中展现他的主动性、与所处的社会群体交流沟通,个体才可能拥有一个充实丰满的人生。同样,一个集体需要拥有具有差异性的个体,他可以很好地应对社会,且通过仪式活动中的模仿过程获得和扩充这种能力。

第十二章
作为语言的体态语

体态语当中浓缩了对复杂文化活动以及社会性事件的表达。尽管体态语的意思常常前后不连贯,且模糊不清,但其作为身体式的表演和一种表达形式,不需要借助于语言就可以部分地得以理解。由于体态语的图像性特征,它在社会想象、集体生活以及主体性当中扮演着重要的角色。体态语使自身在模仿过程中通过再记忆和再生产方式适宜地出现。在每次的体态语表演时,它都基于某一行为的活动框架,以使其适应行动的具体场景。

在柏林仪式和体态语研究当中,我们不仅强调仪式及仪式化的重要意义,同时也指出了体态语在教育、人的成长以及社会化过程当中的作用(Wulf/Althans 等,2001,2004,2007,2011;Wulf,2008a)。这项研究首先指出,体态语在教育和人的社会化中扮演着中心的角色。因此,在家庭、学校、同伴关系和媒体等四大社会化领域中,我们对体态语的表现和对体态语的运用进行了具体而微的研究,在此我们强调的是基于人类学取向的体态语研究。尽管之前已有相关研究(Flusser,1991；Barth/Markus,1996；Kotthoff,1998；Egidi 等,2000；Aiger,2002；Heidemann,2003；Rosenbusch/Schober,2004；Müller/Posner,2004；Prange,2005),但直到如今还是缺少一个全面的、基于民族志的研究,对教育及社会领域中具体的体态语运用及其行动原理与方式的考察。为了厘清其中的复杂关系,这项研究也涉及对体态语的权力及其潜在暴力性的分析,比如:通过某一具体的教学情景考察,师生运用某一体态语来表现出个体的参与性或距离保持性,以及两者之间的不断转换;在学校场域,通过体态语运用去展现师生之间、同伴之间的相互承认、互相划清界限、相互授权的过程;通过对体态语的反复运用,也在教育领域中强化了某种社会性。在家庭、学校、同伴关系和媒体等不同的领域所呈现出的教-育等机构性行为的相互区别,为我们提供了一个很好的比较视角(Wulf/Althans 等,2011)。

此外,我们也对教学体态语的实践-反身性潜力(praktisch-reflexive Potential)进行了考察,因为体态语不仅稳定了各种社会关系,而且也影响着教育过程。在此,我们借用了布莱希特(Bretolt Brecht)和本雅明(Walter Benjamin)有关体态语的相关理解。在他们看来,体态语是可引证的,这样才能保证情景中的距离性和实现其间歇性。基于体态语的反身性这一视角,人们不仅看出体态语是一种特殊的中介(Medialität),而且也指明了其内在的潜力。因此,在我们的研究中体态语不仅是研究的对象,而且我们也把它视为研究视角的延伸,民族志研究方法上的推进。当我们对教学情景中身体动作的运用进行观察时,我们首先会将其视为一种孤立的存在,视为教育舞台表演中(pädagogischen Tableaus)教育性的体现。因此,对教育中体态语的研究有助于我们获得对身体表演的理解,也使那些传统的教学体态语再次具有鲜活性与生动性。

人类学视角的体态语研究,首先要求对不同学科和背景下的体态语概念进行认识与考察。阿甘本(Agamben)描述道,体态语具有"之间性",是存在于创作(agere)与上演(facere)之间的;它是调整斡旋的潜在反身性工具(Agamben, 2001)。布莱希特则要求演员们将作为"之间存在"的体态语视为辩证的、表演性的现象,从而使其可视化。在布莱希特运用体态语这一概念时,他指出了体态语本身的复杂性和文本交互性。这种交互性基于体态语的"间歇性原则"而产生功效,以使我们看清当前的状况。对于经验研究而言,从多个层面去理解和研究体态语这一概念显得十分必要,因为只有这样才能对经验现象本身进行适宜的理解。因此,米德有关体态语的理解为我们提供了一个重要的研究视角。米德将体态语理解为身体运动的不同阶段,是一种具有社会性的身体感觉运动,而非单纯的社会生物性机能(Mead, 1973)。而肯德(Kendon, 2004)以及麦克尼尔(McNeill, 1992, 2005)的相关研究,同样也推动了体态语研究的发展。

我们这里所提到的在教育领域的体态语的民族志研究,与其他学科的"实验性质"体态语研究的出发点有所不同。实验性质的体态语研究总是通过一个或多个实验组与控制组的对比，去考察体态语运用的功能性（Goldin-Meadow，2005，第六章），比如在语言学当中的体态语研究，他们关注的是"语言表达是如何分别凭借体态语，或者在体态语缺席的情况下，抑或对体态语的误用对听众产生功效的"。大部分类似研究的显著特点是他们仅仅从符号学和语义学两个标准维度去测量体态语的角色与意义，以至于只关注了体态语的实用性层面。那么这些研究就明显表现出一种实验研究的利弊，即其总是通过实验设置的各种前提和条件所产生，这就与我们基于教学情景的田野研究有着本质性的区别。

我们有关体态语的田野研究主要关注的是它的身体性、模仿性和表演性特征。其中我们想要解决或者指出的问题是成人和孩子怎样基于不同的、特定的教育场域和教育情景形成并获得体态语，以此来进行自我表达、自我展现。这就有必要关注体态语表演和体态语表达是"如何"展开的。因为体态语具有高度的情景性，基于这一出发点，就会涉及到体态语运用所关联的各种社会关系。问题便集中在，在社会关系中体态语又如何融入了自身的意图与情感，而这对教育与人的发展又有何作用。这里就隐含了三个基本假设：其一，体态语受集体想象和集体实践影响；其二，体态语总是基于具体的制度化机构和所在的习俗传统；最后，个体的生活环境（个人前提条件）影响着体态语的表达。

为了成功地开展这项研究,我们需要形成一个基本的指涉框架。我们采用了参与式观察、视频观察、访谈和专题焦点访谈等不同的研究方法,以确保我们分析阐释的效度。我们对这些不同的指涉框架进行了进一步说明,并区分出了以下几个维度,这些对作为人类学研究对象的"体态语构成"有着重要的作用:

(1) 作为身体运动的体态语

(2) 作为表达与表演的体态语

(3) 作为教育与个体成长形式的体态语

(4) 作为意义阐释的体态语

从以上几个维度去展开讨论蕴含着人类学的特性,这在目前为止的体态语研究中几乎无人触及。以此为基础的体态语研究推动了人类学研究的新发展,也为当前体态语研究提供了新维度和分类方式。总的说来,我们既把体态语视为言语表达,也将其视为人类情感的体现。

作为身体运动的体态语

体态语可以理解为身体的运动,它是人类表达和表演的重要形式。由于人类的身体始终都是基于历史-文化而显现的,因此体态语也需要通过其所在的具体情景进行解读。那些将体态语视为一种普适性的身体语言的研究尝试是很难实现的。历史文化人类学的研究表明,体态语在不同的文化,以及不同的历史时段是如何不同地被人们所理解(Bremmer/Roodenburg,

1992)。体态语是重要的身体运用，它的表演表达形式不能基于其意图性及目的性全面得到解释。将体态语作为身体表达和表演的形式，与将体态语作为语言性的辅助性表达，两者之间的差异性和区分是无法消除的，因为体态语具有超越个人意图性的成分，且总是在模仿当中被传递和理解。

在任何语言交流和社会互动中，体态语都扮演着重要的角色。它具有一种社会心理学和民族志研究都特别关注的分享性功能（Mitteilungsfunktion）。空间关系学（Proxemik）的相关研究表明，个体是如何借助于其身体和体态语形成了一种象征符号性的空间。在身势语（Kinesik）研究领域，伯德惠斯勒（Bridwhistell）对作为非语言性交流的身体运动的编码性进行了分析。个体行为学考察了人类与动物行为方式上的相似，人类与动物表达方式的相似，如达尔文有关"人与动物情绪表达"是该类研究值得一读的基础读物（Darwin, 1979/1964）。莫里斯（Morris 等, 1979）研究了欧洲各国体态语的起源以及分布，并对各国体态语运用的相似性和差异性作了经验提取、比较研究和相关分析。法国的卡尔布里斯（Calbris, 1990）强调了体态语的符号学意义，指出体态语在交际当中可以提供更为详尽的信息。语言学很早便已发现体态语的意义，并且强调了它的言语功能。这一研究领域曾以不同程度和方式提出，基于身体而表达的体态语是语言的原型。这种原型对语言的形成十分重要，对观念、词句发展与理解始终是不可或缺的。他们同时也指出，体态语仅仅有限地或部分地为人类意识所调用、支配和操控。位于体态语和表情边界的还有一个没有被意识到的体态语领域，它避开了有意识的驾驭与操控。

人们运用身体各个部位进行体态语表达，对体态语进行主观意识的调用，实际上是个体试图跳出单纯肉体性的身体存在（Im-Körper-Seins）而体现的自我对身体的支配性。要实现这一情况的前提是人的离中心化（exzentrische Position des Menschen）。这就表明了人与动物的本质区别——人类是以极其不同的方式呈现着自我，处理着与自我的关系。想象、语言和行动都是通过这一可习得的"离中心化"的直接性得以实现的（Plessner，1983）。我们可以将那些被意识所调用的体态语区分为两种形式：一是表情的身体表达形式；二是体态语性的表达形式。前者包括如欢乐、微笑、痛苦、痛哭；而后者常常是不太明显的表情，如皱眉头、摇头，或者微微地低头。因此那些认为姿态是对意图的表达，而表情是对情感的表达的说法是很狭隘的。尽管表情常常是直接的、不由自主的，但这并不意味着除了表情以外的那些体态语也是不由自主、无法自我控制的。为了说明这种区别性，人们将体态语又分为了三种类型：将那种无意识的、不由自主的体态语称为"节奏性"体态语，而将那种具有意图偏向性的体态语分别称为图像性体态语和象征符号性的体态语（McNeill，1992，2005）。这类图像性体态语和象征符号类体态语构成了各种表情的素材来源，它们也是体态语的语言表达形式，但并不具有普适性，相反往往受制于文化、历史和具体情景性而被赋予相应的意义。

与表情的身体表达不同,体态语的表情(比如那些相对模糊的击打体态语,动感节奏拍打)都具有可拆分性、可构建性以及可学性。面部表情既包含表达又有情感,既有形式又包含内容,既有内在精神的成分又有身体表象的参与;而扎根于意识的体态语则不同,它可以对这些层面进行区分,再将其组建成不同的构造。完美的体态语具有高度的审美自然性,并促使着精神上与身体表达上的交叠。就这点而言,体态语是人们自我表达的内在和外在体现,归属于人类表达和经验能力最重要的部分。在体态语中,人们将自身身体化,并在身体化的过程中感受着自身。通过运用体态语进行人际交流沟通,可以将人们的肉体性转化为对其身体性的占有。这一转化的过程实现了人的存在,而仪式的表演与构建需要特定的体态语表达。特别在宗教仪式及政治仪式中,表征性的代表性元素显得十分重要,因此相应的体态语展演和组织就变得尤其重要。

体态语作为表达与表演

就这一点而言,人们可以通过体态语逐渐与自我的身体、与自我的内心世界建立某种关系。在模仿性的关系中,体态语通过再现的方式再次体验其自我的存在。通过表情和体态语,人们做出让渡,并且在他人对其的让渡反应中认识到他是谁,他如何被看待。体态语是文化的产物,塑造着儿童且不断地自我更新。在对体态语模仿性的学习中,兴起了一种适应所在文化和传统的文化性和传统性身体。这种具有文化性和历史传统性的身体在体态语中得以清晰表达，且与其所在社会背景直接有关。如此一来，在体态语中出现了表现身体性的组态，出现了个体内在意图的表达以及呈现与外部世界关系的形式。也就是说，感官上的体验与精神心灵上的感受同时出现在这种体态语中，以至于很难回答(如快乐的)体态语的哪一部分是身体的，哪一部分是精神的。

许多体态语都是由基于某种文化特性的表情的、流动的、模糊的表达介质(Ausdrucksmaterial)构建而成。这种体态语的原生介质是如何出现的，始终是学术界讨论的话题，并由此产生了许多不同的研究解释。达尔文基于对单个身体器官功能性的缺失和由此而伴随产生的退化为认识起点(如盲肠)，将面部表情视为原始功能性的残余。基于达尔文的这一定理，嘴角褶皱和犬齿的退化可以在"愤怒"里得到解释：因为早期的人类曾有着全副的好牙，以至于可以在遇见危险的情况下与人格斗时使用。由此可以估计，面部嘴巴运动可以使犬齿的退化过程持续不断地进行。同样，通过对当今面部表情与其原初功能之间的类比，我们可以将其解释为出现在人类面部表情中的特定表达形式。

与达尔文不同，皮德里特(Piderit)认为，"面部表情是一种具有虚拟客体对象的行为活动"。这一公理指明了想象力和模仿对面部表情、体态语的意义。基于这一观点，面部表情总是基于某种虚拟，并且总是基于此而生成了虚构(Fiktion)。这里的虚构可以指某种过往的，也可以指当前的，还可以指未来的。面部表情、模糊性的体态语表达都是对虚构的模仿性反应。在戏剧中,面部表情与体态语都是模仿性指向于其所想象的"情节"及其表演。由此,那些非意识性的表情和模糊性体态语会转化为可意识的、清晰的体态语,从而风格化。它们都将成为情景表演中的一个元素,对观众对情景表演剧本的模仿性加工有着重要的意义。这同样也适用于其他社会场域,如学校、家庭、媒体当中的机构化表情和社会展演。

许多体态语不是直接的表达形式,那种能直接进行的表达仅仅在表情和部分体态语中才能得到详尽的体现。此时,它们很少能掩盖其所呈现的情感和感受;而身体的符号、身体的征兆、身体的语言也是人们内心以及人们灵魂的纯正而真实的表达。相面术学家拉瓦特尔(Lavater)及其跟随者试图通过整体感觉(die Spur)来说明其相互关系。他们避免对其相互间的同一性进行识别,而不丢失其相互间的关联性。日常生活当中的面部表情和体态语指向的是身体性知识。这种知识是以创生性的、构建性的和可理解的方式来呈现身体的;它是无法通过对体态语的分析和解释来获得对其全面的理解的,而是在社会展演的过程当中模仿性地获得。

体态语作为教育与个体成长的形式

体态语在人的成长过程当中扮演着重要的角色,其中既包括了个体的内在成长,也包含了个体的外部成长。人的开放性是其存在的基本前提,而体态语可以将这种开放性限制在具体的表达中。具有历史性和文化性界限的体态语表达创造了社会性的归属感与安全感的获得。对特定体态语的信任使人形成了对个人和团体的信任感。儿童与青少年知道某一确定体态语的意思,如何去理解它,如何对它作出反应。透过体态语可以估摸到他人的态度。体态语是身体语言的一部分,归属于同一团体的人可以相互分享。如果这一关系更加偏向于无意识的陌生感知和自我感知,而非对他们情感和意图的有意识认知,那么这种关系就特别具有社会意义。这就会涉及到社会知识。这种知识是个体在其社会化过程当中习得的,它对其社会行动进行理性控制起着重要的作用(Wulf,2005b,2006b)。

姿态内涵是随着时空变化而变化的。因性别与阶级所属不同,体态语行为有着显著差异。有些体态语是性别化的,或者只归属于特定阶层,而有些则没有这种性别和阶层差异。还有些体态语与社会空间、历史时段和机构紧密相连。诸如教堂、法院、医院和学校这样的制度化机构,总是需要一些特定的体态语,忽视这些体态语的存在便有可能招致严重的后果。在某一机构中对确定性姿态的呈现与展示,也实现了机构制度化自身的权力。体态语展开、机构的价值观和指导思想浸入到个体的身体,并在一遍又一遍的重复表演当中实现它的适用范围。机构化的身体形式仍然存在于当前社会,如教堂里谦卑的体态语,法律里的肃静,医院里的关心,学校里的注意(Aufmerksamkeit)和参与。缺少了这种仪式化的体态语,机构代言人就会感到该机构的社会合法性受到了批判和威胁。因为处于这一机构中的成员常常感到自身对机构的依赖,所以这种制裁威胁是有作用的。基于这种模仿性的、特定的机构化体态语,社会成员会屈从于机构的规范要求。

同样,性别差异也基于体态语表达而得以展演、重复和固定化。这一点在儿童游戏当中呈现的性别差异中便能明显地看出来,其中通过不同游戏旨向(如合作模仿游戏 vs 竞技性游戏)而用体态语表达与实践。同样,在男女坐姿的不同当中也可以看出来,比如他们在"坐"中占据了多少空间,他们如何摆放腿部。在说话、用餐中也有类似的特点。另外,阶层间的差异也在体态语的运用中得以体现。布迪厄曾在对"品味"的研究中详细地研究过这一点,他指出通过这些"细微差异"(feine Unterschiede)社会的阶层性才得以建立并巩固。在对这些差异的觉察中,不同的身体性姿势和表达方式起着重要的作用(Liebau, 1992)。在埃利亚斯关于文明的进程的研究中(1978),他指出了宫廷体态语是如何被市民阶级(Bürgertum)所模仿,渐渐被接受,最终得以改变的。福柯则在《规训与惩罚》(1977)当中指出权力是如何身体化的,权力表达方式、权力呈现形式、权力体态语又是如何进入到其意义结构从而合法化的。因此,体态语可以用于对社会文化差异的生产、呈现和保存,而体态语的展开也是基于某一历史-文化的权力结构背景的,也正是基于历史与文化才能显露其自身的意义。

体态语传达着社会中心价值,并为洞察"心态结构"提供路径。以中世纪修道院的体态语为例,其就清晰地指明了体态语在社会不同领域具有怎样不同的功能,而在体态语的使用中又传达出其与身体和符号、当前和历史、宗教与日常生活之间(Schmitt,1992)的关系。体态语总是与话语相伴相随,但却同样有着自身的"生命力",从而不需要直接与语言相关联。很多时候,体态语的内涵是模糊的。它能传达出不同的信息,对话语进行补充,对话语的某些方面进行强调,或者引证某些话语,又或者针对话语提出反问。常常,通过体态语而表达的内容以及说话者的情感性要比单纯的语言文字性浓厚得多。从这个层面来看,与受意识强烈控制的语言相比,体态语能更为"确定性"地表达人的内心生活世界。

社会生活世界通过个体、团队和机构得以展演,它又进一步助推着人们的集体性舞台的编排。这种对身体、体态语和仪式化形式的上演,可以像文本一样得到解读。格尔茨将社会作为文本的解读方式繁荣了文化人类学研究。他试图对社会现实进行"深描",形成了"可读的社会"这一观点。基于社会的身体表演这一视角,体态语在其中起着中心的意义。体态语是符号语言、身体语言和社会语言的一部分,可以像抽象符号文本一样得以解读。对体态语的考察,必须借助于表演性这一视角,其中将突显其审美性和文化性表演(Wulf 等,2001;Wulf/Zirfas,2004a,2007)。

要对体态语进行解读和解码,就必须将其看成是模仿的过程。人们通过对体态语的模仿,通过对其身体表达和表演形式的独特性的体会，才能感知和认识到体态语。尽管体态语含有丰富的意义，且具有可分析性，但人们首先是通过模仿性再演体会到其符号-意义的内涵。对体态语的不同意义层面之间的区分是十分重要的，因为只有这样才能通过模仿对身体化的体态语表达和表演进行接收。通过体态语表演的模仿实现了身体化的加工，这是一种完全有别于语言交流的表达形式。通过对体态语的模仿性洞察，人们体会和理解他人的身体表达的特殊性。在不断趋像于他人的体态语时，人们也感受着他人的身体性和体会着他人的情感世界。在对他人的体态语进行模仿之时，就出现了个体"自我的模仿行为"（Sich-mimetisch-Verhaltenden）与对他人身体性表达表现方式的交叠。这时，对一种外在世界的体验就成为可能。

这种将他人体态语表达世界纳入个体自身的结构化的自身-模仿-行为的涌现，是一种充溢的、有趣的过程体验。它可以在对外部世界的审美-模仿吸收中不断地丰富和扩展其内在世界，从而让经验更具生命活力。这些体验之所以是富有生命活力的，是因为模仿能量赋予个体基于感知层面去体会他人的独特性。这一过程并非对他人体态语进行简化吸收，并纳入到自身-模仿-行为世界当中；而是扩充并丰富着我们对他人体态语和身体参照点的感知。尽管这两种流动方式之间的界限并不清晰，但这种流动性的关键在于模仿感知的一种动态性丰富和扩充，直至他人表达和表现世界。通过模仿性活动的这一引导，出现了感知的同化，而非与关联性图像相关的自身-模仿-行为，对他人体态语的扩展。这种朝向外部的延伸,引导人们获得一个有趣的丰富的人生,这一点在亚里士多德的模仿特点的阐述中就已经指出过。

体态语作为意义阐释的形式

在社会情景当中,体态语是意义阐释的方式和手段。体态语表达着某种情感,又进一步清晰地营造出某种气氛。它体现着个体的内在图像的观念与想象,个体对自身与外部世界的关系的认识和理解。此外,那些具有传统习俗特征的体态语还构建了抽象集体想象与具象集体图像间的同一性,进而影响着个体的观念和思想。这些具有传统性特征的体态语常常是通过身体-符号的方式为人们所理解,而这种通过体态语所传达出来的情感和营造的氛围又常常是无意识地被呈现出来,因此也无法从意识层面对其进行理解感知并作出相应的反应。正是由于其存在于非意识层面,反而呈现了其最重要的社会意义。其同样适用于在机构里促成的体态语及体态语所附着的机构的价值观、规范和权力关系。这些体态语与制度机构化构成了某种关系,以无需为人们所意识的方式得以认识和感知,并被模仿性地加工。常常,机构化的体态语类型经过长期沉淀而形成,并需要通过机构代言人来表达机构本身的社会权力。通过机构再现服务于早已形式化的体态语(vorgeformten Gesten),体态语本身将机构的传统性和其社会权力与职责集合在一起。在这一过程中,一方面那些早已存在的机构化体态语被人们所接受;另一方面,它们也不是简单地被模仿、被再生产,而是一个建构的过程。机构当中早已形成的体态语所蕴含的模仿,赋予机构的表征最大程度上的自由。这一自由的游戏空间渐渐地改变、更新着体态语的表达形式和呈现方式及体态语的内涵。在模仿中已有的机构化体态语"对现存的传统进行继承"并"革新"。整个过程并不流于对形式的简单化模仿,而是对原有体态语的形式和内涵创造性地进行重组(Ausgestaltung)。如此一来,已有的体态语在新社会化过程当中在形式上得以改造,并被赋予了新的意义。因此,对体态语演变历程和发展的研究能够很好地展示这一变化过程(Starobinski,1994)。

如果说通过机构化的体态语能够使机构的权力为代言人(施加者)所具身化,那么这种权力要求也正是基于这种"具身化的模仿"而被感知认识,从而得以保留维系。权力接收者(即权力施加对象)又会在模仿过程中积极主动地接受吸收机构价值和规范,并且进行创造性的构建重组。正如接收者通过模仿机构体态语积极参与机构行动的构建一样,这又将反作用于机构代言人(施加者)自身的体态语形式和内涵。机构代言人和被施加者的机构性体态语间的相互关系,对理解体态语的社会功能有着重要的意义。通过机构体态语的模仿,代言人与被施加者都同时对机构本身形成认同,与此同时,机构权力的要求及其合法性也在体态语的每一次表演中不断确定加固。体态语成为机构的象征,并由此与其他社会机构、社会场域划清了界限。如果谁使用了类似的象征体态语（在形式或内涵上），也就标识了自己的机构化身份，又基于这一机构化形式自我构建。社会共同体通过模仿性的体态语的运用而生成，其中的社会关系正是通过体态语得以规则化。而集体归属感又会在体态语的仪式化表演中得以产生和确定。这种实践模式不仅适用于机构，而且也适用于职业化发展、阶级分层、性别区分和功能性分组（Liebau，1999）。

体态语是身体化的运动，随着时间的流逝，其文化性意义也随之改变。比如，"端坐"对当前人们的意义，与它在中世纪又或者在人们定居之初的功能是完全不一样的。即使是在同一历史时段，体态语的内涵也是在发生变化的，如中世纪之始至中世纪之末。社会行动总是体态化地被表达，或者至少总是伴随着体态语的存在，才能去表达行动本身的意图。要理解体态语的身体性和符号性及他们是如何被再生产、如何得以更新的，模仿过程在其中起着至关重要的作用。所以说，模仿性是一种将各种复杂关系进行身体化表达和表演的能力，并且从中突显出新的体态语。新体态语的生产需要从传统文化的体态语元素中去抽取并对其加以利用，从而构成新文本和解读，并应时事需要而更新。新体态语的生产也有可能完全是基于身体潜力所蕴藏的表达可能性而形成的全新的发明，如打电话、摄影、电影制作和视频录制等就是这类发明的表现。

体态语很少依赖于直觉，而是以人的离中心化为前提。体态语是身体动作的运动，但却不限于身体本身。体态语具有意图性,但却不需要完全为目标献身。体态语是对情感的表现表达,且总是与具体对象或他人相关。在体态语中,人们感受到自身,同时也体会着世界。在体态语运用的规则性中也包含着人类自身的局限。体态语塑造着人类世界,并且也为人类世界所构建。如此一来,体态语具有自反性(rückbezüglich)或说反身性。

体态语是实践性知识的表达与表现。这种实践性知识并不是通过分析、言语及推理就能习得的,而总是要求模仿性地去习得。通过对体态语的模仿,主体间不断地相似接近,使得自身-模仿-行为(Sich-mimetisch-Verhaltende)拥有一种对体态语进行勾勒、调用,并随着情景变化做出变更的能力。历史学的相关研究指出了体态语的人类学功能,并进一步说明了情景性行为里的高社会性和文化性内涵。借助于体态语,社会连续性得以形成,集体变革和更新得以表达,并通过人们的行动得以贯彻。对体态语活动的保存常常是深藏不露的,因此很难一眼就关注到其内涵变化。体态语的历史性变迁涵盖了其内涵变迁、其身体-意义组织安排的变化,或者两者兼有。体态语的模仿性习得确保了体态语的表演,体态语在不同社会情景的运用,根据情景要求适应转变的能力。通过模仿性习得,体态语本身也得以内化、具身化。它是身体想象和动作想象的一部分,也是一种身体性的实践知识。体态语知识的形成在很大程度上独立于人的意识,因此与参与表演者本身有某种距离性(Distanzierungsmöglichkeiten),反而因此持续不断地产生功效。

体态语的模仿性、表演性、身体性、社会性、游戏性以及想象性等方面,为跨文化及跨国的人类学体态语研究提供了新的视野(Wulf/Fischer-Lichte,2010;Wulf/Althans 等,2011)。

第四部分

模仿与文化习得

第十三章
文化习得与模仿学习

　　学习的一种重要形式就是模仿性学习,或说通过模仿去学习。模仿性学习并非单纯的跟随或复制,而是一个过程。在这个过程中,通过人与人之间、人与世界之间的模仿性相关,从而开阔人们的世界观,延伸其行动方式,丰富其举止态度。模仿性学习是创造性的;模仿性学习也是身体性的,它联结着个体与他人,个体与世界。模仿性学习创造了实践性知识,因此对社会活动、艺术创造及实践行为都具有决定性作用。模仿性学习是文化性习得,对人的成长和教育有着重要的意义。

早期儿童的模仿性学习

　　模仿性过程首先是朝向他人的。在这一过程中婴幼儿开始与他人(如父母、兄弟姐妹、亲戚以及熟人)建立起联系,并学会如何与他们共同生活。通过"互换"的形式(如成人对婴儿微笑便也会获得婴儿所回应的笑容），他们试图使自己与他人无限相似。他们也会基于自己已习得的能力，去激起成人的相应反应。在这种早期的简单交往过程中，儿童也学会了情感表达。他学会了将他人表现出的情感运用关联到自己身上，并且也期待通过同样的方式引起他人的相似的情感反应。在与周围环境的交互过程中，婴幼儿大脑也得以发展。也就是说，此时某种确定性的发展可能慢慢形成，而其他的可能性的成长则得到遏制。儿童早年生活的文化背景也记录在儿童的大脑中，印刻在他们的身体上。如果在儿童时期没有学习看、听、感受、说话，那么在之后的生命阶段也不能完全学会（Scheunpflug/Wulf,2006）。

有关灵长动物的最新研究表明：在除人以外的其他灵长动物中，尽管也存在着模仿学习的基本要素，但人却不同，他具有利用模仿去学习的能力（mimetisch zu lernen）。在文化学中，这一观点已广为人知。早在亚里士多德时，他就把"有模仿性学习的能力和通过模仿过程去获得人类幸福"看成是人的特殊禀赋。通过对早期灵长动物的社会行为研究与对比，近年来发展心理学和认知心理学的相关研究指出人类模仿性学习的典型特征在童年已经稳定，尤其是婴幼儿的模仿性学习特性。托马塞洛（Michael Tomasello）总结了幼儿的这种能力：

> 他们在他人当中形成了自我认同：将他人看成是和自己一样有目的、有意图的行动者（Akteure）；在与他人一起参与活动中获得共同关注点；他们理解许多诸如物体对象

以及引发关联事件之间的因果关系;可通过由他人做出的体态语,发出的语言符号和语言结构的表达,来理解交流当中的共识性意图;通过角色交流中的模仿,当前对象的体态语、符号和构造方式进行学习;形成了以语言为基础的对象范畴和体验图式(Tomasello,2002,p.189)。

诸如以上这些幼年具备的能力使儿童置身参与到文化学习中。他们可以参与实践表演,也具备参与社会团体活动的能力,并且在实践与团体中与他人共同生活,由此习得文化性知识。这里所描绘的各种能力正好说明了榜样在儿童模仿性学习当中的重要意义。这些能力——与他人具有同一性,将其看成是有目的的行动者,或者"向某标准看齐"的能力——的获得,与儿童模仿成人的渴望并期待成为成人的样子的意愿直接相关。在这一"就像成人那样"的渴望中,实际上潜藏着"将对象世界之间的关系看成是一种因果关系,从对他人的体态语、符号和结构组成当中去把握集体共识性的意图,理解对象范畴及体验图式形成的途径"的认识。其实,儿童早在九个月大的时候就已经具备了隐藏在人类模仿当中的能力,而对其他灵长动物而言,它们永远也不可能获得(Tomasello,2009)。

模仿性学习:古希腊古罗马时期通过模仿进行教育

就目前我们所掌握的知识来看,模仿这个概念最初可以溯源至西西里岛文明。它主要是指滑稽剧里小丑（Mimos）如何表演的行为和方式。"模仿"这一概念既涉及到下里巴人的日常生活，又可指那些富贵阶层特意设计的节日庆典。由此而形成的表演和展示常常带有粗俗、蔑视的意味。从一开始模仿一词就涉及到文化的表演性实践，指出了其身体性，以及丰富的意义表达性。在公元前 500 年，模仿一词就已在希腊的爱奥尼亚和阿提卡地区开始广为流传。而早在前柏拉图时期，人们就区分出了模仿的三个层面，直到如今这种区分仍构成了认识模仿的重要方面。这三个层面分别是：首先是通过谈话、歌曲和舞蹈获得的、存在于动物世界和人类世界当中的直接性模仿；其次是人类特有行为的模仿；最后是通过物质形态的形式来创造和仿制（Nachschaffung）类形象或某种物体（Else，1958，p. 79）。在柏拉图时期，模仿常常是指效仿、努力赶上、竭力仿效、表演与表达等过程，像这样的用法在当时已相当普遍。

在《理想国》的第三卷里，柏拉图首次将教育与模仿的概念联系在一起（Plato，1971）。根据他的观点，教育的实现很大程度上依赖于模仿。在其中，模仿的过程被视为一种特殊非凡的力量，这种力量源于人性当中强烈的模仿性诉求。这种诉求又尤其促使儿童早期肌肉运动、感官知觉、语言对话能力的获得，同时儿童的内在精神、社会化和个体性的发展也得以实现。在柏拉图看来，儿童与青少年的社会行为是在与他人的相遇过程中、在对各种关系的体验中习得的。在这一过程中，价值观及态度立场被所有感觉整体接纳、吸收从而内化。除了视觉上的感知外，听觉的感知在其中也具有特殊的意义。基于此，柏拉图强调了音乐及其模仿加工对促进精神灵性体验能力的重要意义。他区分了对青年产生灵性上不同程度功效的音乐形式。

根据《理想国》里所描绘的观点来看，青少年的教育和学习是在个体模仿的渴望中得以完成的（Girard, 1987），即个体努力地趋像于他的榜样的迫切性。如果人们选取正确的榜样进行模仿，便可以克服人类自身的不足，并不断地趋向于完美。而这一激进的说法总是倍受争议，因为这种观点指出规范性、标准化确定着青年的生活和经验，它是基于一种规范式的人类学，一种规范式的教育理论。

早在《诗学》里，亚里士多德就对柏拉图式观点进行过批判。尽管他也为模仿过程产生的力量所吸引，但他却另辟蹊径。他并没有将人的缺陷不足与不完善性排除于人的经验范围之外；相反，他认为人们必须身处于经验领域，与之辩论对话，从而对其"传染性"力量产生某种免疫力。人们并不是要避免那些负面的榜样力量，而是要与其进行辩论对话。否则青少年在面临消极或负面经验时，只会感到无所适从，无力反抗。只有对负面消极的榜样进行不断处理加工，人们才能发展出对抗的能力，才能形成个体的特长优势。类似的观点一直以来影响着公民教育的开展。这样一来，稳定的政治态度和立场不是在逃避和防卫与其不同的政见当中形成的，而是在对其进行认识且批判性地对待当中发展而来的。这同样适用于教育领域其他方面的价值观和态度立场的形成。这一立场与观点在今天可以通过精神分析学派的相关学说和理论得到支持,即:逃避和防卫的消极影响会产生心理的疾病。

由于模仿性的学习过程会对想象力产生持续深远的影响,因此柏拉图要求严格地控制模仿的对象和模仿的内容;而亚里士多德则要求对其功能本身进行处理与加工。不仅仅观念、态度和价值观是在模仿当中习得的,社会生活方式、社会行动形式也是通过模仿而习得的。由于个体所处的社会环境和背景不同,因此任何模仿都不可能是简单地对榜样的复制;模仿性过程形成了差异区分,进而构成了个性化的人,也体现了其本身的创新性。模仿行为对榜样的习得和认识并非基于其单纯的、流于外表的映象,而是一个自我-模仿-行为的构建,是一个具有差异性、特殊个体性和创造性的构成。

模仿性学习:外部世界习得以及主体构建

本雅明的自传体文学作品《1900 年前后的柏林童年》,为我们理解模仿学习过程及儿童如何慢慢地认识外部世界提供了很好的模板。在这部著作中,本雅明描绘了作为一个孩童的他如何将自己与周围地点、空间、道路、房屋、客体对象、体验融为一体,他又是如何将这些外在事物吸收纳入其内在的图像世界,并进行个性化的"习得"。本雅明的回忆指明了儿童是如何模仿性地体验着这个世界的。就像魔术师变戏法一般,儿童可以马上将自身趋同于外在世界;那些街道、广场、房间或者有父母的卧室也模仿性地展开。在他对世界进行魔幻般的阐释与理解中,世界与物融为一体,也使得儿童与对象事物无限接近,无限相似。儿童"翻阅"着这个世界,与此同时也进行着同时性的"创造"。

他双臂伸展开,身体原地不断地旋转;他张开自己的嘴巴,从中吐出风来;他现在俨然已是一座"风车"。这时,他的经验得到了扩展:那时还是儿童的他体会到了风是如何驱动着风车;他领会着风的力量,惊叹人们对自然利用的能力;他洞察到人们让人惊叹的人类创造力。通过这种模仿式地变形为"风车",他感受到——至少游戏般地——自身对自然施加权力的可能性。通过将自己的身体转变为"风车",儿童首先变成了某种机械形式,确信了人类身体的机械特性。与此同时,儿童从中学会了将自己的身体当作一种工具,去表演,去表达。此时,他不仅获得了具体的表演和表达的方式;他也体验了如何使用自己的身体去达成某一目标,进而获得社会对其的认同。模仿过程总是伴随着符号意义,也正是这样思想与语言得以发展。

在童年想象世界的构建中,不止是图像起着重要的作用,音调、音量、噪音、气味和触觉等感受同样扮演着重要的角色。常常,这种非视觉化"印象"的图像,转化进入到人们未觉察的潜意识中。所以才有"醉人的空气的沙沙作响声"的说法;所以才有煤气灯白炽纱罩的嗡嗡声变成了"驼背小人"那个挥之不去的起誓耳语;世界的终结性以及电话的余音才在黑夜的噪声,在不确定当中,在不能识别,以及匿名中终结。通过模仿,童年的有些图像和声音扎根于"自我深处",并有可能通过视觉或听觉的方式再次唤醒并进入人们的意识中。通过回忆这种方式,人们与实物之间形成了某种模仿关系,并且每次都以不同的面貌出现和表达。根据记忆者对事物回忆的强度以及事物对个体的意义,可以区分出不同类型的记忆(如长时记忆或短时记忆)。对同一事件(物)的不同记忆方式,又导致了回忆的结构、模仿性再现的分化与差异。

根据本雅明的观点,儿童将自身置于世界中,使自我与世界不断趋近,因此而去认识和理解世界的模仿能力,常常是在语言与书写当中实现的。因此,童年早期便已具有了模仿禀赋,模仿是其天生的"秉性基础",而语言与文字则是"最完美的非感官性的档案馆"。这种相似的实在(Ähnlichsein)和相似的可能(Ähnlichwerden)体现了儿童成长的关键性时刻,借此儿童渐渐与世界建立起联系,与语言生成了关联,并慢慢形成了自我。

借助于这种从实在到可能的模仿性过程,符号所表达的世界向结构化的权力关系转化,而这种关系之后又可能促使儿童与之保持一定的距离,对其进行批判性的变更调整。由于儿童的这种模仿能力,孩子获得了客体对象的意义,习得了表达的方式和行动形式。在模仿性动作中,孩子与外界之间架起了一座桥梁。模仿活动的中心始终是关涉他者的——两者不是完全重合,而是相互协调一致。模仿是相互接纳的行为,是由模仿冲动所引起的内在自主地向他人被动学习的瞬间。

个体与世界模仿性地相遇,伴随着所有感觉器官的参与,而整个过程也是基于感性而展开。儿童通过模仿的能力与可能去认识和理解世界的方式对儿童成年以后的感知能力和情感感受形成起着奠基性的作用，又特别是对其审美感知发展、同情心的获得、同理心的形成、爱与怜悯等能力的培养起着重要作用。人类的这种模仿能力能使人们完全体会到他人的感触，而无需将这种情绪感受客体化或者生硬化。

模仿性学习：社会行为和实践性知识

近年来的许多研究都证明，社会行动的能力是在文化习得中模仿性获得的。在模仿的过程中，人们形成了具有文化特性的游戏能力、礼物交换的方式、仪式行为等，且因其所在文化地域不同而不同。为了要"正确地"行事，人们需要实践性知识。这一实践性知识是在相应的行动场域、感官与身体性的模仿性学习过程当中习得的。同样，任何具有文化特性的社会活动也只能在模仿性的相似中学会。实践性知识和社会性行动深受历史和文化的塑造。这一点又尤其体现在仪式中，其中展演过程、重复表演、模仿性学习都具有显著的意义。

如果社会行动是与他人的行为建立起某种联系，如果社会行动可以视为身体的表演和表达，如果社会行动是一种只能基于其本身、基于其关联的他者和世界才能得以理解的独立行动，那么社会行动就可以被视为一种最为原初的趋像性（Annäherung）模仿（Gebauer/Wulf）。模仿性不仅适用于社会行动,同样也适用于其他的行为活动,诸如心算、做决定、具有反身性和常规性的行为、独特的行动和打破规则。

无论何时何地,只要涉及需要处理原有的社会实践和创造一种新的实践行为,模仿性关系就会出现:比如,当人们进行一项社会实践时,当人们根据某一社会模式开展行动时,当人们对某种社会理解或想象进行身体性表达时,其中都会涉及我们如何被观察(并非指单纯简单的机械效仿行为)。模仿行动并非一模一样地忠于其模仿对象,也并非对模仿对象的再生产。在模仿性过程中展开的社会实践,产生了某种个性化的人或行为(Suzuki/Wulf,2007)。

与在给定情景条件下的单纯适应性的角色扮演(Mimikry)不同,模仿性过程不仅生成了相似性,而且也生成了差异性。通过趋像于已体验过的情景和现有的文化世界,主体获得进入某一社会场域的能力。而通过参与到他人的生活实践中,主体的生活场域和视野得以扩展和丰富,并进而形成新的行为和新的体验能力。在此,就出现了被动接纳与积极主动间的交叠;而其中又出现了现存世界与个体世界的相互交叠。人们再次将之前获得的情景和经验世界外部化,进行重复性的实践表演,使其符合其自身特色。也正是在这一与早期情景以及外部世界的互动交流中,才使得个体获得了主体性;而也正是通过这一过程,那些尚未稳定成形的驱动力转化进入到主体意愿、个体渴望和想象世界中;与此同时,个体的自我成长与外部世界间的对话,也在这一系统当中完成。外部世界与个体内部世界在连续性当中实现适应一致,但也只能在相互作用、互相关联当中才能为对方所理解和体会。内部与外部之间的趋像性和同步性便由此产生:人类越来越向外部世界趋像,并且在这一过程当中不断地发生着改变和成长;在这一变迁过程中,人类对外部世界的感知也发生着变化,而个体对自己的自我认识也同时不断地在转变。

模仿的学习过程再次唤起了个体以往的社会行动,使其得以展演且具有表演性(Wulf/Göhlich/Zirfas, 2001;Wulf/Zirfas, 2007)。在展演过程中,其不仅涉及到理论性的知识,而且也产生了感知审美性知识(参照 Rizzolatti/Craighero, 2004)。在某种程度上讲,将前后两次不同的社会行动的展演进行对比时,似乎第二次表演并没有对之前的行动做出太大的变更,甚至似乎就像是直接模仿一般。此时,模仿行为就具有所指性和表演性的特征。但第二次上演又再次体现了其独具一格的审美品质。总之,模仿过程是基于一个已有的人类社会世界,这一世界要么是现有的,要么是人为想象的存在。

社会行动的动态性特征与其表演所需要的实践性知识直接相关。社会行动所需要的实践性知识本身很少依赖于某种分析性知识的、理性知识的控制。这一点是确切无疑的,因为仪式化的实践性知识并非反身性的,也很少为人所意识到。此时,实践性知识与冲突解决或者危机处理直接相关,因为往往在这种情况下,由实践性知识所引起的社会行动将成为解决处理问题的必备基石。只要社会实践行动未曾受到质疑,那么实践性知识就仍然处于潜意识状态。同样,惯习-知识诸如图像、图式、行动模式也都需要身体的表演性参与,且始终处于潜意识状态,而不需要对其进行相应的反思。这些知识仅仅为人们所熟知,且在社会实践表演当中才显露出来(Krais/Gebauer,2002)。

身体动作也是一种实践性知识,正是基于这种身体动作,社会行动才得以策划、安排。对身体动作的规训和驾驭,形成了对实践性知识的规训与控制。这种实践性知识存在于身体记忆中,并使得符号-情景以适当的形式在某一情景中开展。这一实践性知识是与某一文化相关的社会行动以及表演形式相关的,因此它既是一种可表演的知识,但同时也是基于其历史-文化框架下的具有限制性的知识。

模仿过程展现着人们对先前生活世界的模仿性更改和构建。就这点而言,其蕴含着模仿性行为的创新性可能。当这些社会实践与其他的社会行为发生关联时,其自身也可以被理解为一种社会表演。因为这一过程既是一个独立的社会实践的表演过程,又与其他社会实践关联。此时,社会实践就是模仿性的。社会行动是伴随着实践知识而兴起产生的,并在模仿过程中得以实现。这种与社会行动相关的实践性知识是身体性的、游戏性的,同时也是历史和文化性;它形成于面对面的情景交流,语义上是模糊的;它具有想象的成分,但又不能简化为意图性。它包含着丰富性的意义(Bedeutungsüberschuss),并且在宗教、政治以及日常生活的社会表演和实践中呈现着自身。

模仿性学习:在共同与差异中实现文化适应

最后,我们就模仿性学习过程对集体的形成、文化性知识的产生及其对个体教育及成长发展的重要意义做相关的阐述:

(1) 与效仿以及仿真不同的是,模仿这一概念总是具有"外在性",即人们使自身趋向并接近于外部世界,但与此同时又能保持其自身的主体性(使其主体性不致被溶解),这也是人与人相互区分的前提。这里所说的"外在性",既可指他人,也可以指周围环境的某一部分,也可以指想象世界。不管怎样,总会有一个"外部世界的趋像性"。通过这种将外部世界与各种感官、想象力的联结,通过在模仿学习过程中将外部世界转化入内部图像、身体、触觉和味觉世界,主体被赋予生命力,以及与身体相关的主体体验。

(2) 模仿性的学习过程是通过身体赋予的,因此很早就蕴藏其中。模仿性学习过程体现了你-我-分裂和主体-客体-分享,有助于心理的形成、社会的构建和个体的生产。它延伸至人的前意识。由于其固有的黏着性和纠缠性,以及因儿童诞生、断奶和欲望本身所带来的身体构建过程,其功能具有长久持续性。

(3) 在观念和语言还没有正式形成之前,我们就开始体验这个世界,并且将自我与他人、外部世界模仿性地连接起来。模仿的过程是与不同的感官相互联结起来的,尤其是在知觉运动的能力学习当中,模仿的能力起着重要的作用。同样,如果语言的学习没有模仿的参与是无法想象的。在幼年时期,儿童通过模仿性的学习形式获得对这个世界的体验。

(4) 性别差异的诉求在模仿性的过程中得以唤醒、发展、成熟。性别的差异性被体验,性别身份得以习得和形成。一种诉求模仿性地朝向另外的诉求;这是相互传染的过程,而且自身也受到感染;其中总是伴随着与主体意图相反的形式,从而动态性地展开。一方面,对已有的性别差异的理解总是被调整、更改并且受到挑战;另一方面,性别的差异性又在实践当中更为深化。很多时候这些过程都是在无意识过程中展开的。

(5) 模仿的过程促使着主体的多中心(Polyzentrizität)形成。它渗透到身体、感知、欲求的各个层面,其中其他的力量得以有意识地被确定。这些其他力量包括侵略性力量、暴力以及破坏性力量,它们同样是在模仿过程中得以唤醒以及习得。在集体性场合和混乱性情境中,它又可以产生巨大的能量,因为在这种情境下,团队或者集体的本能代替了个人的驾驭和掌控能力。团队或者集体的无意识通过痴迷癫狂的方式得以传播,并且有可能带来毁灭性的行动,而使得单个的主体无法自已。

(6) 在模仿性过程中,制度化的价值观、态度、规范标准被儿童、青年以及成员学会,如在家庭、学校以及公司部门等不同的制度机构中。比如说,有关"隐性课程"(Zinnecker, 1975)的研究表明,机构里现存的、真正发生作用的价值可能往往与机构有意的或自以为是的想象相反。对机构制度化的分析、意识形态的批判、机构咨询、机构化的变更与调整可能会使这种"反抗性"被带入到意识中为人所知,从而得以弥补。

(7) 同样,模仿在教育过程和人的社会化过程中的作用也以同样的方式展开。这些教育性和社会性的功能通过模仿性的过程将进一步扩展,并被大众广泛接受认可。此时,教育者的自我形象和他真实行动所带来的功能可能会存在差异。很多时候,教育者潜在地或者无意识地传达出来的个性、行为会对儿童和青少年产生持续性的效果。尤其是教育者的行为方式和风格,学生个体正是基于此去感受、思考并进行判断,这都是在模仿性过程中体验和习得的。同化与排斥在任何情景下都表现出差异,因此其产生的功效也让人难以捉摸。我们很难去评判教育者的行为所带来的的影响,这也将导致教育者或施教者同样的态度在儿童不同的成长阶段可能产生不一样的功效。

(8) 对空间、时间和客体对象的模仿性习得对主体的成长有着中心的意义。自幼儿时期起,儿童就与周围的环境有着某种联系,并且将其看成是"灵性"的经验世界。在这一相似与同化过程当中,儿童因此而向外扩展,将其纳入到其内在的想象世界中,进而由此开始建构世界。因为这些活动自始至终都是基于一个历史文化性的世界而开展的,也就是说,其客体对象本身已蕴含着某种意义,是象征符号化的。这一模仿过程也实现了对儿童和青少年的濡化。

(9) 客体对象和机构、想象世界的构建和实践行动是植根于权力关系的,且是在趋像与同化中被习得的。在模仿过程当中,这种权力关系得以习得并体验,而不会被人们一眼所识破。

为了理解这一模仿性的体验,需要对其进行分析与反思。判断与评价也常常由此而产生。模仿性过程是生动性体验兴起与呈现的重要前提;因此也需要对生活体验的兴起、发展进行分析与反思。

(10) 模仿性过程是充满矛盾的。模仿具有内在固有的"同化"的冲动,这是价值中立的,且不依赖于以往的世界。此时,相似性就成为了一种固化与死板,这会阻碍个体内部的成长,或者对其进行错误的引导。模仿也可能沦为一种单纯的仿真和角色扮演。它可以扩充、延伸主体,并将其引向外部世界,它是沟通连接通往外部世界的桥梁,从而帮助个体形成新的学习体验。这个无限趋向于外部世界的过程是一个非暴力的过程。模仿过程的旨趣并不在于构建世界,或者改造世界,而是在两者相遇当中与其共同成长,共同勾画-建构世界。

(11) 在模仿过程中,个体获得了理解他人的非工具性通道。模仿性流动性表演让他人仍然保持其原本的样子,而非试图去改造他。模仿的活动是基于他异性的,虽然他总是不断地趋向于他者,但却从不以消除差异为宗旨,因此始终保持其开放性。对他人模仿的冲动,首先基于认同他者的非同一性;他避免将他者的意愿想法看成是单一的。而正是这样,才确保我们对他者的经验世界和他异性的理解更为丰富生动。

(12) 在模仿性活动当中,我们学会了如何从已有的传统去解读这个充满符号性的世界,一个已经自明的世界。这将伴随着人们对已有生活世界赋予的新阐释。这同样是一个复演性的或纯粹再生产的过程。这样,在反复的表演实践当中,体态语并非仅仅停留在其初次上演状态,而是创造并完成了另一种意义结构。体态语将某一对象或某一事件从习惯化的文化文本中抽离出来,生成并获得了一种不同于以往认识世界方式的接纳式视角。这种抽离性和视野转换性正是审美性过程的主要标志——与同缘性紧密相联,处于审美本身与模仿之间。新的模仿性阐释,也是一种新的感知,是一种看作为(Sehen-als, Wittgenstein, 1993)。模仿性活动会使我们将原本充满符号性的世界视为一种确定性的、原本如此的、自然而然的生活世界。

第十四章
非物质文化遗产

非物质遗产既是文化遗产的重要组成部分,也是人们想象世界的中心元素。这在联合国教科文组织出台的《人类口头及非物质文化遗产名录》(UNESCO, 2002, 2003a, 2003b, 2004)中就得到了充分的体现。而自 2003 年联合国教科文组织推出《保护非物质文化遗产公约》之后,保护非物质文化遗产进程已取得了初步的成效。如今,非物质文化既指那些具体的文化实践与成果,也是一种世界范围而非局限于某一国家、某一区域的物质财富,从而更加突出了"人"的重要性。其中,该公约将非物质文化划分为以下五大领域:

(1) 口头传统和表现形式,包括作为非物质文化媒介的语言(如传统歌谣、神话、童话、习惯用语)

(2) 艺术表演文化(如音乐、舞蹈、戏剧形式)

(3) 社会风俗、礼仪和节庆活动(如节日游行、嘉年华、游戏)

(4) 有关自然界和宇宙的知识和实践(如传统疗法、农业知

识)

（5）传统的手工艺

其中,不同文化区域的具体文化实践尤其丰富多彩,多种多样。与此同时,有关非物质文化的研究也日益获得人们的关注,而在研究视角上也出现了不同的旨趣。其中尤其具有首创性的研究项目代表,是由欧盟发起的一项有关非物质文化与区域性可持续发展之间关系的研究项目,其主要目标是将文化传统与区域经济发展和社会进步联系起来(CCC,2014)。这项研究又进一步指出文化实践的身体性、表演性、模仿性在年轻一代人身上的传播与继承,基于这些特性而产生的"他异性体验",以及由此而产生的两者之间的复杂关系。因此,有必要指出到底是哪些特点或因素构成了非物质文化;在全球化的进程下,在一个多元化的世界中,非物质文化又扮演着怎样的角色。我们认为,至少需要关注非物质文化的以下四个方面的特性,才能使我们更好地理解和把握非物质文化的文化社会性意义:

（1）人的身体

（2）社会实践的表演性

（3）模仿及模仿性学习

（4）他者及他异性

人的身体

一般而言,类似于建筑纪念碑这样的有形文化,很容易为人们所识别，并相对易保护。而相反，人们常常很难去辨别标识非物质文化遗产的各种形式，且很难对其进行传播传递、修改调整、保留传承。类似于建筑艺术的文化遗产往往是由可持久保存的物质材料构成，而非物质文化遗产则具有非持久性，且易随历史文化的变迁而变迁；建筑艺术的文化遗产可以通过物质客体得以呈现，而非物质文化种类和造型总是以人类的身体为中介媒体。因此，如果人们想要领会非物质文化的特殊性，首先要意识到"人的身体作为一种中介媒体在其中起到的重要作用"。

当我们把人的身体看成是非物质文化遗产的重要媒介时，就会得到以下几点结论：非物质文化的身体性实践总是在时间的推移中开展，在人身体的时间性中得以定型塑造；非物质文化的身体性实践总是受制于时间与空间之间的动态性；与类似于建筑纪念碑等借由物质客体而存在的物质文化不同，非物质文化的身体性实践过程并非恒久不变，相反总是潜含着变迁和转型，从而引起并导致社会的变迁、人类生活变迁、文化变革等之间的相互作用。除了这种动态变革性以外，非物质文化实践还具有过程性，且很容易趋向于同一性、整体性。所以，在全球化进程中，保护非物质文化遗产是一项艰巨的任务。

由于非物质文化遗产实践总是被动地展演，这就需要一种独特的、个体化的身体性知识。在诸如传统舞蹈、游戏、仪式的实践展演过程当中，总会体现出"个体身体的集体性身体"。为了更好地了解这一点，有两个方面显得特别重要：一方面，非物质文化实践具有历史性和文化性，这样社会的独特性将得以展开、表达,进而形成一种集体的情绪共鸣与归属感;另一方面则是其审美性,它直接与实践的身体性相关,没有这种审美性就不足以完全了解其实践及其功能(Wulf/Göhlich/Zirfas,2001; Fischer-Lichte/Wulf,2001,2004; Wulf/Zirfas,2007)。

社会实践的表演性

当我们说人的身体是非物质文化遗产的媒介时,自然而然也就产生了对这种身体实践的认识与理解。我认为,正是身体实践的表演性特点,使得仪式、游戏、舞蹈及类似的实践方式得以对社会与文化发展产生持续不断的作用。由于实践行为总是基于人的身体本身,因此我们必须高度关注其身体性,并对其进行深入研究,如非物质文化实践是如何通过身体动作来展开的。而其中至关重要的话题是:非物质文化遗产实践是基于怎样的身体图像和社会想象的认识而开展。无论如何,身体观念的历史性和文化性都应当得到考察,它们都能在文化遗产的社会表演中得以呈现。

对实践行为表演性的分析,可以使社会文化中的"非物质性方面"变得更为清晰并且可视化。在这种表演性表演中,差异性和他者性都将在具体情景中得以呈现与表演。通过其表演性特点,实践过程构建了集体及文化身份,并且为集体的文化代际传承提供了实现的可能性。非物质文化实践将过去、当前和未来放置于一个动态的关系当中。一方面,它传递着传统的文化价值;另一方面,它又提供适应当前社会发展、人们发展所需的价值。非物质文化实践是社会的窗口,有助于理解和把握社会里存在的文化身体和社会发展的动力。如果它只是对传统文化价值进行身体化传承,而不切合现实社会的利益需要,那么它就未能完成其真正的任务,最终沦为一种陈规俗套,错失其社会集体性功能;如果它过于快速地适应当前全球化挑战与需要(Wulf/Merkel,2002)而摒弃其内在的文化特殊性,也将同样会丢失其社会构建性。

模仿与模仿性学习

非物质文化遗产实践的代际传统很大部分是在模仿过程当中完成的。在模仿过程中,实践性知识作为一种缄默性知识为人们所习得。这一发生过程又尤其出现在人们参与到社会展演时。模仿性过程并不是让人对社会行为进行单纯的模仿或者复制生产;而是基于某一模型或者榜样,进行创造性的模仿。在模仿过程中,模仿的个体总是试图成为其模仿对象的样子,与此同时,这一过程又完全是建立在两者之间的差异性基础之上的。人与人之间的这种趋像的过程是十分不同的,这主要取决于人们如何对待自身与世界的关系,处理自身与他人、自身与自身的关系。模仿的过程犹如人们"仿真"社会现实世界一般,并且由此将其融合为自身的一部分。通过这一过程,非物质文化遗产传递给下一代,并且由他们进一步改造(Gebauer/Wulf,1998a,

1998b,2003；Wulf,2005b)。

模仿的过程对于非物质文化传播的意义不容忽视和低估。模仿过程常常是感性的；它与人的身体直接相关，涉及到人的举止态度，且常常是经由无意识形式而得以表达(Lakoff/Johnson,1999)。模仿内含着有关人类形象的实践，也充斥着有关社会图式的实践。这些最终都将成为人类内部图像、内在世界观的一部分。模仿过程将非物质文化世界带入到想象世界；它有助于丰富、扩展人类的想象世界，从而推动人的成长和人类的发展。在模仿过程当中，非物质文化遗产成为实践性知识的一部分。在身体表演过程当中，实践性知识得以形成并发展。这种知识对文化表演的不同转换形式的体现具有重要的作用。实践性知识是模仿性加工的结果，是表演性行为(Alkemeyer 等,2009)。

由于在实践性知识形成的过程中模仿与表演性相互渗透，因此重复性在非物质文化知识的传播中扮演着重要的角色。只有当社会行为活动不断得以反复重演，并在这一重复性的上演中根据情景所需不断做出调整变更时，才会出现所谓的文化性能力(Kulturelle Kompetenz)。如果没有这种反复重演，没有与当前或过往之间的模仿性关系，就不可能有文化能力形成。因此，重复性本身是非物质文化遗产传承和传递的重要因素。

他者与他异性

非物质文化实践是文化多样性、文化他异性的重要表现形式。要理解文化的这种丰富性,就需要对非物质文化遗产实践展演过程中呈现的他者有充分的敏感性。为了避免将文化的丰富性简化为单一化或同质性文化,就需要对文化异质性持一种开放性的态度,也即对他者或他异性的宽容。只有拥有对他异文化价值的敏锐洞察,才能避免由于全球化过程中的规范化,而将文化多样性简化为统一性整体的文化(Todorov,1985; Gruzinski,1988; Waldenfels,1990; Greenblatt,1994)。无论是那些重大发现的文化遗产还是日常生活中的非物质文化实践,都对人们体验他者文化和他异性过程发挥着重要的作用。

在文化历史的长河里,总的说来,西方人主要有三种对待认识他异性的方式:自我中心(Egozentrismus),唯理主义(Logozentrismus),民族主义(Ethnozentrismus)(Waldenfels,2009)。

自我中心:埃利亚斯、福柯以及贝克(Beck)都曾从人类进程的角度详细描绘西方现代主体构建和西方自我中心主义的形成(Elias,1978; Foucault,1977; Beck等,1995)。自我成长的技艺(Technologien des Selbst)推进着主体性的形成。这些技艺或策略常常跟"自我满足"的想象直接相关,如人应当有自己独特的生活方式,人应当有着自己的独特成长历程。但是这种"自我满足"常常带来意想不到的、变化多端的副作用。有的进程挑战着人的自我确定性;有的进程却阻碍着自我确定性的形成,阻碍着独立自主行动的渴望。一方面,自我中心构建了主体本身,赋予其生存力量、执行实施的权力,以及环境适应的能力;另一方面,它又排斥异己，摒弃多样化。这种争取主体性的尝试，这种将他者简化为工具性、功能性以及占有性的观点，既是成功的，又一再遭受批判和打击。这种认识方式以一种新的科学研究领域，开启了认识他者和他异性的新视角。

唯理主义：由于受理性逻辑的影响，我们常常从欧洲理性的评判标准去认识他者的存在。我们只接受那些合乎理性的行为，而那些不合乎的便被排除在外。谁拥有了理性，谁就拥有着真理，尽管这里的理性仅仅是基于其简化的功能意义的理解。从这个角度来看，相对于孩子而言父母总是对的，相对于所谓的野蛮人而言文明人总是高级的，相对于病人而言健康的人总是更具理性。确切地说，谁占有了理性，谁就可以支配那些非理性或者缺乏理性的人。一个人的言语和理智越是偏离于日常规范，人就越难去接近自身，理解自身。然而，尼采、弗洛伊德、阿多诺等学者都曾针对这种理性的（自我）满足（Seblstgenügsamkeit der Vernunft）提出了批判，并指出了其实人们的理性生活仅仅是狭隘地被解读着。

种族主义：在人类历史进程中，种族主义不断地毁坏着他者或他异性文化。托多罗夫（Todorov，1985）、格林布兰特（Greenblatt，1994）等学者分析了对他者文化的损毁进程，最臭名昭著的例子便是打着基督和基督化的旗号对中南美洲的殖民过程。对南美洲的侵略和征服导致对当地文化的镇压，当地人的价值、理解以及信仰体系被欧洲文化的内容和形式所代替，所有的他者文化以及差异性都被否定和摒弃。土著人无法理解西班牙人虚假伪善、诡计多端。在土著人看来,西班牙人不再像他们所看起来的那样善良友好。这样,他们没有实现保护土著人的诺言,反而欺骗当地人,将他们引向歧途。他们的每一个行为都是另有企图。殖民者将维护王室的利益、传教以及对土著文化的轻蔑也视为一种合法行为;同样,经济利益的驱动也以不同的方式破坏着人们的世界观。

自我中心、理性中心和种族中心之间是相互关联的。它们作为变革他者的一种策略,也不断地彼此强化。这三者共同的目标在于废除差异性的存在,建立自己的确定唯一性,其直接的后果便是对弱势文化的否定与摒弃——只有当人们接受了胜利者的文化,他们才有可能生存下来。这一情景导致的悲剧性后果是当地文化的失落和区域文化的灭绝。

异质性的思想:非物质文化的实践可以使人们对他者文化保持一种感性认识,支持和保护其发展,从而逐渐学会如何与他异文化和差异性交流互往,并且促进非同一性旨趣的形成。只有当人们意识到并接受自身文化实践里的差异性,才可能对他异性文化产生兴趣,也才有可能对他异性文化产生尊重和敬畏。与此同时,人们也获得了一种基于自身从他人视角看问题的能力,从他人立场出发去理解和接受文化的异质性。

展　望

非物质文化实践的讨论与交流,可以使人们体会到跨文化中的多元性和他异性,这对全球化进程中的世界有着重要的意义。对于那些从属于多文化的人(这个数量随着移民的浪潮还在剧增)来说,就需要去学会在处于一种多元文化差异的情景下如何处理自我的关系,如何认识所处的场域,如何与周围环境、与人相处。由于身份是不可能在"他者"缺席的情况下形成的,跨文化教育总是需要处理一种不可通约的主体(irreduziblen Subjekt)与多种形式的他者形式的联系。在这一进程当中,文化的杂交形式具有重要意义(Featherstone,1995;Wulf,1997;Wulf/Merkel,2002)。在任何时候以下这种说法都是正确的,即对他人的理解体现着对自我的理解,而反过来,对自我的理解又避不开对他人的认识。这种相互关系使人们理解了主体与他者之间原则上的界限性(Wulf,2006a)。这种理解正好使人们在面临当前祛魅化的世界、文化多样性走向单一化的背景下,摆脱仅仅与自我或其产品相遇的危险,也可以使人们避免将他异性的片面单薄的认识纳入到自我的经验世界当中。

与非物质文化实践的相遇使人们体验着差异性与他异性,这一过程是在对他异性文化的造型、活动组织和技术的模仿中形成的。由于对异者文化活动的模仿性表演与学习也兴起了一种新的杂交实践,其中单个的结构元素,不能或至少不能清晰明确地界定出其来源。鉴于越来越多的人同时生活于许多不同的文化之中,这种非物质文化实践当中的杂交式的表演与表现形式的意义就变得越来越重要(Bhabha,2000;Wulf,2006a)。

第十五章
家庭中的仪式

导　论

　　仪式不仅构建着亲密的家族群体;同时也创造了关系紧密的想象共同体。不仅仅在日常生活的仪式实践中人们互相之间会形成归属感、信任感和集体感,在共同的家庭回忆和想象中也会出现类似的情感。借助模仿性过程,这种情感一再仪式性地得以实践和生产,并且发生着动态性的变更。

　　仪式平衡着家庭生活的稳定性与变动性,为家庭成员拟定一个基本的框架,使每个个体都基于此框架去自我表达和自我成长。仪式构建着代际关系,以及家庭当中的性别分工。仪式促使着青年一代更好地社会化,接受教育,从而构建和形成其想象世界。

　　家庭仪式涵盖了专门纪念某一重大事件的仪式行为,如婚礼、出生、坚信礼和葬礼,年复一年不断得以庆祝的节日,如圣诞节、生日、家庭庆祝等，日常生活仪式，如共同用餐、集体出游、购物和共同观看电视节目等等。这些仪式都深深地印刻在每个成员的大脑里。如果问人们他们有关童年最难忘的时刻，他们常常会提起那些与仪式相关的情景或者事件。通过这些仪式化的事件，家庭成员之间的关系也更加亲密。

在家庭这个舞台上，仪式在不断地发生着。这些仪式组织安排着家庭的传统与模式，家庭成员间的互动，并将其一一上演；组织安排着家庭集体所共同分享的符号性知识（Douglas，1991），并且加强了家庭秩序的自我表达和再生产。家庭仪式也是一种社会性实践活动，它对家庭风格和家庭成员身份的形成起着中心作用。

尽管在德国已经有许多关于家庭的研究（Ecarius，2007），但让人吃惊的是，家庭仪式却并没有或者很少引起学者们的关注（参见 Morgenthaler/Hauri，2010；Audehm，2007；Keppler，1994）。在英语国家，已经有一些专门关于"家庭仪式"的研究：如"家庭仪式中的代际互动与整合"（Bossard/Boll，1950）；家庭中的过渡仪式（Quinn 等，1985）；家庭仪式的类型分类（Wolin/Bennett，1984）；仪式的家庭治疗的功能（Imber-Black 等，2006；Bowen，1978），以及由此而衍生的家庭顾问以及仪式治疗方案（Mayer Klaus/Efinger-Keller，2006）。这些研究都指出了共建家庭仪式的重要性，如共同庆祝生日、庆祝孩子毕业，以及共同计划外出旅行等等对家庭成员的意义。

到目前为止，在德国学术界仍然缺少从民族志的研究视角对家庭仪式和想象构建化的过程性的相关研究,这类研究将会为理解家庭仪式的复杂性功能提供帮助。目前,我们已陆续初步地关注了家庭的某些具体的仪式行为,比如家庭用餐仪式、儿童的浸洗仪式、家庭旅行等(Wulf 等,2001,2004,2007,2011;Morgenthaler/Hauri,2010)。尽管当前这个社会拥有家庭集体生活的人越来越少,但是将近三分之二的年轻人始终认为家庭的共同生活是生活幸福的重要前提。许多研究家庭的学者、家庭顾问、家庭咨询师认为,可以通过仪式加强家庭的统一和谐、归属感和稳定性等,这也有助于维持家庭的持久性。

家庭的结构性特征

通过家庭仪式以及这类仪式的展演,可以彰显出家庭的内在性和外在性。所谓的家庭内在性能够使个体获悉他生活在怎样的家庭当中,他又应当如何自我定位,构建自我身份。所谓的家庭外在性是指通过家庭仪式每一个家庭都向他人展现着家庭自身的特殊风格,由此而赋予家庭成员某种社会身份。在这一过程当中,我们以下将提到的特征、图式、象征性具有特殊的意义。

空间与时间秩序:家庭仪式改变着日常生活的时间与空间秩序。比如,在工作日期间,家庭成员间只有 20 分钟左右的时间在厨房里进行简单的用餐与谈话;但一到周日,家庭用餐室从厨房换到了客厅,从短暂的 20 分钟时间持续到点燃一支蜡烛大家便可以一起闲聊上一个小时。此时，无论是在时间安排还是在空间组织上，这显然与日常简单地在厨房用餐十分不同，其间还会伴随着一些碎片式的"家庭戏剧"的不断展演。有时在家庭用餐时，还可能上演一出"家庭法庭"式的剧场，比如：妻子提醒丈夫，记得去买他曾经打破过的沙拉搅拌勺。立马，儿子就会站在父亲这边，并且指出父亲因为有许多工作要完成，所以没有时间去买新的搅拌勺。这时，妹妹就自动地站在了母亲一方，并指出谁犯了错谁就得认错并补救。日常的用餐仪式性对话包含着无数类似的顺序性，其中也展演着性别-行为举止是如何习得的。

同样，在重要的大型家庭节日庆祝当中，仪式也创造出某种特殊的空间与时间秩序。比如在平安夜，客厅会被许多与圣诞有关的装饰所改变，这些装饰仅仅在那一天才得以使用，而日常生活的客厅此时就转变为圣诞的舞台和道具。通过圣诞树、蜡烛、圣诞歌曲、彩色的碟子和圣诞礼物来营造气氛的客厅，转眼之间变成节日的空间，从而构建着人们特殊的、具有指向性的行动。与此同时，时间意识也发生了变化；在节日期间，时间的脚步与节奏放慢了下来，家庭成员之间花更多的时间待在一起。交换的圣诞礼物全部堆放在圣诞树下。这种"赠予-庆典"将会伴随着夹杂在家庭成员之间的热情对话与亲密互动，而成员之间的亲近感和归属感也由此加强。这种由仪式制造而产生的空间与时间秩序，实现了互动模式和交流过程的更新。

在家庭过渡仪式中，时间和空间的转变发挥着重要的作用。

这种过渡仪式往往会让家庭成员或者整个家庭都进入一种全新的情景状态当中(van Gennep,1986)。对孩子而言,比如入学仪式往往是很重要的。通过开学典礼这一过渡仪式,时间与空间发生了转变,而这一时刻在孩子成长中也具有了特殊意义。

在开学典礼以后,孩子不再进入幼儿园,而是正式进入小学——他成为一个"学校的孩子"。伴随着真正地开学、真正地踏入学校空间场域,儿童对开学典礼中就已指出的"变化"有着更为深刻的体会(Kellermann,2008)。

示众性与游戏性:家庭仪式常常具有示众性的一面,它是在仪式展演过程当中将内在与外在的方式体现出来的,正如前面所指出的:所谓的指向内部,是指仪式可以向家庭成员传达出他们生活在具有怎样"独特"性的家庭;指向外部,是指仪式可以呈现出作为一个"家庭"而存在的风格。此时可能囊括无限的、多种多样的仪式表演和仪式行为。这种多种多样性推动着家庭成员为创建一个稳定不变的家庭风格而努力,在其中家庭成员被赋予了家庭身份。当社会动荡不安、家庭危机出现时,这种"示众性"的一面就变得举足轻重。尽管面临种种问题,它却突出了家庭成员之间的集体性和归属感。这种仪式的示众性带出了其表演性,反过来表演性又呈现着示众性是"如何"得以展演的。示众性是仪式多维性的结果,其中交叠着许多有时甚至相互矛盾的意义层面(Turner,1969,1982)。

尽管家庭仪式具有持久稳定性,但它却不畏惧变更,且具有相对的开放性。现有仪式图式持续不断的变更是十分重要的,如果没有这种动态变化性，仪式就会变成僵化的陈俗旧套。与改变所谓的传统偏见不同，仪式变化过程的特殊之处，在于它不存在一成不变的重复，也从不保持原样，而总是根据时间、空间与情景进行变更（Michaels, 2007）。仪式的动态性也说明社会场域中没有简单的复制，每一个仪式行为都必须重新构建策划，重新编演展示。因此，变化是不可避免的。家庭成员将这种变量（Variationen）引入到现存仪式图式中，并且游戏性地周旋于原有的传统仪式和习俗。这种自由式构造总是不断地在展演着新鲜、美好的事物。以家庭里的圣诞节礼物交换为例。有些礼物是微小的，价值不高，原本是没有必要买的。但圣诞包装纸的包装，赋予其"礼物"的性质，由此这些原本"价值不高"的事物与圣诞仪式关联起来，通过交换使得家庭成员之间有机会游戏性地互相赞美，从而加强内心的情感，体会那具有强烈集体感的瞬间。如果有谁开始（尤其是小孩）发牢骚，或抱怨仪式的僵化，那么这种游戏性仪式便不复存在，并且必须被一种新形式所取代。

表演性特点：家庭仪式的特征在于它总是需要家庭成员之间共同行动。这些行动本身需要策划组织安排，才能对其进行表演。在诸如圣诞节、生日派对和假日旅行这些"大型"的家庭仪式中，这种表演性更是显而易见。同时，日常生活仪式行为也需要策划组织安排，比如在共同用餐、儿童的入睡仪式行为以及家人一起观看电影或电视当中，这一点是清晰可见的。有时，这些家庭仪式具有示众性，从而塑造家庭的"身份感"。在圣诞节时，人们会对圣经故事进行不同形式的解读和表演，我们可能把这些不同的形式看成是一种家庭式的个性化表演,但同时我们也由此可知宗教性在家庭成员身份的获得上具有重要的意义。

家庭仪式的表演性包括三个不同的层面(Wulf/Göhlich/Zirfas,2001;Wulf/Zirfas,2007)。首先,家庭仪式是一种文化性的表演。家庭仪式的意义在于它是文化的组成部分,并且只可能基于其所在的文化背景才能被解读。德国的圣诞节、日本的新年便是一例(见下一章)。如果不了解日本文化,就不能很好地理解日本新年庆祝的特殊意义。为了要理解家庭仪式的历史和文化意义,就必须对仪式本身进行文化文本的解读。其二,在家庭仪式的表演中,语言或者"话语"起着重要的作用。奥斯汀(Austin,1985)曾特别地关注了这一点。他指出,语言表达就是一种行动。比如说,家庭成员一起参加礼拜时被授予的来自上帝的"恩赐祝福",就是在牧师说出上帝祝福的那一刻,上帝祝福的行为或动作也便同时发出、实现。其三,家庭仪式的展演过程,即家庭仪式的表演性具有审美性。这种审美性的特点对仪式组织安排的功能的发挥具有重要意义。就拿上面提到的德国家庭来说吧,曾经有一年他们在澳大利亚度过了圣诞节。当时当地没有圣诞树,也没有圣诞式的冬天,而是炎热的夏季,以至于他们不能"真正"地进行庆祝。在日本的家庭里,他们会特别强调新年早晨吃某种特别的菜肴、以某种特殊的方式用餐的重要性。通过这种方式,就使其与平常的用餐区别开来,从而体现了新年用餐的特殊性。

同一反复性:同一反复性是家庭仪式的基本构成要素。当然,仪式重复(同一反复)的频率本身也是有差异的:日常用餐总是很频繁、有规律性地被重复,而具有节日气氛的圣诞用餐却每年只有一次。那些发生次数较少的仪式,如婚礼、诞生礼或者葬礼常常聚集了强烈的情感。由于它明显与日常生活相区分,突出强调的是一种"特殊事件",因此它总能长久且持续性地被家庭成员铭记于心。在重复性中,过往的仪式行为总是不断地浮现在脑海中,从而让人们产生特殊的情怀。此时,有关未来节日的想象也会出现。这些在大脑想象力中悬浮着的仪式,有助于将每一次仪式过程确定为某种特殊事件。不同的是,家庭日常仪式行为却很少被当作一幕一幕的表演而被记忆。很多时候它们之间是相互交融的,并且作为一种重复性的表演而被记忆。类似于这样的仪式总是通过仪式安排的相似性、频繁性发挥其社会性的功效。

记忆与共同记忆:由于家庭始终是人类学习的重要场所,因此许多父母也知道仪式和仪式化过程对家庭学习过程的成功实现是多么重要。仪式行为的重复性对促进发展大脑记忆、获得回忆能力具有不容忽视的作用。早在幼儿时期,借助着仪式和仪式化组织安排,儿童就获得了所谓的仪式化身体的记忆。这种记忆总是在那些具有相似性或者连续性的动作当中获得,比如学走路或者学骑自行车。仪式化的日常行为也在原始的记忆(Priming-Gedächtnis)中留下了印迹。这些记忆包含着无意识的认识与感知,且帮助孩子趋像于他的周围外部世界。本雅明在其《1900 年前后的柏林童年》里列举了许多例子,来记录和描绘这一过程(Benjamin,1980)。在儿童游戏中,不断的重复开放了大脑基本的记忆原则,从而确保儿童感知的连续性。如果此时儿童从非同寻常的角度来看待事物(比如,在游戏中孩子突然调转回头),他就会感到虽然他仍然感知着这个世界,但却无法改变这个世界,也无法通过仪式性的重复上演对其获得连续性的感知。同样如此,对非情景化抽象性知识的习得,总是在因语言游戏和仪式化交流而形成的**语义符号记忆**当中来完成的。为了形成这种记忆,比如,儿童会不断地向其父母或者年长的哥哥姐姐重复同一个句子或词,直到他们可以在没有长者的帮助下在不同的情景下自由地运用,并且掌握其相互的关系。至于在那些个体自传性的记忆(autobiografischen Gedächtnisses)——此类回忆可以将记忆调入到意识目的层——的形成中,仪式仍然扮演着重要的角色。因为这些通过意识而获得的记忆有利于主体对其生活历程的确信,以及其主体性的展开(Tulving,2005)。

仪式和仪式化活动不仅对个体记忆的形成有着重要的作用,它在家庭共同记忆的产生上扮演同样重要的角色。在家庭的共同回忆中,我们与其他家庭成员分享着由仪式事件而生成的共同记忆。当我们共同记忆着某物时,我们可以感受到我们是家庭成员当中的一员;通过仪式重复性的家庭叙事,记忆就会将事件本身重新唤醒,变得清晰。这些与集体有关的回忆对于家庭成员而言,是突显家庭集体性、维持家庭团结的重要因素。在危机时刻,比如离婚时,就需要对记忆进行再构建,此时仪式将会扮演重要的角色。

模仿性学习：在家庭中，模仿过程大量地呈现在仪式活动安排当中，如代际关系的仪式互动。这种模仿过程对家庭成员个体身份的形成具有重要的作用，同时也对"家庭"身份的获得有着重要的意义。比如，家庭中最小的孩子总是努力地想成为其父母或者兄长姐姐的样子。这种*趋像*的渴望总是以身体性和感官性为基础。孩子很快就将父母或者兄长姐姐以复制的方式纳入其内在的想象世界和表象世界。这一常常是在非意识层面展开的过程，并非单纯的复制性行为，而是一个积极的、极富创造力的过程。基于模仿，儿童将自己"变成"一个社会的、文化的个体（Wulf, 2005a；Gebauer/Wulf, 1998a, 1998b）。只有通过这种将自身与父母和兄长等人相互关涉的方式，儿童才可以成为一个社会的、具有个性化的主体。

由于仪式的表演性特点，模仿性过程在仪式活动中会频繁且持续地出现。在之前描绘的小的"家庭法院"中，我们就能清晰地观察到这一点。其中，儿子行为举止倾向于像他的父亲，而女儿则趋向于扮演母亲的角色。两者的举止态度涉及到家庭的分工，也映射出对责任承担以及权力占有的理解。家庭组织常常是仪式化的，家庭活动的开展也常常包含着某种权力关系。这种权力关系因行动的仪式特点而被掩盖，因为行为的仪式化总使人们认为：事情原本一贯如此，一切是自然而然的，也应当始终如此，并且没有必要做任何改变（Bourdieu, 1976）。

通过家庭仪式，人们习得了许多社会化的能力，这尤其体现在孩子身上。孩子观察父母如何行为，并且通过模仿用自己的实践能力去学习对方,将其转化为自己的行为能力,从而不断地趋像其父母。这一过程并非理论性的习得,而是实践性的知识。这种通过仪式化参与、模仿而习得的知识是一种隐性的实践性知识,常常不会出现在意识层面中。这种缄默的隐性知识对帮助人获得走向成功所需要的能力常常起着重要的作用,但这一点却长期被人们所低估;同样,这种隐性知识对社会行动也具有重要意义。这种知识是在仪式化的"趋像进程"(Anähnlichungsprozesse)中渐渐习得的,它很好地实现、建构着个体不断丰富的生活世界。近年来,有关这种实践性知识的模仿学习逐渐地在不同的学科中、以不同的研究范式被考察(Tomasello,2002;Iacoboni,2008;Wulf,2005b,2009)。

家庭仪式是规范性的组织安排,它对个体和集体想象世界的形成有着重要贡献,也对身体的形成起着助推的作用。家庭仪式是身体性的表演,从而促进着个体行动能力的发展,以及权威关系和相互认同的内化。家庭仪式通过重复性来描绘刻画自身,对变更充满开放性,具有模仿性。在此过程中,同一性、集体性、表演性和符号象征有着重要的作用(Audehm/Wulf/Zirfas,2007)。当前,家庭共同生活变得越来越难,人们常常关注家庭的危机与矛盾,而忽视了仪式和仪式想象对家庭成员的共同生活的影响。

到目前为止,我们所讨论的大多都是那些具有共同生活的家庭集体(无论是有还是没有结婚证),那么,对那些父母离异的家庭,或者只是因为孩子的成长才维系的家庭模式而言,仪式以及仪式想象的图式在其中有着怎样的意义呢？家庭咨询里的许多案例表明，人们都一致致力于"为孩子创造一个（与继父或继母）连续性的、稳定的基本模式"。因此，仪式始终协助参与者面对和处理差异，而不是将差异本身当成问题所在。同样，对于所谓的"重组家庭"（Patchwork-Familien）来说，仪式也为集体生活的创造构建一个新的可能。仪式在构建不同模式的家庭生活方面所具有的创造性潜力，需要进一步的深入研究。

第十六章
家庭幸福的仪式研究

当前很紧要但却为人们所忽视的一个问题是如何帮助儿童和青少年获得一个美好而充实的人生。这个问题不仅是人类成长当中不可避免的话题，也是教育领域面临的中心议题。通过对该问题的论述，我试图再次恢复并强调它对西方文化发展的重要作用。在教育领域，尽管课程目标的实现在某些时候显得特别重要，但我们不能将人的教育等同于课程学习目标的达成，更何况很多时候这些目标往往只关注教育当中那些可观察、易测量的部分。我们可以用冰山做一个比喻。如果将教育的全部目标比作一座冰山，那么那些可测量的目标仅仅是冰山显露的部分，只是教育过程的功能显现。但教育功能却往往渗透到人类社会的各个方面，隐藏在他人、环境，甚至于个体内心深处。所有教育活动的最高目标都应当归结为：引导人走向充实而幸福的人生。因此，在任何教育阶段，我们都应当时刻反思询问，哪些教育手段可以使儿童、青少年走向充实而幸福的人生。我所说的幸福,当然并不是说要我们避免或排除那些人生当中遭遇的痛苦。实际上,人不经过痛苦也就无谓教育,这一点早在希腊哲学家米南德(Menander)那里就指出了。他说:不经磨难无以成长(Home dareis anthropos ou paideuetal)。然而,如何帮助青少年通过工作,顺利地与人交流互动,在当前的社会和政治环境中赢得一个充实而美好的人生,仍然显得十分重要。

此时,基于个体生命发展的自传体方法对教育学研究的意义尤其突出,因为它使我们得知人们是如何**体验感受**出现在其生活中的某些事件(包括教育手段和措施),从而对其进行处理的。我们也可从中得知,人们是如何以及为什么会将该事件的某些意义和某些感受纳入其生活体验。因此,如果要了解教育活动的深层意义,我们就需要运用自传体研究。当然,不仅仅是叙事式的自传体研究才重要,教育实践的图像想象和表演性过程也同样重要。换言之,除了自传体叙事研究以外,我们还要对存留在人们想象世界中的各种图像进行重构和考察,对实践表演性进行重构。此时,教育民族志研究就为获得这些信息提供了可循之路,其中将会涉及到开放式访谈、团体讨论、参与式观察和视频拍摄。开放式访谈和团体讨论两种方法的重心在于,通过焦点隐喻(Fokussierungsmetapher)去重构和阐释主体的意义结构、集体和机构组织的意义构建。而参与式观察和视频拍摄式观察阶段,那些自传式的体验,那些无法被主体所意识的经验成分又尤其显得重要。这些方法手段运用的中心任务在于观察和认识社会化和教育实践中的表演性特征,换言之,对身体运用的展演过程进行观察认识,对其进行重构,并加以阐释。那么,表演性行动对图像和象征符号的变革就对记忆的构建具有重要的意义。人们的行动和知识的表演性对自传体研究有着重要的意义,因为自传体研究常常关涉实践性的、隐性的知识。这种缄默知识本身会影响行为,但同时也不为人们所意识。这种知识不像那些通过语言可以解说的记忆,它要求基于外部视角去理解把握实践的表演性意义。

接下来,我们将通过一项在德国-日本进行的"家庭幸福"的民族志研究对上述观点进行具体而详细的说明。通过这一项研究,我们旨在探究:何谓幸福? 所谓充实美好的人生对人们到底意味着什么? 家庭作为重要的场域,它是大部分人体验人生初次成功、获得积极经验的场所,但也可能导致人们走向不幸的生活,它到底对人的成长和生存具有怎样的意义?

要想有一个幸福的人生,不仅需要与之相对应的日常生活行为实践,还需要与之相应的想象图像和图式。这些图像和图式是评价判断日常家庭生活的重要基石。

家庭幸福的表演:一项德国-日本的跨文化研究

走向幸福生活是人类的共同目标。但是,如何理解幸福呢? 家庭与幸福又是怎样的关系呢? 如何带领人们走向幸福的人生,家庭又在其中起了怎样的作用呢? 有关这方面的咨询书籍、杂志文章、电视报告和网络论坛的数量是庞大且繁杂的。我们的研究重点关注的是：家庭在人类走向幸福安康的生活中起了怎样的作用。

我们的研究并不旨在说明"什么是幸福"，而是小心谨慎地考察"家庭成员是如何安排组织着自己的幸福生活？如何展演着自己的幸福？他们又是如何生成着幸福?"一个幸福而充实的生活"看起来"应当是怎样的，它又是如何得以实现的，这是宗教、哲学、社会学、心理学、教育学以及人类学的重要议题。由于幸福本身具有历史性和文化给定性，因此对于这个问题的解答是丰富多样、各不相同，有时甚至是矛盾的。至于我们所选取的来自德国和日本不同文化背景中六个不同家庭幸福的研究，则旨在深描和分析家庭成员是如何生成家庭的安康和幸福的。在研究过程中，我们将追随文化人类学的悠久研究传统，也会专注于"家庭仪式"，并把它视为理解文化独特性和他者文化的窗口（Morgenthaler/Hauri，2010；Baumann/Hauri，2008）。

通过三组由来自德国和日本的学者组成的研究团队，我们分别研究了德国的圣诞节庆祝，以及日本的新年庆祝。我们想要知道，这些家庭都是以怎样的形式来庆祝重要的家庭节日，以使其家庭成员感到满足和幸福。我们感兴趣的是，通过这种跨国跨文化的研究方式和团队组成，我们可以在德、日如此不同文化的家庭中找寻出哪些共同性和差异性。通过参与式观察、视频拍摄、访谈、团体讨论、照片和影片以及历史文化的分析方法，我们对许多不同的家庭仪式表演进行了考察，进而指出他们的表演性特征是如何促使着家庭幸福在节日庆祝中的生成。当然,要找到六个家庭,并对其私密的家庭节日进行跨文化的研究并非易事,而且按照理论抽样的(Glaser/Strauss,1969,1998)标准去选取家庭样本也很困难。我们选取的家庭都属于中产阶级,这就已经反映了一些固有的视角和观点。我们的研究团队的成员组成也来自不同的文化,这样我们对家庭仪式本身的认识和阐释就被赋予了不同的文化视角,但在方法上却保持一致。通过对研究对象的多维分析,对相关问题运用不同方法进行考察,我们的研究成员之间达成了一种被称为"交流性效度"(kommunikative validierung)的新的验证形式(Bohnsack,2003,2009;Flick,2004)。

在对不同文化的、具有异质性家庭的幸福考察的同时,我们也对人的情绪进行了自传体分析。通过对德、日这两种完全不同文化的研究考察,我们深入研究了文化差异本身的丰富性范围,这种差异的多样性在家庭幸福的仪式性展演中表现得尤其明显。家庭仪式、家庭文化的深层结构,以及家庭成员之间的巨大差异,促成了家庭节日表演当中家庭幸福的获得,我们也可以将其视为跨文化研究的基本要素,对此下文将一一说明。

幸福是人类生命意义的所在:一个历史的视角

关于"幸福"是什么,不同的人有着不同的理解。这一点单从分别源起于欧洲文化与日本文化下"幸福"概念的差异性就可以明显地看到其内涵的多样性。这些概念有着其独特的语义学内涵和文本构建意义，在此就不再赘述。但毋庸置疑的是，这些多样性和具有差异性的幸福概念，也有助于使与之相关的文化层面得以显性化。在中古高地德语中，gelücke 意为某一好的行为或善行，或美好事件的结局。在罗马语当中，fortuna 和 beatitudo 都有幸福的意思。fortuna 以及衍生词，直到今天仍然突显保持着"幸福"的内涵，主要指"人们""偶然"遇见，且无需对其承担责任。与之不同的是，beatitudo 所指的"幸福"，是指人们可以为之努力从而获得的。这个意义层面的上的"幸福"正是应了俗语"每个人都是锻造自己幸福的铁匠"，也就是说，人的命运掌握在自己的手中，人的"幸福"都由自己主宰。在希腊语里，eutychia 和 eudaimonia 也译指幸福，不过同样在偏重上有所差异。前者是"分给"人类的幸福，后者是指由人类自身创造出来的幸福，一种"幸福"的存在。在其他欧洲文化中的"幸福"一词也包含着同样的差异与区分，比如英语中"幸运"（luck）和"幸福"（happiness），法语里 chance 和 bonheur 的差异。在美国法律里明确指出了"追求幸福"是人人都拥有的权利（Lauster，2004）。

　　对苏格拉底而言，幸福的生活（希腊语 Eudaimonia）是人类自身追求而来，是基于一种理性上的善的、有德性的生活方式。只有这样理解"幸福"，人们才能承受不公正待遇（不幸），而不会做出不公正的行为。在柏拉图看来，只有当人们朝向理念世界时，只有德、美、善被视为德行-美丽-正义的一体化去实现时，人们才可能获得所谓的幸福生活。随后，亚里士多德又进一步区分了幸福的不同层次，并将幸福安置于人类的其他追求当中，诸如将对荣誉、乐趣、理性的追求视为一种幸福的方式。对享乐主义而言，幸福就是一种内心的平静、安宁以及坚定沉着；对于斯多亚派的禁欲主义党派，寡淡无欲（Leidenschaftslosigkeit）是幸福的必要前提（Horn, 1998；Hoyer, 2007）。塞内卡（Seneca）将幸福生活的可能性做了如下说明："谁拥有明智，谁就会谦虚节制；谁拥有谦虚节制，谁就是沉着冷静的；谁拥有沉着冷静，就不会逃离平静安宁；谁存在于平静安宁当中，就没有烦恼；谁没有烦恼，谁就是幸福的。因此，合理的幸福（Einsichtig glücklich），源自于明智的生活。"（伦理的书简集［*Epistulae morales*］85,2）

幸福的结构

在日本和德国两种文化中，对幸福有着不同的理解。由此，便产生了"创造幸福"的不同社会文化的实践模式。这些不同实践模式归属为非物质文化遗产中的重要部分。实践模式本身及由实践附带的情感和观点对文化身份认同的形成、保存和变更有着显著的作用。在德、日两国，家庭幸福的实践是十分不同的，其同时又分别有助于我们认识各国文化身份认同的获得。文化身份的认同，总需要某些显著的特征，以使其自身与其他文化区分开来。符号化和实践模式推动着这种特征的实现与形成。

在全球化以及随之而来的同一性和世界趋同性的推进这一大背景下,近年来,人们反而加强了对文化多样性的认识,对文化身份的保护和支持的呼声越来越高。联合国教科文组织分别于 2003 年、2005 年发布的有关"非物质文化遗产保护"和"多元文化表现形式的保护与支持"的两部公约,明确地说明了这一趋势,强调指出在全球一体化的趋势下,文化差异性和文化身份认同也同样应当引起重视(Wulf, 2005a, 2007a)。而其中,最重要的一种非物质文化遗产的形式便是仪式,如家庭的日常互动仪式和家庭节日仪式。家庭仪式有助于家庭归属感和家庭凝聚力的形成,促使家庭成员走向幸福安康的生活,也从而影响着人们文化身体认同的形成。在有关德国圣诞节、日本新年庆祝的研究里,我们很清楚地指出了家庭仪式是如何促进着家庭成员间的社会的、文化认同的形成与发展;在德国和日本的家庭仪式的展演过程中,家庭的幸福和安康是如何在实践当中获得的,而这些实践模式又呈现了怎样的相似性和文化差异性。在此,我们基于研究样本,划分了五个基本元素。它们是非物质文化遗产的仪式构建、幸福情绪的产生和文化认同形成的重要保障。

语言与想象力:有关人类情感的最新研究结果表明,文化学的研究视角可以避免将幸福感看成是本体论的。情感并非孤立的元素,而是始终与人的其他特征相关联。很多时候,语言促使着幸福感的涌现和体会。其中一例就是罗马时期修辞学对"爱"的表达。没有这种修辞学的出现,就无法实现对爱的理解,也不会出现与此相关的幸福期待(Glückserwartungen)。如果在某一文化当中存在着某一确定性概念去表达幸福或者幸福所包含的某一确定性的方面,那么同样在这一文化中会出现相应的表达幸福感的形式。反之,如果在某一文化中找不到明确的"幸福"概念,则也很难找到与幸福相关的情绪或实践表达方式。比如日本语里的 amae(甘え),人们试图用这个词去表达描绘"爱和幸福"的方面,可以理解为"因为爱而需要依赖家人",或者"将爱/幸福传递给他人"。但在印欧语系或者欧洲想象体系当中,就没有相对应的词来描绘"爱和幸福"的这一方面。但实际上要理解日本文化,这个"无法翻译"的词语却具有重要的意义(Suzuki/Wulf,2013)。问题在于,在何种程度上其他文化下的人们能够理解这个词所表达的情绪。关于这个问题的答案众说纷纭。有的认为,通过语言描绘的方式,其他文化里的人也能理解这一感受。但还有一种观点认为,其他文化中的人们只能部分地理解,因为理解不仅需要关于语言的认识,同样也需要因为语言而带来的内在的想象、情感关联及相关的表演性行动。第一种论点强调的是人们情绪表达方式上的类同性,后者则强调了不可逾越的文化差异性。

情绪的流动:许多幸福感都源于人与人的交往互动、人与人的仪式化交流,进而模仿性地为人所获得。这一过程可以被视为流动的过程。这一特性也暗示着,幸福感实际上也是在日常生活实践中不断地发生着变化的。它叠加了以往的情绪体验,并且形成情绪的类总(Ensemble)。在这一过程当中,人们获得了情感性倾向,人类情绪的一个重要特征,在于它总是被长期持久的心境(Stimmung)所感染。这种心境影响着"情绪将上以何种颜色"。因此,维特根斯坦说幸福世界的色彩与不幸世界的色彩完全不同。情绪决定着我们与他人之间的关系,与周围环境间的关系。它具有可评估性,即它不断地评价判断着那些我们不断重复经历着的事件,并且基于这一评价去行事。这种"评价性"常常发生于半意识、潜意识状态又或者受意识所限制的过程中。情绪的这种可评价状态有助于我们转向外部世界和他人世界。它帮助我们做出区分,把握当前社会情景,掌握社会实践行为,以及厘清社会关系。情绪的流动性能量赋予个体和团体构建感知、意义和身份认同的能力(Le Breton,1998;Wulf/Kamper,2002;Wulff,2007;Greco/Stenner,2008;Harding/Pribram,2009;Paragrana,2010a,2011;Wulf,2010a;Hahn,2010a,2010b)。

身体性以及表演性:当我们强调幸福生成中的表演性时,就出现了研究关注点的转换。这时,人们很少关注"如何去理解幸福这一概念或者幸福应当如何阐释",而是试图把握"人们是如何通过不同的方式表达、表演、调节以及控制幸福的情绪的"。这样一来,我们就需要研究幸福的过程性,研究幸福是如何展演的。此时,用何种方式对情绪进行身体性表达就是研究的中心。因此,情绪的身体性、习惯性和戏剧性就十分重要,而其中又涉及到仪式和体态语的重要作用(Wulf/Zirfas,2004a,2004c,2007;Wulf/Fischer-Lichte,2010)。这一关注点的转换与将现代社会看成是一个展演的过程的发展趋势相伴相随，即：将人们的生活空间看成是一个"小剧场"，在其中人们持续不断地（在集体）向观众呈现着自我，从而获得在社会团体中的个人角色。

模仿过程：幸福的人常常也会为他人带来幸福，其中一个原因在于通过模仿的过程，人与人变得相似。比如，笑容首先传达的是一种感官上的幸福感，通过这种身体感官式的表达，我们将自身的快乐和幸福传递给他人。我们无需意识到这一点，但是可以通过身体的运动、模仿性的表达方式趋像于对方。我们成为了他人幸福情感的"共鸣箱"（Resonanzkörper）。他们的幸福感染着我们，我们的反应又加强了这种情感。通过这种与他人幸福情感的趋向类似，我们自己也可以变得幸福。当然，我们不一定要以他人表达的方式去表达我们的幸福，而要创造新的、属于自我的表达方式。我们反射着他们的幸福，加强着他人的情绪。我们认识理解幸福表演性的具体形式，又学会了幸福的实践方式。我们对其再次表演、展示，并且传递给下一代（Gebauer/Wulf, 1998a, 1998b, 2003; Suzuki/Wulf, 2007; Paragrana, 2010a; Wulf, 2005b）。

仪式：在任何人类社会中，仪式都有助于加强、驾驭和控制人类情绪（Michaels, 1999, 2007; Wulf/Zirfas, 2004a, 2004c; Michaels/Wulf, 2011, 2012, 2014）。仪式使参与其中的人相互关联，相互绑定。仪式对家庭幸福的产生过程有着重要的意义。仪式的表演性构成了幸福的不同的社会化形式。在这一过程当中,身体运动有着重要的作用。在共同行动(身体实践)中,仪式创生了人与人之间的亲密感、相互爱慕和相互信任的不同的社会化情绪。家庭仪式的动态性使仪式的行为不再单纯地复制以往的行为活动。尽管仪式与仪式之间都十分相似,但是它一方面与以往相关联,另一方面又是完全新的实践。如果没有新的仪式实践,仪式就会失去其生命活力,并沦为陈俗旧套。仪式是社会化的实践,人们由此学会了"如何构建家庭式的展演,从而为他人和自身带来快乐,创造幸福"。在仪式行为当中,所有参与的成员都会由此习得一种其所需要的实践性知识(Wulf 等,2001,2004,2007,2011)。

体态语:在仪式当中,体态语起着重要的作用。体态语是一种行为,比如家庭佛堂的圣洁仪式的"献祭";同样,平安夜到来前的敲钟行为也可以被视为圣诞仪式里的效力性体态语。在家庭仪式中,体态语有着高度的表演性,并且模仿性地得以习得。体态语是身体的动作,它引起情绪的波动,表演呈现着情绪表达,从而使情绪结构化。在体态语的表达和展演中富含着仪式的意义。体态语有助于社会的形成,支配和掌控着家庭的互动交流。它使事物显现化;如果缺少了体态语,事物便无法显现其表象。体态语是自发的、游戏性的、结构化的过渡化。它与语言、思想和想象有着解不开的关系。体态语对集体共同关注、人际交流和合作的展开和进行有着重要的意义(Tomasello,2009)。体态语有助于幸福感、安定感的形成与表达(Wulf/Fischer-Lichte,2010;Wulf/Althans 等,2011)。

"家庭幸福"的民族志研究

我们把有关德、日家庭幸福的民族志研究的重点放在关注其"形式",即表演性的、仪式化的幸福构成上。家庭幸福在本质上是通过仪式得以形成、稳定和更新的。因此,我们也关注与家庭幸福相关的"操作模式"(modus operandi)。当我们参与到每一个家庭的节日庆祝时,我们研究了"在节日当中,家庭成员期待着哪些幸福,家庭成员是如何表演着家庭的幸福,家庭幸福的情景是如何在社会行动当中得以形成,最后他们是如何感知和理解幸福的"。首先,我们关注了"有哪些互动形式展示了不同的家庭成员之间的差异,这对社会层面和个人层面将产生怎样的幸福效应"。

为了解决研究所提出的问题,在研究当中,不同于传统的质性访谈或量化的调查方式,我们采用了一种全新的方法视角(Methodenspekturm)。在质性访谈当中,不但有剧情(故事情节性)还有叙事性,其中家庭仪式的内容、形式、背景和目标成为重点;因此,我们采用了大量的团体访谈。而民族志的数据主要是在参与式观察当中,通过拍照和视频以及非正式访谈的方式进行收集(Bohnsack,2009)。我们认为,家庭幸福的复杂性、家庭幸福的历史传统、发展、现行的表演形式、生成性、符号化关系等,只能透过可视化、言语及文本等素材才能得以理解。

为了考察家庭幸福的复杂性,我们在民族志研究时只关注对每个家庭最重要的仪式。不仅那些家庭教育的咨询师一再重申仪式对儿童、对家庭幸福的意义;从历史-文化视角出发,我们也会发现,一些特定的家庭仪式对家庭幸福有着中心意义,如家庭集体用餐、家庭外出旅行、生日、休闲活动以及圣诞节。因此,我们不仅认为家庭仪式有助于家庭成员间的集体归属感和团体精神的形成,有助于个体的融入和身份的建立,有助于价值与传统的呈现和传承,有助于集体共同的行动构架的生成,有助于身体、角色和能力构建,我们还认为仪式促进着家庭幸福表演性的生成和衍生(Audehm/Wulf/Zirfas,2007)。

德国柏林的圣诞节与日本家庭的新年

依托于柏林自由大学的"情绪的语言"与东京大学的"幸福"这两个高峰项目研究中心的合作平台,我们开始分别对三个德国家庭,以及三个日本家庭展开民族志研究。研究团队成员由来自德国和日本的跨文化学者组成。在我们接下来的论述当中,我们着重以分别来自柏林-泰格尔附近和长浜市某乡镇的两个家庭为例。柏林家庭的成员构成是父母和四个孩子;而日本家庭的成员构成是祖孙三代,其中包括祖父母、两个儿子,以及两个家庭的后代们。无论是德国的还是日本的家庭都是属于中产阶层,节日仪式发生在自己的家里,并且两个家庭都有宗教信仰的倾向。我们是基于我们的研究问题和研究假设,最终选取了这两个家庭作为我们的理论抽样。

柏林家庭的圣诞节:初到现场:当我们的研究团队在 12 月 24 号下午到达坐落在柏林泰格尔区的舒茨(Schultz)一家时,天下起了蒙蒙小雨。我们小组的成员由三名日本学者和一个德国学者组成。我们开车穿过泰格尔小林,沿途经过一排排独栋别墅,直到看到一家半独立式的别墅式公寓时,我们的车停下了。这个家庭由母亲弗萝克(新教)、父亲英戈(天主教)还有四个孩子(新教)组成。我们获得了等待已久的母亲的欢迎,然后得到了父亲的友好问候。四个孩子从楼上各自的房间里跑出来,并伴有好奇之心。父母向他们介绍了我们。他们问我们对他们有什么期待,我们对受访家庭成员说,你们尽量少地顾及我们、考虑我们的存在,只要尽情地庆祝你们的圣诞节日就行。

每年此刻,熟悉的圣诞歌曲都会让这间客厅变成神圣的空间,并且在家庭成员反复吟唱歌曲当中加强。在餐桌的对面,有一个壁龛,并设了一排长凳,同时旁边放着一棵圣诞树,下面排放着一排礼物。圣诞树上挂着红色的小球、木头装饰、红色丝带以及彩灯。这是神圣空间的中心所在,是家庭平安夜幸福上演的场所。

祈祷/弥撒:凌晨,我们与母亲以及孩子凯文去了离家步行几分钟就到的新教教堂,其他的家庭成员早已帮我们找好了座位。当钟声响起时,神父走向圣坛。在短暂的管风乐演奏后,神父问候了在座的人,并为未出席和生病的人祷告,祈求着上帝对节日的祝福,最后大家齐颂"看哪! 如此盛开的一朵玫瑰"。然后,神父又像往年一样开始诵读圣诞的故事——路加福音。最后人们齐颂"从天降世"。之后便是神父的讲道,那只能通过诚心才能看到的星星成为布道的中心内容,其中指出了上帝是如何地光照着人们,他的爱是何其广大温暖。最后神父解释了东方三博士所献上的三份礼物:黄金代表的是荣耀、尊荣和认同;乳香指的是朝向上帝的灵魂;没药等同于鼓舞和医治。伴随着管风乐,教堂又响起了赞美之歌的齐颂。

回到家以后,暂时性的混乱开始了。它以此为序幕:母亲要给围坐在圣诞树下、挤成一团的孩子们和父母再用柏林方言念一遍"耶稣是如何来到这个世上"。大家对朗读者都致以了赞同的掌声。很明显,这也是家庭传统仪式的一部分,即圣诞故事的"现代化"的倾听。这与路加福音所讲的是同一个故事,但是当用柏林方言表达的时候是如何不同,以至于我们要仔细地倾听,才能听清,听明白。

"礼物互赠"持续了两个小时。因为六位家庭成员都为对方准备并互赠了礼物,当然孩子从父母那里得到了更多的礼物,其间许多礼物都得以互赠。尤其重要的是,这一过程是强烈的、趣味十足的体验。埃里亚斯作为家里的长子第一个收到了礼物。那是一张 DVD 以及名为"Der Club der toten Dichter"(死亡诗社)的电影票。他当着大家的面拆开了礼物。在场所有的人都好奇地等待着,他到底会收到怎样的礼物。之后大家都对这个礼物进行了赞美、评价。"这正是你想要的呀!""太棒了!""我也想看这部电影!"其他三个孩子也分别拿起了 DVD,仔细地打量着它。礼物的传递过程以及伴随着的评价行为都让我清楚地看到:不仅仅是埃里亚斯得到了礼物,家庭的所有成员都因这一张DVD而产生了赐予感。在大家观看礼物被拆开的过程中,礼物本身也成为家庭集体性当中的一部分。尽管这个礼物只属于长子,但所有的人都参与并体验了这一赠送和被赠送的过程。家庭成员通过他人所赠予的礼物来确认自我的身份。礼物的赐予只是很少地涉及其物质价值,而更多关系到的是家庭成员所赠送礼物带来的关注关爱以及褒奖。

当孩子跑向另一个房间去拿礼物时,这已经暗示了妈妈所收获的礼物赢得了大家特别的关注。当写着"妈妈旅馆"的地毯以礼物的形式呈现在大家面前时,所有人发出了惊叹声。尤其是妈妈表现得最兴奋,她感到自己为家庭所作的付出得到了认可与认同。同时,赞美之声从各个家庭成员那里传递出来,赞美母亲每日的辛劳,感谢她对大家的关照,这些都得到了家庭的认可。父亲英戈最后道破了此刻的境况,这也是大家所感受到的:妈妈现在很幸福!

在交换礼物期间,家庭成员围挤在放着礼物的圣诞树下。他们之间的身体相互接触:盘旋的腿部接触到伸展的手臂,臀部与对方的膝盖相接触,或者头靠在兄弟姐妹的肩上。在圣诞树前,大家互相拥坐。有的坐在沙发上,有的坐在地板上,有的靠坐在兄弟姐妹的腿上,还有的坐在沙发扶手上。他们的身体相互接触,挤满了整个房间,一个集体性的身体得以形成,在礼物交换过程中不断地动态互动。礼物交换过程当中最为重要的一部分是身体性的发生过程。礼物的赠送与给予同时伴随着许多的体态语和评价,因此身体的亲密性在此时扮演着重要的角色。父母和孩子相互触碰或抚摸,并且相互表达着快乐与感恩,尤其是母亲与孩子之间。在礼物互赠当中,个体完成了身体性的互动,他者的身体的变化,进而表达出感官上的亲近,节日的快乐,气氛的融洽,归属感的获得。通过触摸和感觉,礼物与家庭的其他成员直接被我们感受到,比如妈妈弗萝克在收到礼物时反复抚摸着,似乎通过这种抚摸可以更好地感受和体会到礼物的存在。在这些相互的自身-身体性-礼物互赠的过程中,舒茨家庭创造了一种属于他们自身的家庭集体身体性(Butler,1995)。

家庭幸福:在圣诞节的头一天早上,我们又去了这个家庭。这次我们想要对这个家庭进行一次访谈,目的在于了解"家庭成员到底是如何看待家庭幸福的",以此作为我们对平安夜观察的补充。此时,我们不仅仅是观察家庭幸福在今天如何被表达和表演,我们更想知道"家庭成员从哪些方面来看待家庭幸福"。我们想要理解哪些方面对他们是重要的,他们是如何做出估量,又是如何来诉说幸福的。

不仅在圣诞节期间,即使是日常生活当中,舒茨夫妇都尽量满足对孩子来说重要的要求,以让他们感觉到幸福。当然,物质方面是确保实现孩子需要的一个重要前提。不过,母亲日常对孩子的照管,在他们看来也很重要。为了更好地照料孩子,母亲弗萝克虽然一开始并不情愿,但最终还是辞掉了理疗医师的工作。这一决定首先保证了对孩子的照料,同时也得到了父亲英戈持续的支持,而他的工作性质也使得他有可能尽量多地待在家工作。父亲英戈自己也觉得对孩子的日常生活照料的工作是一种事无巨细式的全程式关心，正如他所说，"这包括了所有的、最大程度上的全程式照料"（20：58—21：05 CD 25.12.）。

这对夫妻都一致认为，孩子每天中午的餐饮应当是"热食"，这需要他们其中的一位来负责。母亲会把每个孩子都亲自送到门口，并且一个个地与其告别。尽管每个孩子都有家里的钥匙，可以自己开门，母亲也会在家门口一个个地迎接孩子的放学归来。最近几个星期母亲都连续 4：30 起床，为其中的一个儿子准备实习期间的早饭，保持白天精力的充沛。孩子在不同的时期有不同的需要，这有时是无法预料的，而且孩子与孩子之间也十分不同。他们的孩子，因为有像弗萝克这样的妈妈，可能会感到十分快乐，因为她几乎所有的事情都与他们一起完成。在之后约二十年的时间里，舒茨夫妇一致认为他们的核心任务就是全心全意地为孩子付出。到此为止，我暂时中断我在柏林的民族志研究的描绘，转而进入到日本新年的庆祝场景。

日本村庄里的新年：H 村坐落在日本最大的湖——琵琶湖的北部。它是典型的水稻产地：平坦的大地，大量的水源。这个村庄有着悠久的历史，以及水稻种植传统。因此，水渠在本地占据着重要的地位。水渠是该地秩序的保障，也是田地护理的基础，因此整个村庄的活动都围绕着水利系统来展开。最初，几乎这里的所有村户都种植水稻，这一点在其修建的房屋上也可以看出来。目前，村落里只有很少一部分人还从事着水稻种植业。所有家庭都有一个来自家庭首领的家庭名字，这与其当时的家族迁徙有关。

12 月 31 号日语叫做 Omisoka(大晦日)。以前,所有的商业店铺在"大晦日"这天都会收到一条新的毛巾。每一户人家都有一个家庭神龛;在"大晦日"这天,人们会点亮神龛里的所有蜡烛,为这一年家庭的一帆风顺来表示感恩;同时,人们也会祈求来年的平安顺利。在 12 月 31 日的晚上,人们会吃一种叫索巴(Soba,长条的,类似于意大利面的一种由荞麦做成的面条)的食物,意味着长寿。在 12 月 31 日到 1 月 1 日交替之时的凌晨(Joya),所有庙宇的钟声都会敲起,共敲 108 下。通过这种佛教仪式般的方式,那些消极的欲望就会被祛除。通常而言,这天晚上人们是不允许睡觉的。如果谁睡着了,他就会在来年长更多白头发和皱纹。以前,人们也会在神龛之前过夜(但不入睡),因此神龛里的蜡烛始终是点亮的。

Joya 是一种十分神圣的节庆:通过它,上一年的神才会走向来年。所有的村民都等待着年神的到来,因此他们通宵不眠。这里一共有十二个神:鼠、牛、虎、兔、龙、蛇、马、羊、猴、鸡(鸟)、狗、猪。当年神到来时,人类就会重生,至少日本人会。

在 1 月 1 号这天,两位村庄的头领将在日出之前到野北神龛去,准备接待其他村民。刚刚日出之时,村民就会来到神龛前相互问候。以前,人们会穿上传统的和服。现在,人们已经不再穿和服前来互相问候,但是也需要穿得十分正式。前来相互问候的人需要准备三个白纸包装的饭团(两个给神龛,一个给村里的庙宇)。人们会先去拜访神龛,再去庙宇。然后人们再一一拜访亲戚(首先是家族的父辈,然后是长子),祝福他们新年幸福安康,然后吃一些简单的食物作为早饭。大约 7 点钟,庙宇里会响起鼓声,以提醒人们庙宇祭拜活动的开始(佛教式的讲道将开始),催促着人们前去。家庭里的父亲会带上一枚用白纸包好的硬币,妇人会带上一种用米做的名为 Isho 的小吃。接着,新年祝福贺卡将在亲朋好友之间相互赠送。

我所拜访的家庭,房屋结构由两部分组成:中间是一间大房间,将两边的房间分隔开。其中的一间房有厨房。在二楼还分别有七间房。在房子的正前方,门口正对处,右边放着一个神龛,左边挂着一幅附有圣洁话语的壁龛卷画(Tokonoma);在这两者的前方又放着一束插花。在左边,长墙上挂着半人高的神社,下面整齐地摆放着一些神圣的瓶罐。在神社对面墙上佛像的旁边挂着曾祖父母的照片。佛庙和神社相邻而设,其中心包围着一个神圣的空间,并构成房屋的中心。此时,在明治时期企图分离佛教以及神社的企图没有达成,或者说再次显现出来。对于小田一家,佛堂有着重要的意义。这个家族属于佛教里的净土真宗一派,其曾祖父曾是一名法师,家庭里的成员始终感觉与其曾祖父有着亲密的联系。在这个佛堂里,有其曾祖父亲自书写的圣洁文字。在新年的这一天,其中一位成员会用古日语来反复地朗读。如今这个佛堂被装饰点缀了。现在的特别之处在于,新旧年交替时的三角布、新鲜的花束、新的蜡烛以及之后呈放上的点缀上橙子的米糕都证明了新的一年的到来,以及由此而带来的健康、幸福的祝福与希望。在起居室的出口、进屋的地方挂着一幅魔鬼的画像,称为 Ootsue,这种画像在环绕琵琶湖的区县一带十分流行。画上画着一个魔鬼背着两个卷好的席子在林中徒步,肚子上放着一个碗,它的一个角被毁坏了,看起来像是一个滑稽的恐吓者。这个魔鬼只有有限的来源于恶的能力。同样,在另一间孩子嬉戏的房间,一幅富士山风景的画呈现并交织了日本最为神圣的地方,及其对自然的爱、宗教的敬畏和审美。

扫墓:扫墓也是新年庆典里重要的一部分。我们是在当天傍晚动身去墓地的。这些墓地坐落在村落的边上,旁边便是高速公路。对日本人来说,这通向祖先世界之路。村庄里的所有家庭在这片墓地上都有一块石碑,其保存着已经烧成灰烬的死者。当我们快到达小田家族所在的墓碑时,天下起了小雪。

祖父小田展演着这一仪式。那放在墓边的花换上了新的。他点上了两支蜡烛,并将其放在防风的灯罩中。香也被点燃了,并放在一个看得见的杯子里。放在蜡烛前的碗里也将被倒上水,其他的水被浇到坟顶之上。接着,两个小册子被取来了,祖父、儿子以及孙子们会一起齐颂、祷告。同时,他们会跪在大理石上,双手握着一串佛珠祷告。渐渐地天暗下来了,雪也下大了,我们便开车回家了。

新年食物:准备新年食物是妇女的事。平时,媳妇需要学会夫家的传统及习惯,比如:蔬菜食用的形状(切菜的形状),烹饪的方式,食物味道,餐桌摆放的方式等。年轻的媳妇因此会向婆婆学习。在祖母惠子还年轻的时候,她也曾如此细致地学习过。

在惠子的婆婆去世以后,她才开始用自己的方式烹饪。久而久之,我们可以明显地看到她也因此希望她的下一代,以及他的孙子在烹饪时加入一些西方元素。今天,只有她的媳妇帮助她去准备所有食物。正如当时她所学的样子,她的媳妇今天也像以前的她那样学习,即根据惠子家族的喜好去准备新年食物。在访谈过程中,祖母惠子一再强调准备传统食物的意义。

家庭幸福:之后我们对长子保尾(Yasuo)和长媳七子(Nana-ko)进行了访谈。我们主要询问他们"关于幸福的理解以及幸福的感受"。保尾自然而然地开启了谈话,然后才轮到他妻子讲。两个人都讲到他们对于幸福的理解,并提到目前家里最大的不幸就是儿子的心脏瓣膜病。对他们两人而言,家庭团聚是幸福的重要意义。保尾试图多花时间与孩子待在一起,并且尽量地陪其玩耍。他想为儿子构建一个像自己所经历的那样美好的童年。保尾回忆起他的父亲小田曾给予他的爱,此时他也试图让其孩子拥有相似的回忆。这种将父母的爱转化为对下一代的爱是在模仿过程中实现的,使下一代有可能在后来的生活中感受并且传递这种幸福(Paragrana,2013)。

新年清晨:在新年第一天的早上,我们再次拜访了这个家庭。当我们大约刚过六点来到惠子家的时候,他们早已起床,并且整齐着装完毕,等待着迎接新年的第一天。在祖父和他的儿子们的陪伴下,我们在天还未亮时就出发去神社和庙宇,祈求新年的祝福。那时,天才刚刚亮。一路上我们遇到了许多村民,并且几乎都是男性。像我们一样,他们也去神圣之地祈求来年的祝福。妇女此时都待在家,为了新年第一顿特殊的饮食而准备。当我们到达神社时,已经有两位长老穿着蓝色长袍坐在那里。大家呈上了早在昨天就已准备好的红包。钟声已经敲响,悠长的声音回荡在耳旁,此刻,大家齐拍了两次掌,喝一小盅米酒。在回家的路上,我们相互问候着对方,祝福对方:新年好!(Akemaskite omedeto gozaimasu!)

家庭幸福的基础

尽管我们无法说明家庭幸福的前提条件是什么,但基于我们的民族志研究,我们提炼了三个基本的重要特征:

(1) 当人们庆祝新年节庆时,个体的幸福体验是以集体性的方式呈现并基于家庭这一场域展演而生成的;

(2) 在新年庆祝中,家庭的幸福是基于并借助于具有表演性的实践而完成的;

(3) 那些对家庭幸福实践的强化性训练,体现了家庭的集体性,并从而将其与另外的家庭区分开来。

在我们的研究中,我们发现在日本小田家族的家庭幸福的实践中,有两种实践行为显得尤其重要:1)植根于神社和佛教,且被视为家庭幸福的决定性因素的神圣性实践;2)与神圣性实践相对应的行为活动,以及具有符号性的饮食用餐形式。神圣的实践形式紧密地连接了人与宇宙秩序之间的关系,与此同时将个体的生活纳入到先祖代际秩序当中。饮食用餐的实践行为可以被视为一种趣味十足的、集体性生成的体验过程。它有助于家庭的自我认定,加强代际、男女之间的交流,进而确保家族的延续。

家庭幸福的跨文化因素

在德国和日本的家庭仪式里,有五个元素对家庭幸福的生成有着重要的作用,即:饮食、祈祷、礼物、共同记忆和共同在场的团聚。在对其进行详细的描绘以及阐释时,我们既关注其共同点,也关注其差异。每一个元素可以从"多样性统一"(unitas multiplex)的视角来理解。因此在对其进行阐释和意义说明时,需要将其中的统一性与多样性差异彼此关联,这样才能避免有失偏颇的孤立研究方式。而这种整体统一与多样性差异两种视角联系的观察方式,可以避免单一的概念和简单的方法论。维特根斯坦清楚地通过语言游戏的"家庭相似性"说明了我们在家庭仪式当中看到的"多样性统一"问题。我们的研究发现,"家庭幸福"有不同的表达方式,但也具有相似性,但它在原则上是具有多样性的。而正是基于这种多样性产生了相似性,进而使这种多样性得以被理解与结构化。这时,就会产生这样一个基本问题:文化现象是否具有可比性,以及比较的可能性与界限又在哪里? 就我们的研究而言,人们关于"家庭幸福"的共同认识是什么?

两个家庭节日的庆祝仪式呈现了许多不同的特征,并且这两个家庭的组织构成是如此不同。接下来,我们将简要地指出这两个家庭仪式当中的六个共同点与差异性(Wulf/Suzuki/Zirfas等,2011)。

(1)在两个家庭中,家庭仪式的宗教意味都扮演着重要的角色。在德国家庭里,圣诞树、无数蜡烛的装饰、熟悉的圣诞歌曲,把原本的客厅变成了神圣的空间;在平安夜来临之时,家庭成员共同参与附近教堂的弥撒活动,同时他们又结识其他的信徒,回家之后圣经当中耶稣诞生的故事得以再次通过个性化的方式被述说——圣诞故事将以柏林方言来描述,使其生疏化,并且转变成另一个新的故事,而不需要改变其实质意义。在日本家庭中,全家人年末最后一天去扫墓,并且在一早就去两座庙宇里祈福。在去庙宇的途中,邻居乡亲们互相问候与祝福。在两个庙宇当中又出现了新年的各种仪式行为。随后,家庭成员一一回家,开始进行另外一个仪式行为:祖父带领全家人向摆在客厅里的佛坛祭拜,让佛像祖先们享用妇女早已准备好的食物。

(2)饮食用餐是节日庆祝的中心。在用餐的时候,日本家庭会在佛堂里的地上摆放好餐桌,然后坐着享用食物。在新年到来那一天,人们会准备和烹饪好特殊的食物,并在用餐期间分享,赋予其特殊的符号意义。家庭成员之间相邻而坐,交谈并不频繁。而在德国家庭里,餐桌上的食物则没有这样多的符号性含义。妈妈甚至强调说自己并非"大厨",这也意味着这一天没有太大开销用于盛宴。而实际上,正是在餐桌用餐时的谈话过程让家庭集体感得以实现,并从而彰显了家庭的风格特征。

（3）两个家庭都包含了礼物的交换环节。尽管在日本家庭当中,礼物交换似乎不具有太大的意义,但在德国家庭节日当中却意义非凡。在德国的家庭当中,礼物的物质价值小于其社会意义,这体现了家庭仪式的中心意义。其间,礼物交换持续了将近两个小时,且都发生在圣诞树下;那一刻,家庭成员相互拥坐在一起。每一个礼物都得到家庭成员的赞美,或是对收礼物者的用处,或是其社会内涵,或是其审美价值。

（4）家庭通过回忆叙事构建了其对家庭集体的感受。叙事与回忆,唤醒了家庭成员对某些曾经经历过的事件的共同回忆,并将这种体验纳入到家庭这一场域当中,使其得以反复地品味、再现,从而有可能形成有着家庭愿景的某些清晰图像。家庭叙事生成、确定并巩固了家庭成员的归属感。

（5）在家庭仪式当中,家庭成员相互认可,视彼此为共同体的存在。他们很享受依偎着对方、与对方在一起的感觉。这一点在德国家庭圣诞庆祝中的相互对话和赞美当中清晰可见。在日本的家庭里,成人则通过与儿童一起游戏的方式来表达。在针对德国家庭所录制的圣诞视频中,我们听到孩子们一再表示,如果以后自己有家庭和孩子,那么他未来的家庭生活也要像现在他所在的家庭一样。而在日本的家庭里,我们看到祖母、女儿和媳妇三方共同准备餐饮的过程,以及之后对食物价值的尊重,呈现了这个三代之家仪式的共同参与与存在。

（6）在德、日两国的家庭仪式中,对待父母与祖先的方式存在迥然的差异。在德国家庭里,男方家人就住在附近,因此平常也会经常见面。同时,在节日的第一天下午他们也会去拜访他。而母亲一方的家人离此地十分遥远,因此他们就送上一些礼物,而在圣诞这一天通过电话问候对方。在日本家庭里,新年仪式是在祖父母的家里展开的,并且是三世(前不久已经是四世)同堂。除此之外,家庭在年末的最后一天去集体扫墓,纪念、感谢祖先,并祈求对来年的祝福。祖父用水、火、花、祖先圣洁的话语表演了整个仪式过程,此时其孙子正伴随其旁。

在对两个家庭的访谈当中,我们清楚地看到了圣诞节或新年庆祝对家庭关系、家庭成员幸福的重要意义。在两种不同文化的家庭中,人们通过对以往圣诞或新年的庆祝的回顾与诉说,通过对未来庆祝方式的展望,使当下的节日庆祝扎根于历史与未来之中。这样,自然而然就出现了情感上的共鸣,归属感的获得,使得家庭成员感受到幸福。涂尔干(Durkheim, 1994)早已指出诸如此类的仪式当中所蕴含的具有持续性的神圣特性对家庭形成的重要性,也正是借由此途径,人们理解并认识了家庭的社会性意义。在类似的仪式上演过程中,在表演性实践过程中,在仪式过程的家庭叙事与回忆中,家庭的价值观、家庭准则、家庭规范也得以一一呈现展演。这些价值、准则和规范是在上述过程当中形成的,内化到家庭成员的举止行为中,并通过其不断的反复实践而得以强化。它们以及由此而带来的情感体验并非以抽象的形式呈现在成员们的大脑意识层面中;相反,它们总是透露在人们的行动表演、聊天对话和行为举止中。它们常常很难为人们所意识到,除非在冲突性事件出现或者基于特定的理由而对其进行发问时。因此,它们是一种行动性知识,是使团队成员基于不同的情景进行适当的行为的能力。

第十七章
图像、模仿与想象力作为教育的基本任务

　　尽管图像、想象力和想象世界的构建在人一生的成长过程中具有重要的意义,但遗憾的是在学校教育中它们却并没有得到应有的重视。这也意味着,在教育当中人们常常忽略了视觉化教育和知觉-感性教育;而与知觉-感性直接相关的情感教育也自然而然地缺乏相应的关注。因此,在接下来的讨论中就有必要清楚地说明,图像、想象力以及想象世界的构建对于儿童及青少年的成长是多么地重要。人的成长与教育过程的展开是通过"世界转化为图像"并"内化为想象世界"来完成的。图像获得是个体与外部世界的知觉式交互的结果。如今,脑科学的最新研究表明,"图像"不再仅限于那些与视觉相关的知觉获得,也指那些由声音、气味、触觉等引起的神经元感受。进一步来说,"图像"是基于各知觉感受对周遭世界加工的产物。同样,想象力也不仅仅局限于其视觉性,其他的知觉感受也会触发想象力;相应的,想象世界也不仅是视觉化构建的结果,而应

当被视为整体性知觉的身体化,以及与之相对应的文化实践与传统。

感知觉的形成

在此,我们以"视觉形成"为例来更加清晰而详细地说明"知觉形成"的具体意思。首先,我们所看见的并不等于用眼睛看到的,即并非是对眼睛的功能性使用。"看"更多是指我们"从中"看见了什么。像所有其他的感知觉一样,视觉经验也是"知觉性相遇"的产物,由想象力构建着基本结构。这一过程又是单个个体与外部世界文化性相遇的结果。这完全是一个始于幼儿时期又不断分化的学习过程。早在我们还是婴孩时,我们就是基于知觉性感知认识和理解着这个世界。其中体态语,尤其是用手"指"这一姿势体态语就特别重要。通过"指"这一姿势,父母(或老师、兄弟姐妹等)可以引导儿童注意到那些他们正在关注的对象。在儿童与世界相遇时,儿童渐渐学会了只对他周遭世界的某一点(精确化地)进行感知接纳。而在陪伴儿童发现世界的过程中,父母所使用的注意性"指示"又具有关键性的作用。这一"注意指示"支撑着儿童发现世界的全过程,并进一步帮助儿童用语言来发现他所遭遇世界的意义。在这一学习过程中,婴孩认识世界,与此同时,又在相遇当中赋予对象世界以文化性与社会性。孩童如何开发和认识他的周遭世界,对于他的个性塑造及其主体性获得具有重要的意义。

这一过程是历经世代积累的文化沉淀的过程,也同时伴随着周遭世界的不断变化。在这一过程当中,在儿童获得语言之前,就存在了知觉性的相遇。基于这种相遇,儿童已经形成了基本的世界观和人生观。周遭环境、父母、兄弟姐妹与教育工作者在这一先于语言的知觉相遇当中到底起着怎样的促进作用? 在此,文化差异与社会阶层差异可以很好地说明问题。这种差异往往在幼年时期便已形成,而且在成年以后很难再得到平衡和弥补。每当儿童要去发现世界时,都有"注意力"相随,它将有助于儿童的社会化能力的发展,有助于儿童的知觉性学习。苏珊·朗格(Susan Langer)将知觉系统(基于这一系统我们将世界转化为图像)称为"思想的器官"(Langer,1979,p.84)。如果没有基于对世界的知觉性相遇而生成的想象世界,那么就不可能有语言能力的发展,即概念构建与创造性联结的能力的发展。儿童是基于个人经验、文化体验以及由此而生成的精神内在图像来进行自我构建,并以此为个体独特性的体现。因此,人总是分享着某种文化体验,人与人总是具有某些相似性,而这一前提也促进着人与人之间的相互交流,进而发展出某一共同体。就此而言,文化等同于"生活的共性"(eine gemeinsame Weise des Lebens),是儿童学习的对象。而与非人类的灵长动物以及其他生物相比,人类文化在时间的长流当中、在动态变幻当中、在向未来敞开的过程中,代代更新、变化。

世界作为一幅图像

早在文艺复兴之初,特别是在世界各国的现代化进程中,视觉性知觉获得了全新的人类学意义。视觉文化是当代青年日常生活的基本特征,也是他们学习的基本方式。基于对视觉文化的认识,他们可以更好地理解其所在的社会团体。尽管如此,当前的青少年始终很难认识到"世界作为一种图像,以及通过图像来认识世界,实际上是历史-文化发展的结果"。事实上,在上世纪,德国哲学家海德格尔就已经意识到图像与认识世界的关系。海德格尔强调,以图像的方式理解世界是文艺复兴以来的事(至少在西方世界是这样)(Heidegger,1980)。在古希腊时期,人们将自身视为自然的一部分;而在中世纪,人们将自身视为上帝所创世界的一部分;到了文艺复兴时期,人们则从这种桎梏当中走了出来。在现代化进程中,人们将世界视为客体存在的世界,视为图像的世界。在此,人们不仅勾画着关于世界的图像、筹划着自己的世界图像,而且世界及其主体自身也成为一幅图像。基于这一新的认识转变,人与世界的关系、人与自我的关系也被重新定义。这时,世界的关系与人类自我关系两者互为前提。在西方现代化体系中,世界成为了图像,人成为了主体。人们越是将世界视为一种客体(即图像),也就越能勾勒关于"主体"的形象,那么也就越需要一种关于人类学的基本知识。

图像到底是如何被人们所观看、理解的呢,这不仅是一个审美的话题,而且也是一个人类学的话题。人类、主体与图像所建立的这种新关系使得艺术与审美不断地渗入到我们的日常生活(Eisner,2002)。艺术构成了文化子系统的一部分正是这一渗入的结果。文化系统当中的任何一个子系统都无法比拟艺术(其本身具有强烈的区分性与自治性)对人们的图像理解所具有的持续性的影响与功效。毫无疑问,这一论点需要我们详尽地、多维度地探讨。然而,我们首先需要理解在当前人们如何认识图像,如何理解人与世界的关系。

伴随着世界成为图像这一进程的推进,也出现了知觉的分化。这种分化表现为各知觉之间相互独立自主,而与此同时,视觉性知觉压抑着其他知觉的发展,而成为主导(Wulf,2014)。这也最终导致诸如听觉性知觉、微妙性知觉、触觉、嗅觉以及味觉受到忽略与轻视。尽管视觉性知识在欧洲文化当中处于如此具有支配和主导性的地位,人们却总试图强调"知觉的整体性"(Straus,1956)的重要性,强调回归到为人们所忽视的微妙性知觉。

感性与情感

尽管感知觉的形成在儿童的成长、在其与他人关系的建立过程中具有十分重要的意义,但学校教育理论却很少涉及。尽管如此,在感性、情感、语言和思维能力的发展过程中,感知觉的形成仍然具有中心的意义。儿童与世界建立起的知觉性探究、知觉性实验性体验将有助于其审美性和社会敏感性的发展。知觉的敏感性是可以被开发的,并且需要机构化教育的足够重视。知觉敏感性与情感之间的紧密关系,清楚地说明了基于感知觉的学习也对儿童的情感开发及促进与他人交流的能力具有重要的意义。基于感知觉而去促进儿童的情感发展是学校教育的重要任务(Wulf等,2012)。为了更好地促进感性与情感的发展,为感知觉与外部世界、感知觉与事物的接触提供更多的空间是必要条件。对儿童来说,图像比语言能更好、更强烈地表达其情感。与图像进行创造性的互动、创造性的感知觉体验,有助于情感教育的发生。通过知觉性体验、情感性表达的图像互动,个体情感、集体性情感在学校场景中得以展示。

作为创新性的模仿

教育是在儿童基于感知觉对外部世界的模仿中完成的。早在《理想国》第三卷中,柏拉图便提到了模仿过程的构建功能。在柏拉图看来,诗歌创作所勾勒出的形象和行动方式,是基于模仿过程而进入到儿童的想象世界当中的。这些图像与诗歌叙事的力量如此强大,以至于儿童无法对其做出任何反抗。因此,人们应当对儿童学习的图像与诗歌进行筛选,使某些适宜的内容进入到儿童的想象;而那些不合理、不恰当的图像和诗歌将渐渐为人所遗忘,且远离儿童的生活。在柏拉图看来,儿童的教育、学习和成长很大程度上依赖于模仿过程。与柏拉图持有相同的观点,亚里士多德也确信模仿是儿童与生俱来的能力,是教育发生的重要前提,"它(模仿能力)在童年时期已经显现。从孩提时候起人就有模仿的能力。人和动物的一个区别就在于人最善于模仿,并能基于模仿来获得最初的知识。同时,人人都能从模仿的成果中收获愉悦。"(Aristoteles,1987, p.11)

教育中的模仿是儿童有意地对长者的仿效,以使自己变成对方的样子。在模仿性行为中,生成了自我与他人之间的关联,形成了自我与另一"世界"的关系,也就是说,自我有意地趋向于对象及图像,并理解掌握它。这一过程可以被视为与某种外在"真实"的联结关系,因此这是一种再现表征性关系。然而,模仿性行为也可以是对"相似-将成为"事物的模仿,这种事物或许本身是不存在的,只是某种神话传说,或文学人物。模仿性行为具有创新性。它是指一种词句、图像或者行动是其他词句、图像或者行动的模型(Wulf,2005)。

这种将自我与他人有意识地关联、有意识地将自己的注意力指向某人或某物的能力,与个体自身内在的使自我与他人在趋像中建立相互信任关系的欲望有关。欲望的最终实现,使得我们可以通过体态语、象征符号和行动构成方式来理解对方的想法,也能帮助我们认识到这一有意的对象范畴和结果图式是如何构建的,对象与对象之间的因果关系是如何产生的(Gebauer/Wulf,1992, 1998; Plessner,1983)。

拟态(Mimikry)是指单纯地对已有的关系进行适应,而模仿则与之不同。模仿过程同时生成了相似性与差异性,并总是指向自我。通过对经验情景和文化世界的"趋像",儿童学会了如何在不同的社会场域当中行事。通过参与到他人的生活实践当中,儿童又扩展了自己的生活世界,并获得新的体验与行为可能,这一过程同时包含着被动接受与主动参与。儿童仿制了一种自身之外的早期体验情景,并(在这一双重性中)将其转化为自我的。只有在与早期经验的相互磨合当中,外部世界才能赢得个体,并成为个体的独特所有;只有在这一过程当中,那还未曾稳定的人类集体的丰富欲望才能转化为儿童个体的渴望与个体的需求。这种与外界磨合交流的过程和自我的形成过程是同步发生的。外部与内在世界不断地趋向于相似,它们也只有在相互交换的过程中才能为人所经验。内部世界与外部世界的趋像性和同步性也由此生成。儿童使自我不断地趋像于外部世界,并在这一过程当中做出自我更新。这一趋像过程最终生成了有关他人、有关客体的相应图像,是在想象力当中逐渐构建形成的。对于儿童的自我认同、自我理解而言,这些图像具有决定性的意义(Ricœur,1991)。

对图像的模仿性习得

诚如语言学习在儿童的成长与教育中占据着重要的地位,我们的研究表明,日常生活中图像洞察的能力同样对儿童的成长与教育具有重要的意义,尤其是在当前充斥着智能手机、网络以及电视等新媒体的环境下。鉴于目前图像日益泛滥,并日益浸入到儿童的日常生活,在讨论图像问题时就要注意对学习者已获得的图像有所意识,并对其进行批判性的接受。我们的图像对教育具有何种意义的研究表明,图像不仅仅只有陈述、直观性或者信息传达的意义,图像还具有符号性,这是无法替代的,且仍然可以习得。譬如,艺术审美课程中对艺术作品的模仿过程,就是学习图像符号很好的途径。

模仿性过程指向的是对图像的可视化"仿制",并借助于想象力将其吸纳进自身的内在精神图像。对图像的仿制过程是习得的过程,也是儿童将图像的符号性意义内化为想象世界和记忆世界的过程。对图像的模仿性加工旨在对图像形象的把握。此处的图像形象并非一成不变,而是由每次阐释的不同阶段(阐释之前、之中、之后)赋予的。一旦图像被吸收纳入到内在的图像世界,它就构成了一个解释的基点与参照,而随着人的成长,这一参照也会发生变化。不管其每次解释的内容是什么,这种对图像重复性的、模仿性的发生过程就是学习的方式,也是一种认识性行为。它内含着对想象图像的全身心模仿。在与图像的模仿性相遇当中,我们在很大程度上舍弃了原本所占有的。图像形式与图像颜色的视觉性理解要求观察者压抑不断浮现在内心的图像与想法。人们只需要紧紧地停留于呈现在他眼前的图像,对图像形象实现自我-开放,对图像实现自我让渡。观画者在他所看到的图像仿制中使自身与图像更为相似,将其纳入自身,从而扩展个体内在的图像世界。

在这一图像模仿性习得的过程中,我们又可以区分出两个阶段。在第一个阶段,图像直接摆在儿童眼前;在第二个阶段,图像已经成为儿童内在图像世界的一部分。在第一阶段中,需要克服机械的观看方式,避免将图像等同于其他的客体,这是基于"获悉-知识"来完成的。很多时候,这种有方向性的、占据式的观看,可以避免图像的过度要求。但另一方面,这种方式的"观看"也窄化了"看的能力"。在有意识的模仿性观看行为中,"观看的展开"则是其宗旨,包括驻留在观看对象上,打破对习以为常的事物的认识,发现非同寻常的事物。这样看来,对图像和对象的模仿习得是一个延迟的元素,是一种"攫撷式的理解"(Kraus/Budde/Hietzge/Wulf,2017)。

在第二个阶段,通过模仿性观看,图像已经成为内在世界的一部分了。它始终处于一种未闭合状态,且总是会达到一种新的强度。这一已有内化图像持存于表象的方式,既是练习注意力的过程,也是锻炼想象力的过程。这样一来,图像就会在想象世界当中得以再生产,它必须持续不断地反抗其内在兴起的、固有的强制力,以及浮现在大脑内部的"干扰性图像"。

在观看图像时,模仿性"目光"也具有重要的作用。在模仿性目光的习得中,儿童将能找到打开图像中符号象征性意义的钥匙。通过对图像中符号性意义的趋近,儿童可以扩展自身的经验世界。儿童记录下世界的形象,并将其内化到内在的精神图像世界。通过对图像形式、图像颜色、图像形态和图像结构的观看式理解,图像将成为想象世界的一部分。在这一过程中,世界的独特性将在其历史性、文化性呈现当中为人所经验。此时,我们要避免对图像进行过早的阐释，而对图像的不确定性、多样性以及复杂性的存留是十分必要的。在模仿性的理解中，儿童学会体味图像当中的多义性和模糊性。在这一过程中，儿童可以像背诵一首诗或者一首歌那样，对图像进行记忆。同时，儿童也学会了闭上眼睛，借助于想象力将图像纳入到表象世界，纳入到其注意的对象，避免受到原有图像的影响，并利用注意力、观念的力量来保留新图像。对直观观看到的图像的仿制是图像模仿性习得的第一步；对图像进行保留、加工，使其在想象力中展开是其第二步。大脑内在的图像再生产，以及图像的持留与加工对于图像阐释意义非凡。

模仿过程的表演性

模仿不只是将外部世界内化为图像形式的过程，而且还具有对"内在"图像、想象力、事件、历史叙事和行为等表达、上演的能力，即表演性（Wulf/Zirfas, 2007；Suzuki/Wulf, 2007；Alke-meyer/Kalthoff/Rieger-Ladich, 2015）。在此过程中，儿童也获得了游戏的能力。如果要学会每次出现的"正确"行为，儿童就需要某种实践性知识。这种知识的习得往往源于对某一场域的感官性、身体化的学习。同样，社会实践行动的文化性内涵也只能在模仿中获得。实践性知识与社会行动是在历史-文化中塑造而成的。无论何时何地，只要儿童基于已有的社会实践而开展行动，只要有社会实践的生产，就会有模仿性关系的产生。比如,儿童基于某一行动模型展开实践行动,就是基于社会性理解的身体化表达。模仿性行为不是单纯的再生产,不是对榜样或模型的精确无误的跟随。在社会实践活动中,模仿性过程中的游戏性与主体性成分不断地发生改变与更新。

艺术课程当中的文化习得

在我承担的一项长达十二年的"柏林仪式与体态语研究"课题研究中,我曾对柏林某城区小学的美术课堂开展过民族志研究,以此来说明审美与社会化学习是如何在模仿过程中展开(Wulf,2007)的。其中有一堂课,老师拿来了日本漫画、埃及壁画和中世纪的基督圣像画这三种文化风格各异的图像,要求学生对它们进行临摹。很显然,这三幅画的文化背景于孩子们而言都是陌生的,且远离他们的日常生活。这堂课的教学目标在于给孩子们一个体验异域(时间与空间)和他者文化的机会;在于通过临摹掌握图像的生成性途径,即通过自我对艺术作品的创作来理解其中的图像性、象征性意义。尽管孩子们已经有了相应的图像模板,但他们的任务却是基于这些模板来进行图像的创造性工作。孩子创作的最终作品是千差万别的:有的孩子所作的画与原作有很大的相似性;有的孩子所作的画却与原作完全不同,而与其自身的主体体验相关。比如,有个土耳其孩子画的是中世纪的基督圣像画,原画圣坛中间画的是基督,但在他的画上却画上了他刚过世的爷爷,从而使这幅画具有了很强的神圣纪念意义。

图像的生成是一个多模态的过程。在这一过程中,不仅视觉性感官很重要,其他感官的参与同样很重要。比如,对埃及壁画(在此其刻印在聚酯材料的版面上)的临摹就需要触觉性知觉。同样,运动性知觉和味觉也十分重要。很多时候,艺术的创作融合了多种感官,这样它就是一个多模态的过程。上述我们举的土耳其孩子的作品就是一例,这个孩子的画里充满了个人的情感性表达,同时又借助于画作得以与其他孩子交流分享。

在图像的表演性过程中,蕴含了模仿性的特点:儿童作画时指向于模板,但同时又可以自由地处理这一关系,这样使得画本身具有主体的独特性。除了图像的审美性意味,图像当中也包含了与异文化的感知觉与情感意义上的对话。由于这些孩子来自不同的国家,具有不同的移民背景,那么通过这种共同上课的方式,孩子们可以不断地交流并交换不同文化的内涵,也激发了孩子们对其他的宗教、他者文化的好奇与兴趣。这些都体现在男孩作品与女孩作品的差异,以及社会性互动的差异当中。

他者:文化多样性与丰富性

模仿在人们理解他者文化中起着很重要的协助作用。这一点在我们的民族志研究对象儿童身上表露无疑。这些儿童来自许多不同的国家,几乎不懂相互间的语言。一开始,他们总是需要借助于体态语、表情和身体性模仿来完成交流。即使是儿童慢慢学会了用同样的语言文字(德语)来表达,但问题在于他们的移民背景仍然表现出很大的差异,儿童们仍然要懂得如何去学会与异国文化、与他者很好地相处。当前全球化进程中的移民大潮,就要求我们的青年们,以及我们的下一代人学会如何与他者相处。而如何与他者相处,如何面对多样化的文化,这也是未来教育面临的巨大挑战。人的想象力使儿童有可能基于自身的文化体验来理解他者的文化,理解他者的处境。

在全球化进程这一大背景中,出现了两种全然相反的趋势。一种趋势是指向同一性、统合性;另一趋势则是强调多样性与丰富性,以及无法避免的差异与他者(Wulf,2016, 2016a;Wulf/ Merkel,2002)。一方面,区域与区域之间、国家与国家之间、地方性文化之间越来越具有相似性;另一方面,人们又不断地反抗这种趋像性,以保护生态的多样性,存留文化的多样性。物种的灭绝、文化的消逝实际上暗含的是生命多样性、文化多样性遭受的威胁(UNESCO,2005)。保护文化遗产应当被视为人类共同的使命,这一点要从我们青年一代的教育开始。而伴随着现代交通工具以及数字化媒体(如网络、智能手机和电视)日益弥漫于日常生活,不断加速着人们的生活节奏,图像的意义在以上所提及的两种发展趋势中便起着越来越重要的作用。我们的研究表明,数字化新媒体已经构成了儿童日常生活最重要且无法消除的组成部分。因此,新媒体本身对新媒体的运用也是很重要的教育过程。我们惊喜地发现,那些来自巴西、印度、德国、英国、希腊、俄罗斯的青少年在使用新媒体时,在保持相似性的同时也展现出其独特性(Kontopodis/Varvantakis/Wulf,2017)。

在学会与不同文化打交道的过程中,那些日益增加的关于他者图像以及如何与他者交流的图像,扮演着重要的角色。如果不以其他人为镜,不与他人产生交流互动,儿童自身便无法成长。每一个儿童、每一个青年都是在这样的相互交流当中形成自我的。当前,这种交互性往往借助于新媒体,借助于与他人的交流来扩展自身的生活空间和体验空间。他者是什么、自我是什么往往是在人与人的相遇过程当中得以显明的。所谓的文化情景(kulturelle Kontext)是人与人相遇的发生点,也是独特个体与他者相互关系的确定之处。

在儿童的教育当中,这种与他人相遇的经验起着十分重要的作用。通过以他人为镜,洞察他人的反应,儿童才能理解自我。这一过程是从对他者不理解走向理解,也是自我认识的开始(Wulf,2016)。在教育过程当中,如何成功而非机械地进入他者的体验?如何顺利而又避免将经验的丰富性简单地纳入已有的体验体系中呢?在我看来,只有当儿童具有向他者开放的心态、具有理解他人想法的能力、发展出异质性思考的能力等这些与"非同一"的交流显得十分重要的品质时,这样的教育才能称为成功的教育(Wulf,2006a)。这一学习过程将充满着个体敏感性的增加,个体不断走向成熟,以及个体在遭遇新事物、陌生环境时的应对能力等元素。人们对复杂性的承受能力,无论是感官上还是情绪上,抑或精神上都在渐渐地提升。与他人的交往、对不可替代的异域文化的体验,为儿童情绪、社会和精神发展提供了生长的空间。

当前,我们的教育常常发生于"第三空间",以一种跨文化的方式展开。第三空间并非由单一的文化构成,而是在文化与文化、人与人以及不同的思想与思想的碰撞过程中形成。第三空间是实在的;但它同时也具有想象的成分,从而为动态性变化提供可能性。教育发生于第三空间中,并促使儿童认同"差异"、承认"僭越"、形成新的"混合"形式。

差异 在儿童的学习过程中,他们看到了差异性的存在,并基于差异性建立某种界限。如果无法感知到差异、与差异产生知觉性交流,儿童就无法关注到他人的文化身份,也不会对其文化产生尊重;更无法进一步发展自我的独特文化身份。如此一来,联合国教科文公约为保护文化遗产而划分的差异性类属就显得很重要,因为在此其将文化差异性的权利视为普遍的人权。这一点必须从小就对下一代进行教育(UNESCO,2005)。

僭越 与对差异的承认和认同同样重要的是如何谨慎地看待僭越。僭越是对条例、规范、习俗的逾越和破坏,是对文化界限的跨越。这一破坏过程应该是一个非暴力的过程,通常也与那些显而易见的、结构化的、符号性的暴力有关。在这一僭越的过程中,儿童学会了如何去把握界限,并创生新的文化形式与内容。僭越重新书写原有的规范、条例、生活方式和实践行为,它改动着界限,生成新的文化关系与文化构成。

混合性 由于世界范围内不同文化、不同社会团体的交流越来越频繁,这表现在经济、政治、社会、文化等方面,越来越多的混合性文化生成了。混合性文化概念的意义在于,文化交流与教育过程不再基于二元对立、本质论,而是表明这种交流性身份是借助于第三空间完成的(Bhabha,2004)。这一第三空间是一种阈限;它是一个过渡空间,强调的是一种"之间性"。在这一阈限空间当中,界限得以展开并重新结构化,而阶层、权力关系也被改变。在此,关键的问题在于:这一过程及其结果在多大程度上在表演性实践中得以合法化,而其中混合物的新形式是如何生成的。混合物的文化样态是混杂形式,其所内含的单个元素往往来自于不同系统和关系,是在自我特性的变更中发展出的一种新的文化身份。这种身份并非以"界限分明"的方式发生,而是在一个与他人的模仿趋像过程中生成(Wulf/Merkel,2002)。学校里的教育过程、学校外的同伴文化的形成,都具有这种混合性的特性。由于这种混合性的重要性越来越为人所认识,在学校教学当中关注这种复杂性的文化现象就显得十分必要。

想 象 力

对异文化的体验、模仿过程以及图像都会涉及到想象力。想象力使事物得以表象化,使不可见的可见,又使可见的在交叠当中不可视化。想象力生成了知觉的交互结构,并使知觉与概念之间的关联成为可能;想象力生成了未来的愿景性投射;想象力投射了图像,使图像身体化,并在媒介当中得以表达。想象力将人类所处的外部世界转化入人的内心世界,同时也将人的内心世界转化到外部世界。想象力革新着人的图像,生成了差异,并且创造着新事物。"意义"由此而生。这一维度的意义生成与语言并无多大关系,但却在儿童、青少年、成人的生活方式中扮演着重要的角色。因为,它将涉及到个体对社会行为的判断,以及对现象世界中审美品质的评价。只有借助于想象力,才有可能形成这些评价与判断。探究性学习也同样需要创设一种基于想象力的游戏性交流。这一交流涉及到许多可能性,并总要最终做出一个选择。

想象力交叠在欲望——它总是指向对某人或某物的内化——之中,并以最终渴望成为一种图像的方式来彰显自身(Wulf,2013a)。作为人存在的条件,想象力也会随着历史与文化的变迁而变迁。这一变迁过程是通过多样化的、相互交叠的物质图像、内在图像、个体图像和集体性图像来表现的。想象力暗含在人的身体实在、身体节律、身体运动当中,并对个体与社会的文化身份的形成有着决定性的促进作用;它不仅生成了图像,还勾勒了社会行动的形态,并对其产生导向性作用;它促使社会情景在仪式和仪式化行动中上演,并且构建着其自主性和游戏性;它生成了情景性图像,并对其进行内化,也因此促进着社会团体的融合。想象性图像是对某物的表达,但同时也是一种自我表达。想象上演的情景及其赋予的表演框架,也使我们能更好地理解它所处的在场与不在场、过往性与未来性的中间性位置(Imai/Wulf,2007)。

想象力生成了图像,并使其身体化;它表演着自我,并通过不同的媒介来展现着自身。想象创生并构建着文化的想象世界,并且为人们防御其强迫性提供了可能性。想象世界并非是本体论的存在,而是一种动态性关系的构成,也创造着文化性的时空。想象力有助于想象世界的变化,消除其强迫性,也有助于其"想象性"的获得,并生成超验"虚空"的体验。想象力参与人类的历史性形成。作为人类存在的前提,作为人类自我意识的基础,想象力又始终都是神秘的,不可测度的。它通过许多异质性的图像来表明自身,其中它的内在性与物质性都得以可视化,而此时主体的与集体的图像形象也共同作用(Wulf,2013b)。

想象力可以基于内在的图像和概念的联结从而创生新的思想、勾勒出走向现实性的新途径。想象力与人的知觉感官能力相互交织,使不在场的在场化。这样一来,它使人们再次将过往的体验重新当前化。以同样的方式,想象力也能使虚无-非现实的、未来的甚至是当前模糊的想象以图像的方式为人所认识,以图像的形式显现当前化。也正是在这一与他人、与世界交流、交换的过程中,教育才得以发生。因此,想象力在教育过程中具有重要意义,需要我们的重视。卡尔·洛维特(Karl Löwith)把想象力看成是一种"超验的内在固有的媒介",是对客体的抽象化、对现有的否定。具有创造性的想象力创生了新的可能,并促使主体走向自主独立。

想象力具有持久的教育作用,这一点是显而易见的。在学校中,想象力的训练需要儿童与教师抽出更多的时间与意愿,参与到探究性学习的过程。这一学习过程既没有明确的方法,也没有确定性的结果。儿童与教师共同进行实验探索性学习,在与事物的感官性接触当中,他们形成了问题,并将其转化成可以操作的方式进行解决。因此,允许自己犯错是十分必要的。这一学习过程在乎的是过程与途径,而不是结果。而在那些事先确立好教育目标的学习过程中,儿童总是需要处理学习过程当中的模糊性、模棱两可和不确定性。这样的学习是十分耗时的,所以总是需要基于特定主题、特定范例来展开。在课堂学习当中,我们需要创造一种探究性学习的情景,其中感官知觉的体验与图像、语言、想象力都能得到探究与实验。通过想象力来学习、在想象中学习对于儿童来说是重要的体验,这种体验不同于对事先设定好的目标性学习的完成体验。在探究性学习中,儿童学会了如何看到之前未曾察觉的,去感受之前没有体验的,并由此发现个体性与主体性的新维度。

惊讶、好奇、探究性学习

一旦在探究性学习中儿童产生惊讶,那么他就会获得对自身的新体验。这时,暂时确信答案的不完全、现有方案的不确定性都有重要的意义。如果谁产生了惊讶,那么谁就能体验到知与不知、确信与怀疑、确定与不确定的中间状态。处于惊讶的状态,矛盾的同步性问题便没有解决。惊讶常常融汇成好奇心,形成了各种不同的尝试活动，直到那些隐藏的、全新的事物为我们所认识。好奇心内含着对未知之物的先前性知识。它是"启发性"教育过程的重要元素。在好奇心里蕴含着点燃学习和知识获得（指向于发现）的情感性动机。好奇心促使儿童自身进入到陌生之物的关系中，使其与现有的情景相融合，并由此展开教育的过程。

在探究性学习中，我们可以体验到知识的生成过程。这不是一个固有的、程序式的结果再生产过程。这一生成过程需要创设必要的空间，这样儿童才会有这样的体验，即：在探究性学习中，很多时候并不存在唯一的答案，而是有多样的、具有同等重要性的结果。如果人们让想象力参与到学习的过程当中，儿童很多时候就会体验到学习的结果并不只是正确或错误，而是通过某过程的展开，学会如何基于模糊性关系的认识去发展出新知识。通过对类似知识（如艺术与文学知识的获得）的体验，儿童逐渐形成了宽容与开放的心态。每一幅艺术作品都暗含着对某一特定形式的表达、阐释和合法化。这样我们也可以意识到，在艺术创作当中，在与图像互动当中，选择始终没有被排除在外，而且对于人的认识发展显得十分必要。在儿童的艺术作品及其创造过程，如上述提到的绘画过程中，儿童总是只选择其中的某一事物或某一点将其绘制出来，至于另外的东西则被作为一种背景隐藏于图画背后。只有将人的内在图像转化到具体的图像、诗歌或文学作品当中，才会有人们基于图像的交流，也才会有共同教育的发生。与他人的交流生成了多样化的观点与解释,有时它们可能是相似的,而有时则可能完全相反。只有基于这种动态张力,图像才可以通过对下一代的教育,在动态中促进文化与社会的发展。

展　望
图像的力量

　　人们生活在各式各样的图像当中。作为感知性图像,它为人们走向外部世界、与他人交往提供了途径;作为记忆性图像,它为理解过往打开大门;作为未来愿景性图像,它对人们勾勒出全新的行动框架起到推波助澜的作用。图像可以将那些不清晰的事物(件)可视化。图像对人具有掌控力,对人具有迷惑性。有时,图像呈现的是不在场的事物,并对其现场化;有时,图像呈现的是人内心的缺乏,这一点尤其在本能性图像和欲望性图像中清晰可见,并且对所有人都一样;有时,图像也会使人的社会性和文化性本质突显出的能量显性化。这种能量是在人们对感知世界方式和图像的多样性中展现出来的。"图像"具有各种各样的图像形式。根据不同的标准、不同的分类体系,不同的"图像类型"既具有共同处,又包含不同的因素。维特根斯坦所谓的"家庭相似性"可以很好地说明"图像类型"之间的关系。正是由于"家庭相似性"的差异,才使得不同的"图像类型"可以称之为图像形式。

　　图像是想象力作用下的产物。在神经科学研究领域，尽管人们试图去描绘这种想象的能量流，并使其可视化，但如果想象不转化成图像，其始终是很难被人们视觉化的。与神经科学当中的术语运用一样，在我们的研究当中，当我们提及"图像"时，并不仅仅指那些与"视觉"化感知直接相关的图像形成，还包括其他的如听觉、嗅觉、触觉等等与感官相关的想象性图像。在人类进化过程当中，我们可以充分地看到因丰富的想象力创造而留下的宝贵图像，这包括人类早期的石斧、骨刻（Knochenritzung）、墓穴文化，以及洞壁画等。如果没有促成图像生成的想象力存在，便不可能有人类的形成。这一点在人类早期社会的考古文明发现中更为明显。因此，有关想象力的研究既应当具有一种历时性的历史发展视角，也应当基于共时性的角度进行跨文化研究。

　　想象力表现在不同的图像形式当中。其中，尤其重要的图像形式有三类，即：知觉性图像、记忆性图像和未来愿景性图像。当然，那些具有病态性的想象力、幻觉和梦境想象也都具有各种不同的图像表达形式。如果想要理解这些不同图像之间的家庭相似性，想象力在人类发展当中所扮演的角色，以及认识想象力的不同图像性形式，那么对想象力的理论和概念梳理，以及想象力与幻想以及想象之间的关系厘清就显得十分必要。这样我们就会看到，内在精神图像对情绪形成有着怎样的意义，而游戏性又是如何借由想象力得以表达。

如果没有想象力，也不可能有游戏。想象力创生了游戏必需的规则框架，生成了游戏行动所必需的虚构性场景。游戏当中的"仿佛性"也正是借助于想象力而得以构建。这种"仿佛性"正是构成外在"真实性"的必要前提，也是将这种真实性转化进入游戏世界的重要条件。想象力促成了图像和图式的形成，它们基于游戏的表演性而得以结构化，从而获得了具有集体和个体想象的图像，分别被纳入进其各自的想象世界，并在其他的情境表演当中再次相互联结。

　　同样的运作原理也适用于想象力与舞蹈的关系解释。舞蹈同样呈现了想象世界的表达与表演，当我们参与到这一过程当中时，我们就可以体会到十足的趣味。当然，此时的想象力也是表演性的，它出现在舞蹈的展演过程当中，在身体的一举一动中。因此，作为运动的想象，想象力对舞蹈具有决定性的作用。

　　同样，如果没有想象世界中存在的图像和图式的支撑，便也很难有仪式和展演以及仪式性实践知识的产生。正如游戏与舞蹈一样，仪式表演过程也是一个无预设身体图像的表演，身体本身是参与这一过程学习的结果。想象力和想象也共同作用于这一仪式化的社会性实践的构建，如果不是回忆性图像将已往的展演调用到新的情景当中加以适当的、具有创新性的运用，那么便不可能有实践的发生。在仪式组织和表演中，也产生了行动的分化与隔离。这种身体行动的区隔，是通过想象力转化到具有社会性和文化性的想象世界当中的。身体与想象力都是具有表演性的，因此使得仪式开放性的动态成为可能。

由于体态语的图像性特征,它能够在仪式表演中融入到场景里,融入到图像当中。它具有表演性,也是整个仪式意义的表达。体态语的这种形象性的图像特征,因而便于人们对其进行记忆。它简化着仪式过程,但同时又强化着仪式表演,并促使其生成相应的具有情绪性的图像。作为"无文字"的行动,体态语是通过对身体的展演,在模仿过程当中为人所理解的,它具有"家庭相似性"。体态语是人们原初的交流方式,它独立于意识之外,是对隐性化的身体性知识的表达。

文化习得在很大程度上也是一种模仿性学习,并且是借助于想象得以发生的。基于这种学习性质的过程(模仿学习)在很大程度上又是非意识的。在这一学习过程当中,天生具有模仿性的人会将社会文化过程当中的相似事件映射纳入到自己的想象世界当中,并将其与原有的大脑图像、图式和模型相联结。这样,就出现了与原有的社会文化实践间的趋像性。也就是说,一种动态性的模仿由此而生,这一过程本身包含着无数的变化与生成新新事物的可能。特别是在童年时代,大部分的隐性实践知识都是在这一过程当中习得的,比如感情、直立行走和语言学习。想象力表演性和想象世界的表演性推动着基于身体的实践展演,催生着新的实践行为。人们参与到非物质文化遗产的实践过程,以及由此而生成的扩展性的模仿实践中,也帮助着群体性身份的形成,个体身份的获得。

在个体身份的形成过程当中,家庭仪式起着十分重要的作用。与此同时,家庭仪式也促进着个体想象世界的发展。如果没有家庭实践，没有家庭仪式的反复性表演与加工调整，就不会有个体身份的生成。家庭的幸福安康是人们获得美满生活的前提。个体的想象世界，尤其是个体有关幸福展演所需的实践性知识，也是在模仿性的习得过程当中获得的。正如我们有关德国-日本的民族志研究所指出的，尽管德国和日本的家庭文化存在着巨大的差异，但在家庭幸福的跨文化层面，其呈现了差异当中的巨大相似性。

我们的研究结果又进一步向我们提出了新的问题，即在全球化进程的背景下，我们应当如何去理解和把握普遍性的想象、文化特殊性的想象以及个体性想象三者之间的关系。要知道，在全球化进程当中，图像和想象世界对人与人之间的和平共处有着特殊的重要意义。

图像的范畴既包含着所谓的普遍可见的全球性图像，又包含着具有明显界限性的区域性图像、本土性图像以及个体化图像。同样，全球化的图像既体现了普适性，也具有区分性。因此，人们的想象世界是多样性的统一（unitas multiplex），可以看作一个统一的多样化。人类的图像和人们的想象世界经历着巨大改变，这一点可以从当代艺术从现代化向全球化的转变当中看出来：以往的现代艺术图像，很大程度上是以欧洲与美国为中心的欧美式艺术，而如今这一情景开始转向具有全球性的当代艺术。在此期间，艺术领域以及艺术市场、博物馆和展览进一步向中国、印度、巴西以及阿拉伯国家扩展。所以，全球性的当代艺术就不再是以欧美为中心的艺术，而是一个多中心的艺术图像（polyzentrisch, Weibel/Buddensieg, 2007; Belting/Buddensieg, 2011）。这一发展态势映射了人类想象世界的巨大变化，其中伴随着想象结构、想象图式和想象性图像的动态变迁。借助电子媒体，一些区域性的、本土化的图像也得以向世界范围扩散。如今整个世界都在经历着这一过程，即：原来的想象被丰富、扩展与转型。这种发展趋势也成为全球化过程中其他领域的一种典范，这时越来越多的新兴图像观得以形成，并通过模仿的形式成为全球人们的共同想象。这一过程又有相互矛盾、相互区分的趋势：一方面，它旨在使同一类图像向全球范围扩展，从而构建一个具有同一性的群体或个体想象世界；但另一方面，它又突出强调了文化的多元性，以及想象世界的多样性对塑造一个多元文化社会的意义。

无论是这两种中的哪一种趋势，政治的权力结构、经济利益体、社会文化构成体都扮演着重要的角色。借助于多样化的图像，人们的想象世界得以形式化，而这一过程常常不是显性化的，而是隐性化的过程。权力关系潜藏于各类图像中，借助于图像来表达，从而为人们潜移默化地习得，进而影响并改造着个体的想象的结构和图式。因此，权力关系也是植根于人的想象世界的，它具有表演性，作用于世界结构的形成，构建着人与人之间的关系。想象世界的图像影响着我们如何去对待文化当中的差异性，以及我们如何与他者交流，这也是我们当前面临的巨大挑战之一。

这一研究也明确地说明了，在当前的教育当中，加强对想象力、想象世界、模仿性和表演性学习重要性的认识显得多么必要与紧迫。世界大环境因全球化的进程而兴起的巨大变革，不断改变着新时代工业化的进程，加速着人们所信奉的学习进程、电子信息技术的发展，即人类生活各个方面的改变。在教育领域，这些都必须通过图像，尤其是数字图像，以及基于想象力的创造性学习来完成。这样，模仿性学习过程就越来越重要。它是一种创造性的学习仿效，基于此，儿童可以认识世界，可以通过基于数字平台的媒体图像，将无法触及的、遥远的世界转化为个体的内在想象世界。基于图像与想象力发展的教育，对处于变迁中的未来教育改良具有重要的意义。这也将使未来教育更加关照感知觉的意义、情感的发展和想象力的推进。

参考文献

Adorno, Theodor Wiesengrund (Hg.) (1969): *Der Positivismusstreit in der deutschen Soziologie* (《德国社会学中的实证主义论战》). Neuwied: Luchterhand.

Agamben, Giorgio (2001): *Noten zur Geste* (《手势注解》). In: Ders. : Mittel ohne Zweck. Noten zur Politik. Freiburg, Berlin: Diaphanes, S. 53—62.

Aiger, Wilma (2002): *Nicht-verbales Verhalten in der erzieherischen Interaktion* (《教育互动情景中的非言语性行为》). Frankfurt/M. u. a. : Lang.

Alkemeyer, Thomas/Brümmer, Kristina/Kodalle, Rea/Pille, Thomas (Hg.) (2009): *Ordnung als Bewegung. Choreographien des Sozialen* (《运动中的秩序:社会的舞蹈术》). Bielefeld: transcript.

Alkemeyer, Thomas/Kalthoff, Herbert/Rieger-Ladich, Markus (Hg.) (2015): *Bildungspraxis. Körper-Räume-Objekte* (《教育实践:身体-空间-客体》). Weilerswist: Velbrück.

Alloa, Emmanuel (2011): *Das durchscheinende Bild. Konturen einer medialen Phänomenologie* (《透明的图画:媒体现象学概要》).

Zürich/Bern: Diaphanes Verlag.

Antweiler, Christoph (2007): *Was ist den Menschen gemeinsam? Über Kultur und Kulturen* (《何为人的共性？单数文化与复数文化》). Darmstadt: Wissenschaftliche Buchgesellschaft.

Antweiler, Christoph (2011): *Mensch und Weltkultur* (《人类与世界文化》). Bielefeld: transcript.

Appadurai, Arjun (1996): *Modernity at Large. Cultural Dimensions of Globalization* (《消散的现代性：全球化的文化维度》). Santa Fe: University of Minnesota.

Aristoteles (1983): *Von der Seele* (《论灵魂》). In: Vom Himmel. Von der Seele. Von der Dichtkunst, übers. u. hg. v. Olof Gigon. München: dtv, S.257—347.

Aristoteles (1987): *Poetik* (《诗学》). hg. v. H. Fuhrmann. Stuttgart: Verlag dt. Bibliothek.

Aristoteles (2004): *De memoria et reminiscentia* (《论记忆》). Berlin: Akademie Verlag.

Audehm, Kathrin (2007): *Erziehung bei Tisch. Zur sozialen Magie eines Familienrituals* (《饭桌边的教育：家庭仪式中的社会魔力》). Bielefeld: transcript.

Audehm, Kathrin/Velten, Rudolf (Hg.) (2007): *Transgression-Hybridisierung-Differenzierung. Zur Performativität von Grenzen in Sprache, Kultur und Gesellschaft* (《僭越-杂交-区分：语言、文化与社会中的"边界"表演》). Freiburg: Rombach.

Audehm, Kathrin/Wulf, Christoph/Zirfas, Jörg (2007): *Rituale* (《仪式》). In: Ecarius, Jutta (Hg.): Handbuch Familie. Wiesbaden: Verlag für Sozialwissenschaften, S.424—440.

Augé, Marc (1994): *Pour une anthropologie des mondes contemporains*

（《当代社会人类学》）. Paris：Éditions Aubier.

Augé, Marc（1997）：*La guerre des rêves. Exercices d'ethno-fiction*（《梦想之战：民族志练习》）. Paris：Seuil.

Austin, John L.（1985）：*Zur Theorie der Sprechakte*（《如何以言行事》）. 2. Aufl. Stuttgart：Reclam.

Bachelard, Gaston（1943）：*L'air et les songes. Essai sur l'imagination du mouvement*（《空气与梦想》）. Paris：Librairie générale française. Livre de Poche. Biblio Essais 1992.

Bachelard, Gaston（1980）：*La terre et les rêveries de la volonté*（《泥土与意志的幻想》）. Paris：Corti.

Bachelard, Gaston（1987）：*Poetik des Raumes*（《空间诗学》）. Frankfurt/M.：Fischer.

Bachelard, Gaston（1993）：*L'eau et les rêves*（《水与梦》）. Paris：Le livre de poche.

Bachelard, Gaston（1997）：*La psychoanalyse du feu*（《火的精神分析》）. Paris：Gallimard.

Barth, Marcella/Markus, Ursula（1996）：*Alles über Körpersprache*（《一切皆由体态语》）. Ravensburg：Ravensburger Verlag.

Barthes, Roland（1989）：*Die helle Kammer*（《明室》）. Frankfurt/M.：Suhrkamp.

Bateson, Gregory（1981）：*Eine Theorie des Spiels und der Phantasie*（《游戏与幻想理论》）. In：Ders.：Ökologie des Geistes. Anthropologische, psychologische, biologische und epistemologische Perspektiven. Frankfurt/M.：Suhrkamp, S. 241—261.

Baudrillard, Jean（1981）：*Simulacre et simulation*（《拟像与模拟》）. Paris：Editions Galilée.

Baudrillard, Jean（1987）：*Das Andere selbst*（《另一个我》）. Wien：

Bohn, Volker（Hg.）1996：*Bildlichkeit. Internationale Beiträge zur Poetik*（《比喻：诗学的国际论文集》）. Frankfurt/M.：Suhrkamp.

Bohnsack, Ralf （2003）：*Rekonstruktive Sozialforschung. Einführung in qualitative Methoden*（《重构社会学：质性研究方法导论》）. Opladen：Leske und Budrich.

Bohnsack, Ralf（2009）：*Qualitative Bild-und Videointerpretation：die dokumentarische Methode*（《图像与视频的质性阐释》）. Opladen, Farmington Hills：Barbara Budrich.

Bossard, James H. S./Boll, Eleanor S.（1950）：*Ritual in Family Living. A Contemporary Study*（《家庭生活中的仪式：一个当代研究》）. Philadelphia：University of Pennsylvania Press.

Bourdieu, Pierre（1976）：*Entwurf einer Theorie der Praxis*（《实践理论大纲》）. Frankfurt/M.：Suhrkamp.

Bourdieu, Pierre（1982a）：*Les rites comme actes d'institution*（《作为制度性的仪式》）. In：Actes de la recherche en sciences sociales Bd. 32, S.58—63.

Bourdieu, Pierre（1982b）：*Die feinen Unterschiede. Kritik der gesellschaftlichen Urteilskraft*（《区隔：品味判断的社会批判》）. Frankfurt/M.：Suhrkamp.

Bourdieu, Pierre（1987）：*Sozialer Sinn*（《社会性意义》）. Frankfurt/M.：Suhrkamp.

Bourdieu, Pierre（1997）：*Eine sanfte Gewalt. Pierre Bourdieu im Gespräch mit Irene Dölling und Margareta Steinrücke*（《温柔的暴力：多格林、施泰因吕克对话布迪厄》）. In：Irene Dölling/Beate Krais（Hg.）：Ein alltägliches Spiel. Frankfurt/M.：Suhrkamp, S. 218—229.

Bowen, Murray（1978）：*Family Therapy in Clinical Practice*（《临

土化》). Tübingen: Stauffenburg Verlag.

Birdwhistell, Ray L. (1952): *Introduction to Kinesics*. *An Annotation System for the Analysis of Body Motion and Gesture* (《人体动作学导论:身体运动与体态语分析》). Louisville: University Louisville Press.

Birdwhistell, Ray L. (1970): *Kinesics and Context*. *Essays on Body Motion Communication* (《身势语与情景:身体运动中的交际论文集》). Philadelphia: University of Pennsylvania Press.

Bloch, Ernst (1985): *Das Prinzip Hoffnung* (《希望的原则》). Frankfurt/M.: Suhrkamp.

Blumenberg, Hans (1981): *Die Lesbarkeit der Welt* (《可读的世界》). Frankfurt/M.: Suhrkamp.

Bodmer, Johann Jakob (1966): *Kritische Abhandlung von dem Wunderbaren in der Poesie* (《论诗中惊奇的批判》). (Nachdruck der Edition von 1740). Stuttgart.

Boehm, Gottfried (Hg.) (1994a): *Was ist ein Bild?* (《何谓图像?》) München: Wilhelm Fink.

Boehm, Gottfried (1994b): *Die Bilderfrage* (《图像之问》). In: Ders.: Was ist ein Bild? München: Wilhelm Fink, S.325—343.

Boehm, Gottfried (2001): *Repräsentation*, *Präsentation*, *Präsenz* (《表征、再现与在场》). In: Ders. (Hg.): Homo Pictor. München, Leipzig: Saur, S.3—13.

Böhme, Gernot (2001): *Aisthetik*. *Vorlesungen über Ästhetik als allgemeine Wahrnehmungslehre* (《美学:作为知觉原则的审美》). München: Wilhelm Fink.

Boetsch, Gilles/Wulf, Christoph (Hg.) (2005): *Rituels* (《仪式》). Hermès, Vol 43. Paris: CNRS Éditions.

Belting, Hans (1990): *Bild und Kult. Eine Geschichte des Bildes vor dem Zeitalter der Kunst* (《图像与崇拜：艺术时期的图像史》). München: Beck.

Belting, Hans (2001): *Bild-Anthropologie. Entwürfe für eine Bildwissenschaft* (《图像－人类学：图像学大纲》). München: Wilhelm Fink.

Belting, Hans (2006): *Der Blick im Bild. Zu einer Ikonologie des Blicks* (《图画中的"观点"：图像学的视角》). In: Hüppauf, Bernd/ Wulf, Christoph (Hg.): Bild und Einbildungskraft. München: Wilhelm Fink, S. 121—144.

Belting, Hans/Buddensieg, Andrea (Hg.) (2009): *The Global Art World. Audiences, Markets, and Museums* (《全球化的艺术世界：观众、市场与博物馆》). Ostfildern: Hatje Cantz.

Benjamin, Walter (1980): *Berliner Kindheit um Neunzehnhundert* (《1900年前后柏林的童年》). Gesammelte Schriften, hg. v. Rolf Tiedemann/Hermann Schweppenhäuser. Bd. 4, 1, S. 235—304; Bd. 7, 1, S. 385 ff. (Fassung letzter Hand). Frankfurt/M.: Suhrkamp.

Benthien, Claudia/Wulf, Christoph (Hg.) (2001): *Körperteile. Eine kulturelle Anatomie* (《肢体：一个文化解剖的视角》). Reinbek: Rowohlt.

Benz, Ernst (1969): Die Vision. *Erfahrungsformen und Bilderwelt* (《异象：经验的形式与图像世界》). Stuttgart: Klett.

Bergson, Henri (1991): *Materie und Gedächtnis. Eine Abhandlung über die Beziehung zwischen Körper und Geist* (《物质与记忆：论身体与精神的关系》). Hamburg: Meiner.

Bhabha, Homi K. (2000): *Die Verortung der Kultur* (《文化的本

Passagen.

Baudrillard, Jean (1990): *La transparence du Mal* (《恶的透明性》). Paris: Editions Galilée.

Baudrillard, Jean (1991): *Das System der Dinge. Über unser Verhältnis zu den alltäglichen Gegenständen* (《物体系:人与日常事物的关系》). Frankfurt/M.: Campus.

Baudrillard, Jean (1992): *L'illusion de la fin ou la grève des événements* (《误以为是结束的错觉,或所有事件都在罢工》). Paris: Editions Galilée.

Baudrillard, Jean (1995): *Le crime parfait* (《完美的罪行》). Paris: Editions Galilée.

Baumann, Maurice/Hauri, Roland (Hg.) (2008): *Weihnachten-Familienritual zwischen Tradition und Kreativität* (《圣诞节与家庭仪式:传统与创新》). Stuttgart: Kohlhammer.

Bausch, Constanze (2006): *Verkörperte Medien. Bilder der Gemeinschaft, Aufführung der Körper* (《身体化的媒体:集体的图像与身体性展演》). Bielefeld: transcript.

Baxmann, Ingeborg (1991): *Traumtanzen oder die Entdeckungsreise unter die Kultur* (《梦中之舞抑或文化中的发现之旅》). In: Gumbrecht, Hans Ulrich/Pfeiffer, Ludwig (Hg.): Paradoxien, Dissonanzen, Zusammenbrüche: Situationen offener Epistemologie. Frankfurt/M.: Suhrkamp, S.316—340.

Beck, Ulrich/Vossenkuhl, Wilhelm/Ziegler, Ulf E. (1995): *Eigenes Leben. Ausflüge in die unbekannte Gesellschaft, in der wir leben* (《自己的生活:远足于我们所生活的陌生社会》). München: Beck.

Bell, Catherine (1992): *Ritual Theory, Ritual Practice* (《仪式理论与仪式实践》). New York: Oxford University Press.

床实践中的家庭治疗》). New York: Jason Aronson.

Brandstetter, Gabriele (1995): *Tanz-Lektüren. Körperbilder und Raumfiguren der Avantgarde* (《舞蹈-阅读:先锋艺术中的身体图像与空间构造》). Frankfurt/M.: Fischer.

Brandstetter, Gabriele/Wulf, Christoph (2007): *Tanz als Anthropologie* (《作为人类学的舞蹈》). München: Wilhelm Fink.

Braun, Rudolf/Gugerli, David (1993): *Macht des Tanzes-Tanz der Mächtigen. Hoffeste und Hofzeremoniell* 1550—1914 (《舞蹈的权力与权力的舞蹈》). München: Beck.

Bredekamp, Horst (2010): *Theorie des Bildakts* (《画作理论》). Berlin: Suhrkamp.

Breitinger, Johann Jakob (1966): *Critische Dichtkunst* (《诗歌艺术批判》), 2. Bd. (Nachdruck der Ausgabe von 1849). Stuttgart.

Bremmer, Jan/Roodenburg, Herman (Hg.) (1992): *A Cultural History of Gesture* (《体态语的文化历程》). Ithaca, London: Cornell University Press.

Bush, Susan (1971): *The Chinese Literation Painting. Su shih* (1037) *to Tung Ch'ich'ang* (1555—1636) (《中国文人画:从苏轼到董其昌》). Cambridge: Cambridge University Press.

Butler, Judith (1990): *Gender Trouble. Feminism and the Subversion of Identity* (《性别的麻烦:女性主义与身份的颠覆》). New York: Routledge.

Butler, Judith (1995): *Körper von Gewicht. Zur diskursiven Konstruktion von Geschlecht* (《身体之重:论"性别"的话语界限》). Berlin: Berlin Verlag.

Buytendijk, Frederik J. J. (1933): *Wesen und Sinn des Spiels. Das Spielen des Menschen und der Tiere als Erscheinungsform der Leben-*

striebe (《游戏的本质与意义：人类的游戏与动物本能》). Berlin：
Wolff.

Caillois, Roger (1982)：*Die Spiele und die Menschen. Maske und Rausch* (《游戏与人类：伪装与迷离》). Frankfurt/M. u. a.：Ullstein.

Calbris, Geneviève (1990)：*The Semiotics of French Gestures* (《法式体态语的符号学》). Bloomington, Indianapolis：Indiana University Press.

Castoriadis, Cornelius (1984)：*Gesellschaft als imaginäre Institution* (《作为想象机构的社会》). Frankfurt/M：Suhrkamp.

de Cervantes Saavedra, Miguel (1955)：*Der scharfsinnige Ritter Don Quixote von der Mancha. Nach der anonymen Ausgabe 1837 von Konrad Thorer* (《堂吉诃德》). Frankfurt/M.：Insel.

Changeux, Jean-Pierre (2002)：*L'Homme de vérité* (《真理之人》). Paris：Odile Jacob.

Darwin, Charles (1979)：*The Expression of the Emotions in Man and Animals* (《人类和动物的情感表达》). London：Murray (dt.：Der Ausdruck der Gemütsbewegungen bei dem Menschen und den Tieren. Düsseldorf 1964：Rau).

Debray, Régis (2007)：*Jenseits der Bilder. Eine Geschichte der Bildbetrachtung im Abendland* (《图像的生与死：西方观图史》). Berlin：Avinus.

Delors, Jacques (1996)：*Learning：the Treasure within. Report to UNESCO of the International Commission on Education for the Twenty-first Century* (《教育：财富蕴藏其中》). Paris：UNESCO (dt. Lernfähigkeit：unser verborgener Reichtum. UNESCO-Bericht zur Bildung für das 21. Jahrhundert. Neuwied 1997：Luchterhand).

Denis, Michel (1989)：*Image et cognition* (《认知的想象》). Paris: PUF.

Descartes, René (1984): *Die Leidenschaften der Seele* (《灵魂的激情》). Dt./frz., hg. u. übers. von Klaus Hammacher. Hamburg: Meiner.

Descartes, René (2009): *Meditationen, übers. und hg. v. Christian Wohlers* (《沉思录》). Hamburg: Meiner.

Diderot, Denis (1967): *Philosophische Schriften* (《哲学文集》). Erster Band, übers. v. Theodor Lücke. Frankfurt/M.: Europäische Verlagsanstalt.

Didi-Huberman, Georges (1990): *Devant l'image* (《图像之前》). Paris: Minuit.

Didi-Huberman, Georges (1999): *Ähnlichkeit und Berührung* (《类似与触摸》). Köln: DuMont.

Dieckmann, Bernhard/Wulf, Christoph/Wimmer, Michael (Hg.) (1997): *Violence. Nationalism, Racism, Xenophobia* (《暴力、民粹主义、民族主义与排外主义》). Münster, New York: Waxmann.

Dinkla, Söke/Leeker, Martina (Hg.) (2002): *Tanz und Technologie. Auf dem Weg zu medialen Inszenierungen* (《舞蹈与科技：走向媒介表演》). Berlin: Alexander-Verlag.

Douglas, Mary (1991): *Wie Institutionen denken* (《制度如何思考》). Frankfurt/M.: Suhrkamp.

Durand, Gilbert (1963): *Les structures anthropologiques de l'imaginaire* (《想象的人类学结构》). Introduction à l'archétypologie générale: Paris: Presses universitaires de France.

Durkheim, Emile (1994): *Die elementaren Formen des religiösen Lebens* (《宗教生活的基本形式》). Frankfurt/M.: Suhrkamp.

Ecarius, Jutta (Hg.) (2007): *Handbuch Familie* (《家庭研究手

册》). Wiesbaden: Verlag für Sozialwissenschaften.

Egidi, Margreth/Schneider, Oliver/Schöning, Matthias/Schütze, Irene/Torra-Mattenklott, Caroline (Hg.) (2000): *Gestik. Figuren des Körpers in Text und Bild* (《姿态语:文本与图像当中的身体构造》). Tübingen: Narr.

Eisner, Elliot W. (2002): *The Arts and the Creation of Mind* (《艺术与心灵创造力》). New Haven and London: Yale University Press.

Ekman, Paul E./Sorenson, Richard/Ellsworth, Paul (1982): *Emotions in the Human Face* (《情绪的面部表达》). New York: Pergamon.

Eliade, Mircea (1998): *Das Heilige und das Profane* (《神圣与世俗》). Frankfurt/M.: Insel.

Elias, Norbert (1978): *Über den Prozeß der Zivilisation. Soziogenetische und psychogenetische Untersuchungen* (《文明的进程:文明的社会发生和心理发生的研究》). 2 Bde. 5. Aufl. Frankfurt/M.: Suhrkamp.

Elias, Norbert/Dunning, Eric (1986): *Quest for Excitement. Sport and Leisure in the Civilizing Process* (《寻求刺激:文明进程中的体育与休闲》). Oxford: Blackwell.

Else, Gerald F. (1958): *Imitation in the 5th Century* (《公元五世纪的模仿》). In: Classical Philology 53 (2), S.73—90.

Escande, Yolaine (2003): *Traités chinois de peinture et de calligraphie* (《中国绘画与书法论文集》). Paris: Klincksieck.

Featherstone, Mike (1995): *Undoing Culture. Globalization, Postmodernism and Identity* (《消解文化:全球化、后现代主义与认同》). London, Thousand Oaks: Sage.

Fink, Eugen (1960): *Spiel als Weltsymbol* (《作为世界符号的游

戏》）. Stuttgart: Kohlhammer.

Fischer-Lichte, Erika/Wulf, Christoph（Hg.）（2001）: *Theorien des Performativen*（《演述理论》）. Paragrana. Internationale Zeitschrift für Historische Anthropologie 10（2001）1. Berlin: Akademie.

Fischer-Lichte, Erika/Wulf, Christoph（Hg.）（2004）: *Praktiken des Performativen*（《演述实践》）. Paragrana. Internationale Zeitschrift für Historische Anthropologie 13（2004）1. Berlin: Akademie.

Flick, Uwe（2004）: *Triangulation. Eine Einführung*（《三角互证导论》）. Wiesbaden: VS Verlag für Sozialwissenschaften.

Flügge, Johannes（1963）: *Die Entfaltung der Anschauungskraft*（《观念的发展》）. Heidelberg: Quelle & Meyer.

Flusser, Vilém（1991）: *Gesten. Versuch einer Phänomenologie*（《体态语：一个现象学的尝试》）. Düsseldorf, Bensheim: Bollmann.

Flusser, Vilém（1993）: *Eine neue Einbildungskraft*（《一种新的想象力》）. In: Ders: Lob der Oberflächlichkeit. Für eine Phänomenologie der Medien. Bensheim: Bollmann, S. 251—331.

Foucault, Michel（1977）: *Überwachen und Strafen*（《规训与惩罚》）. Die Geburt des Gefängnisses. 2. Aufl. Frankfurt/M.: Suhrkamp.

Frazer, James George（1998）: *Der goldene Zweig. Das Geheimnis. Von Glauben und Sitten der Völker*（《金枝》）. Reinbek: Rowohlt.

Frey, Siegfried（1999）: *Die Macht des Bildes. Zum Einfluss der nonverbalen Kommunikation auf Kultur und Politik*（《图像的力量：非言语性交流对文化与政治的影响》）. Bern: Huber.

Gebauer, Gunter（1996）: *Das Spiel in der Arbeitsgesellschaft. Über den Wandel des Verhältnisses von Spiel und Arbeit*（《工作场中的游戏：论游戏与劳动之间的关系转变》）. In: Paragrana. Internationale

Zeitschrift für Historische Anthropologie 5 (2), S. 23—39.

Gebauer, Gunter (1997): *Spiel* (《游戏》). In: Wulf, Christoph (Hg.): Vom Menschen. Handbuch Historische Anthropologie. Weinheim, Basel: Beltz, S. 1038—1048.

Gebauer, Gunter/Wulf, Christoph (1993): *Praxis und Ästhetik. Neue Perspektiven im Denken Pierre Bourdieus* (《实践与审美:对布迪厄理论的新解》). Frankfurt/M.: Suhrkamp.

Gebauer, Gunter/Wulf, Christoph (1998a): *Mimesis. Kunst, Kultur, Gesellschaft* (《模仿、艺术、文化、社会》). 2. Aufl. (erste Aufl. 1992) Reinbek: Rowohlt.

Gebauer, Gunter/Wulf, Christoph (1998b): *Spiel, Ritual, Geste. Mimetisches Handeln in der sozialen Welt* (《游戏、仪式、姿势:社会场域中的模仿行为》). Reinbek: Rowohlt.

Gebauer, Gunter/Wulf, Christoph (2003): *Mimetische Weltzugänge. Soziales Handeln-Rituale und Spiele-ästhetische Produktionen* (《模仿的世界:社会行动、仪式与游戏、艺术品》). Stuttgart: Kohlhammer.

Geertz, Clifford (1973): *The Interpretation of Cultures* (《文化的解释》). New York: Basic Books.

Geertz, Clifford (1983): *Dichte Beschreibung. Beiträge zur Beschreibung kultureller Systeme* (《深描》). Frankfurt/M: Suhrkamp.

Gegenfurtner, Karl R. (2003): *Gehirn & Wahrnehmung* (《大脑与感知》). Frankfurt/M.: Fischer.

Gehlen, Arnold (1986): *Der Mensch. Seine Natur und Stellung in der Welt* (《人类的本质及其在世界中的地位》). Wiebelsheim: Aula.

van Gennep, Arnold (1986): *Übergangsriten* (《过渡仪式》). Frankfurt/M., New York: Campus.

Gide, André (1991): *Die Falschmünzer. Roman* (《伪币制造者》). München: dtv.

Gide, André (1993): *Gesammelte Werke IX, Erzählende Werke, 3. Band: Die Falschmünzer* (《纪德总集 IX》). Stuttgart: Deutsche Verlags-Anstalt.

Girard, René (1987): *Das Heilige und die Gewalt* (《圣洁与暴力》). Zürich: Benzinger.

Girard, René (1998): *Der Sündenbock* (《替罪羊》). Zürich: Benzinger.

Glaser, Barney G./Strauss, Anselm (1969): *The Discovery of Grounded Theory* (《扎根理论的发现》). Chicago: Chicago University Press.

Glaser, Barney G./Strauss, Anselm (1998): *Grounded Theory. Strategien qualitativer Forschung* (《扎根理论：质性研究的策略》). Bern: Huber.

Göhlich, Michael/Wulf, Christoph/Zirfas, Jörg (Hg.) (2007): *Pädagogische Theorien des Lernens* (《学习的教育理论》). Weinheim, Basel: Beltz.

Goffman, Erving (1993): *Rahmen-Analyse* (《框架分析》). Frankfurt/M.: Suhrkamp.

Goldin-Meadow, Susan (2005): *Hearing Gesture. How our hands help us think* (《听见手势语：手如何帮助我们思考》). Cambridge/Mass., London: Harvard University Press.

Goldstein, E. Bruce (2008): *Wahrnehmungspsychologie* (《知觉论》). Heidelberg: Spektrum Akademischer Verlag.

Greco, Monica/Stenner, Paul (Hg.) (2008): *Emotions. A Social Science Reader* (《情感：一种社会学的阅读》). London, New York:

Routledge.

Greenblatt, Stephen (1994): *Wunderbare Besitztümer. Die Erfindung des Fremden: Reisende und Entdecker* (《不可思议的财富:新世界的奇迹》). Berlin: Wagenbach.

Grimes, Ronald (1995): *Beginnings in Ritual Studies* (《仪式研究之始》). Columbia: University of South Carolina Press.

Großklaus, Götz (2004): *Medien-Bilder. Inszenierung der Sichtbarkeit* (《媒体-图像:可见性的表演》). Frankfurt/M.: Suhrkamp.

Gruzinski, Serge (1988): *La colonisation de l'imaginaire: sociétés indigènes et occidentalisation dans le Mexique espagnol: XVIe-XVIIIe siècle* (《想象中的殖民化:十六至十八世纪西班牙征服时期的墨西哥土著社会与西化进程》). Paris: Gallimard.

Gruzinski, Serge (1999): *La pensée métisse* (《思想的混血儿》). Paris: Fayard.

Hahn, Alois (2010a): *Körper und Gedächtnis* (《身体与记忆》). Wiesbaden: Verlag für Sozialwissenschaften.

Hahn, Alois (2010b): *Emotion und Gedächtnis* (《情绪与记忆》). In: Paragrana 19 (1). Berlin: Akademie Verlag, S. 15—31.

Halbwachs, Maurice (2006): *Das Gedächtnis und seine sozialen Bedingungen* (《记忆及其社会性前提》). 2. Aufl. Frankfurt/M.: Suhrkamp.

Harding, Jennifer/Pribram, E. Deirdre (Hg.) (2009): *Emotions: A Cultural Studies Reader* (《情绪:文化学的研究》). London, New York: Routledge.

Heidegger, Martin (1980): *Die Zeit des Weltbildes* (《世界图像》). In: Ders.: Holzwege. 6. Aufl. Frankfurt/M.: Klostermann.

Heidemann, Rudolf (2003): *Körpersprache im Unterricht. Ein*

Ratgeber für Lehrende (《课堂中的身体语言：给老师的忠告》). 7. Aufl. Wiebelsheim：Quelle und Meyer.

Hobbes, Thomas（1996）：Leviathan. Mit einer Einf. und hg. von Hermann Klenner（《利维坦》）. Hamburg：Meiner.

Horn, Christoph（1998）：*Antike Lebenskunst. Glück und Moral von Sokrates bis zu den Neuplatonikern*（《古希腊的生活艺术：幸福与道德——从苏格拉底到新柏拉图》）. München：Beck.

Howes, David（Hg.）（1991）：*The Varieties of Sensory Experience*（《感官经验》）. Toronto, Buffalo：University of Toronto Press.

Hoyer, Timo（Hg.）（2007）：*Vom Glück und glücklichen Leben. Sozial-und geisteswissenschaftliche Zugänge*（《从幸福到幸福地生活：人文社会科学的视角》）. Göttingen：Vandenhoeck & Ruprecht.

Hüppauf, Bernd/Wulf, Christoph（Hg.）（2006）：*Bild und Einbildungskraft*（《图像与想象力》）. München：Wilhelm Fink.

Hüther, Gerald（2004）：*Die Macht der inneren Bilder. Wie Visionen das Gehirn, den Menschen und die Welt verändern*（《内在图像的力量：幻想如何改变大脑、人类与世界》）. Göttingen：Vandenhoeck & Ruprecht.

Huizinga, Johan（1981）：*Homo ludens. Vom Ursprung der Kultur im Spiel*（《游戏的人》）. Reinbek：Rowohlt.

Hume, David（1989）：*Traktat über die menschliche Natur*（《人性论》）. Hamburg：Meiner.

Lacoboni, Marco（2008）：*Mirroring People. The New Science of How We Connect with Others*（《模仿他人：我们如何与他们关联——新科学的视角》）. New York：Farrar, Straus and Giroux.

Imai, Yasuo/Wulf, Christoph（Hg.）（2007）：*Concepts of Aesthetic Education. Japanese and European Perspectives*（《审美教育的概念：日

本与欧洲》). Münster, New York: Waxmann.

Imber-Black, Evan/Roberts, Janine/Whiting, Richard A. (Hg.) (2006): *Rituale. Rituale in Familie und Familientherapie* (《仪式:家庭与家庭疗法中的仪式》). 6. Aufl. Heidelberg: Auer.

Imdahl, Max (1994): *Ikonik. Bilder und ihre Anschauung* (《符号、图像及其观点》). In: Boehm, Gottfried: Was ist ein Bild? München: Wilhelm Fink, S. 300—324.

Iser, Wolfgang (1991): *Das Fiktive und das Imaginäre. Perspektiven literarischer Anthropologie* (《虚构与想象:文学人类学的视角》). Frankfurt/M.: Suhrkamp.

Jörissen, Benjamin/Zirfas, Jörg (Hg.) (2010): *Schlüsselwerke der Identitätsforschung* (《身份研究的主要著作》). Wiesbaden: Verlag für Sozialwissenschaften.

Jonas, Hans (2006): *Homo pictor. Von der Freiheit des Menschen* (《图像的人:人类的自由》). In: Boehm, Gottfried (Hg.): Was ist ein Bild? München: Wilhelm Fink, S. 105—124.

Jousse, Marcel (1974/1978): *L'anthropologie du geste* (《手势人类学》). 3 Bde. Paris: Gallimard.

Jullien, François (2005): *Das große Bild hat keine Form* (《大象无形》). München: Wilhelm Fink.

Jung, Carl Gustav (1971): *Mensch und Seele* (《人类与心灵》). In: Gesamtwerk 1905—1961, hg. von Jolande Jacobi. Olten, Freiburg: Walter-Verlag.

Jung, Victor (1977): *Handbuch des Tanzes* (《舞蹈手册》). Hildesheim, New York: Olms (Nachdruck der Ausgabe Stuttgart 1930).

Kamper, Dietmar (1981): *Zur Geschichte der Einbildungskraft* (《想

象力的历史》). München: Hanser.

Kamper, Dietmar (1986): *Zur Soziologie der Imagination* (《想象的社会学》). München: Hanser.

Kamper, Dietmar (1995): *Unmögliche Gegenwart. Zur Theorie der Phantasie* (《不可能的当下:幻想理论》). München: Wilhelm Fink.

Kamper, Dietmar/Wulf, Christoph (Hg.) (1984): *Das Schwinden der Sinne* (《缄默的知觉》). Frankfurt/M.: Suhrkamp.

Kamper, Dietmar, Wulf, Christoph (Hg.) (1989): *Anthropologie nach dem Tode des Menschen* (《"人之死"后的人类学研究》). Frankfurt/M.: Suhrkamp.

Kämpf, Heike/Schott, Rüdiger (Hg.) (1995): *Der Mensch als homo pictor? Die Kunst traditioneller Kulturen aus der Sicht von Philosophie und Ethnologie* (《作为图像的人? 哲学与民族志视角下的传统文化艺术》). Bonn: Bouvier.

Kant, Immanuel (1983): *Kritik der reinen Vernunft* (《纯粹理性批判》). Darmstadt: Wissenschaftliche Buchgesellschaft.

Kellermann, Ingrid (2008): *Vom Kind zum Schulkind. Die rituelle Gestaltung der Schulanfangsphase* (《从孩子到学生孩子:开学的仪式化构建》). Opladen: Budrich UniPress.

Kendon, Adam (2004): *Gesture: Visible Action as Utterance* (《体态语:可见性行动作为一种表达》). Cambridge: Cambridge University Press.

Kepler, Johannes (1997): *Der Vorgang des Sehens* (《观看的过程》). In: Konersmann, R. (Hg.): Kritik des Sehens. Leipzig: Reclam, S. 105—115.

Keppler, Angela (1994): *Tischgespräche. Über Formen kommunikativer Vergemeinschaftung am Beispiel der Konversation in Familien* (《桌

边谈话:交流性集体的形式——以家庭中的对话为例》). Frankfurt/ M.: Fischer.

Klein, Gabriele/Zipprich, Christa (Hg.) (2002): *Tanz, Theorie, Text* (《舞蹈、理论与文本》). Münster, Hamburg, London: Lit.

Klinge, Antje/Leeker, Martina (Hg.) (2003): *Tanz, Kommunikation, Praxis* (《舞蹈、交流与实践》). Münster: Lit.

Kotthoff, Helga (1998): *Spaß verstehen. Zur Pragmatik von konversationellem Humor* (《理解快乐:交谈中的幽默》). Tübingen: Niemeyer.

Kontopodis, Michalis, Varvantakis, Christos, and Wulf, Christoph (eds.) (2017). *Global Youth in Digital Trajectories* (《数字化时代下的全球青年》). London, New York, New Delhi: Routledge.

Krais, Beate/Gebauer, Gunter (2002): *Habitus* (《惯习》). Bielefeld: transcript.

Kraus, Anja, Budde, Jürgen, Hietzge, Maud, Wulf, Christoph (Hg.) (2017). *Handbuch Schweigendes Wissen* (《缄默知识手册》). Weinheim/Basel: BeltzJuventa.

Kreinath, Jens/Snoek, Jan/Stausberg, Michael (Hg.) (2006): *Theorizing Rituals* (《仪式理论化》). Issues, Topics, Approaches, Concepts. Leiden, Boston: Brill.

Kuba, Alexander (2005): Geste/Gestus. In: Fischer-Lichte, Erika/Kolesch, Doris/Warstat, Matthias (Hg.): *Metzler Lexikon Theatertheorie* (《麦茨勒词典:戏剧理论》). Stuttgart, Weimar: Metzler, S. 129—136.

Lacan, Jacques (1986): *Die Familie* (《家庭》). In: Ders.: Schriften III. Weinheim: Quadriga, S. 40—100.

Lacan, Jacques (1994a): *Das Spiegelstadium* (《镜像理论》).

Frankfurt/M.: Suhrkamp.

Lacan, Jacques (1994b): *Was ist ein Bild/Tableau* (《何为图像/画面》). In: Boehm, Gottfried (Hg.) (1994): Was ist ein Bild? München: Wilhelm Fink, S. 75—89.

Lakoff, George/Johnson, Mark (1999): *Philosophy in the Flesh. The Embodied Mind and Its Challenge to Western Thought* (《体验哲学: 身体化的大脑及其对西方哲学的挑战》). New York: Basic Books.

Langer, Susan (1979): *Philosophy in a New Key* (《哲学新解》). Cambridge: Harvard University Press.

Laotse (2012): *Tao Te King* (《道德经》). Hammelbruch: Drei Eichen (4. Aufl.).

Lauster, Jörg (2004): *Gott und das Glück. Das Schicksal des guten Lebens im Christentum* (《上帝与幸福: 基督教命定的幸福生活》). Darmstadt: Wissenschaftliche Buchgesellschaft.

Le Breton, David (1998): *Les passions ordinaires. Anthropologie des émotions* (《情感人类学》). Paris: Armand Colin.

Leroi-Gourhan (1965): *Le geste et la parole, Bd II: La mémoire et les rythmes* (《手势与词 II: 记忆和节奏》). Paris: Albin Michel (dt. Leroi-Gourhan, André (1980): Hand und Wort. Die Evolution von Technik, Sprache und Kunst. Frankfurt/M.: Suhrkamp).

Le Tensorer, Jean-Marie (2001): *Ein Bild vor dem Bild? Die ältesten menschlichen Artefakte und die Frage des Bildes* (《图像前的图画? 古代人类的制造与图像之问》). In: Boehm, Gottfried (Hg.): Homo Pictor. München, Leipzig: Saur, S. 57—75.

Liebau, Eckhart (1992): *Die Kultivierung des Alltags* (《发现日常生活》). Weinheim, München: Juventa.

Liebau, Eckhart (1999): *Erfahrung und Verantwortung* (《经历与

责任》). Weinheim, München: Juventa.

Maar, Christa/Burda, Hubert (Hg.) (2004): *Iconic Turn. Die neue Macht der Bilder* (《图像转向:图像的新权力》). Köln: Dumont.

Macho, Thomas (2000): *Ist mir bekannt, dass ich sehe?* (《我真的知道我所看的吗?》) In: Hans Belting/Dietmar Kamper (Hg.): Der zweite Blick. Bildgeschichte und Bildreflexion. München: Wilhelm Fink, S. 211—228.

Malebranche, Nicolas (1920): *Erforschung der Wahrheit* (《真理研究》). München: Georg Müller Verlag.

Mania, Dietrich (1991): *Kultur, Umwelt und Lebensweise des Homo erectus von Bilzingsleben* (《直立人的文化、环境与生活》). In: Joachim Herrmann/Herbert Ullrich (Hg.): Menschwerdung. Berlin: Akademie, S. 272—296.

Marin, Louis 1993: *Les pouvoirs de l'image* (《图像的力量》). Paris: Seuil

Mattenklott, Gert (2006): *Einbildungskraft* (《想象力》). In: Hüppauf, Bernd/Wulf, Christoph (Hg.): Bild und Einbildungskraft. München: Wilhelm Fink, S. 47—64.

Mayer-Klaus, Ulrike/Efinger-Keller, Ulrike (2006): *Zusammen wachsen: Rituale für Familien* (《共同成长:家庭仪式》). Ostfildern: Schwabenverlag.

McLuhan, Marshall (1968): *Die magischen Kanäle. Understanding Media* (《神秘的运河:理解媒体》). Düsseldorf: Econ.

McNeill, David (1992): *Hand and Mind. What Gestures Reveal about Thought* (《手与脑:手势表达了什么想法》). Chicago, London: Chicago University Press.

McNeill, David (2005): *Gesture and Thought* (《手势与思想》).

Chicago, London: Chicago University Press.

Mead, George H. (1973): *Geist, Identität und Gesellschaft* (《精神、身份与社会》). Frankfurt/M.: Suhrkamp.

Merleau-Ponty, Maurice (1994): *Das Sichtbare und das Unsichtbare* (《可见的与不可见的》). München: Wilhelm Fink.

Mersch, Dieter (2006): *Imagination, Figuralität und Kreativität. Zur Frage der Bedingungen kultureller Produktivität* (《想象、构造与创新:论文化生产性的基础》). In: Abel, Günter (Hg.): Kreativität. XX. Deutscher Kongress für Philosophie 26.—30. September 2005 an der Technischen Universität Berlin. Kolloquienbeiträge. Hamburg: Meiner, S. 344—359.

Michaels, Axel (1999): *Le „rituel pour le rituel?" oder wie sinnlos sind Rituale?* (《仪式为仪式抑或无意义的仪式》) In Caduff, Corinna/Pfaff-Czarnecka, Joanna (Hg.): Rituale heute. Berlin: Reimer, S. 23—48.

Michaels, Axel (Hg.) (2007): *Die neue Kraft der Rituale* (《新解仪式的力量》). Heidelberg: Winter.

Michaels, Axel/Wulf, Christoph (Hg.) (2011). *Images of the Body in India* (《印度人的身体图像》). London, New York, New Delhi: Routledge.

Michaels, Axel/Wulf, Christoph (Hg.) (2012). *Emotions in Rituals and Performances* (《仪式与表演中的情感》). London, New York, New Delhi: Routledge.

Michaels, Axel/Wulf, Christoph (Hg.) (2014). *Exploring the Senses* (《探索感官》). London, New York, New Delhi: Routledge.

Mitchell, William J. T. (1994): *Picture Theory. Essays on Verbal and Visual Representation* (《图像理论:语言与视觉表征论文集》).

Chicago: Chicago University Press.

Mollenhauer, Klaus/Wulf, Christoph (Hg.) (1996): *Aisthesis/Asthetik. Zwischen Wahrnehmung und Bewußtsein* (《美学/审美：知觉与意识》). Weinheim: Deutscher Studienverlag.

Mondzain, Marie-José. 1996: *Image, icône, économie. Les sources byzantines de l'imaginaire contemporain* (《图像、符号与经济学：当代虚构的拜占庭之源》). Paris: Seuil.

de Montaigne, Michel (1992): *Essais* (《蒙田散文集》). Zürich: Manesse.

Morgenthaler, Christoph/Hauri, Roland (Hg.) (2010): *Rituale im Familienleben: Inhalte, Formen und Funktionen im Verhältnis der Generationen* (《家庭生活中的仪式：代际生活中的内容、形式与功能》). Weinheim, München: Juventa.

Morin, Edgar (1958): *Der Mensch und das Kino. Eine anthropologische Untersuchung* (《人类与影院：人类学的视角》). Stuttgart: Ernst Klett Verlag.

Morin, Edgar (1974): *Das Rätsel des Humanen* (《人类之谜》). München, Zürich: Piper.

Morris, Desmond/Collett, Peter/Marsh, Peter/O'Shaughnessy, Marie (1979): *Gestures. Their Origins and Distribution* (《手势：起源及其传播》). London: Jonathan Cape.

Müller, Cornelia/Posner, Roland (Hg.) (2004). *The Semantics and Pragmatics of Everyday Gestures* (《日常手势的语义学与实用性》). Berlin: Weidler.

Novalis (1965). Schriften Band 2: *Das philosophische Werk* (《诺瓦利斯全集 2：哲学篇》). Darmstadt: Wissenschaftliche Buchgesellschaft.

Obert, Mathias (2006). *Imagination oder Antwort? Zum Bildver-ständnis im vormodernen China* (《想象或回应？前现代中国的图像理解》). In: Hüppauf, Bernd/Wulf, Christoph (Hg.): Bild und Ein-bildungskraft. München: Wilhelm Fink, S. 145—158.

Otto, Rudolf (1979): Das Heilige. *Über das Irrationale in der Idee des Göttlichen und sein Verhältnis zum Rationalen* (《神圣：论诸神的非理性及其与理性的关系》). München: Beck.

Paragrana (2004): *Praktiken des Performativen* (《实践与表演性》). 13. Jg., Heft 1, hg. von Erika Fischer-Lichte/Christoph Wulf.

Paragrana (2007): *Klanganthropologie* (《族群人类学》). 16. Jg., Heft 2., hg. v. Holger Schulze/Christoph Wulf.

Paragrana (2010a): *Emotion, Bewegung, Körper* (《情感，运动，身体》). 19. Jg., Heft 1, hg. v. Gunter Gebauer/Christoph Wulf.

Paragrana (2010b): *Kontaktzonen* (《接触地带》). 19. Jg., Heft 2, hg. v. Christoph Wulf.

Paragrana (2011): *Emotionen in einer transkulturellen Welt* (《跨文化背景中的情感》). 20 Jg., Heft 2, hg. v. Christoph Wulf/Jacques Poulain/Fathi Triki.

Paragrana: *Internationale Zeitschrift für Historische Anthropologie* (《国际历史人类学杂志》). (2013): Well-being. 22 (2013) 1.

Pilarczyk, Ulrike/Mietzner, Ulrike (2005): *Das reflektierte Bild. Die seriell-ikonografische Fotoanalyse in den Erziehungs-und Sozialwissen-schaften* (《反思图像：教育与社会学中图像的时序分析》). Bad Hei-lbrunn: Klinkhardt.

Platon (1971): *Politeia* (《理想国》). In: Werke in acht Bänden. Hg. von Gunther Eigler. Übersetzung von Friedrich Schleiermacher.

Band 4. Darmstadt: Wissenschaftliche Buchgesellschaft.

Plessner, Helmuth (1983): *Conditio humana* (《人类的条件》). In: ders.: Gesammelte Schriften, hg. von Otto Dux/Odo Marquard/Elisabeth Ströker. Band 8. Frankfurt/M.: Suhrkamp.

Prange, Klaus (2005): *Die Zeigestruktur der Erziehung. Grundriss der operativen Pädagogik* (《教育的显示性结构：操作性教学概论》). Paderborn: Schöningh.

Proust, Marcel (1975): *Auf der Suche nach der verlorenen Zeit* (《追忆似水年华》). Die wiedergefundene Zeit 2. Frankfurt/M.: Suhrkamp.

Quinn, William H./Newfield, Neal A./Protinsky, Howard O. (1985): *Rites of Passage in Families with Adolescents* (《家庭里的成年过渡仪式》). In: Family Process 24, S.101—111.

Rautzenberg, Markus (2009): *Die Gegenwendigkeit der Störung. Aspekte einer postmetaphysischen Präsenztheorie* (《精神障碍的反动机性：后形而上学存在理论的视角》). Zürich, Berlin: Diaphanes.

Ricœur, Paul (1973): *Hermeneutik und Strukturalismus* (《阐释学与结构主义》). Der Konflikt der Interpretationen I. München: Kösel.

Ricœur, Paul (1991): *Die lebendige Metapher* (《活的隐喻》). 2. Aufl. München: Wilhelm Fink.

Rizzolatti, Giacomo/Craighero, Laila (2004): *The Mirror-Neuron System* (《镜像-神经系统》). In: Annual Review Neuroscience 27, S. 169—192.

Rosenbusch, Heinz S./Schober, Otto (Hg.) (2004): *Körpersprache und Pädagogik* (《身体语言与教育》). 4. Aufl. Baltmannsweiler: Schneider Verlag Hohengehren.

Roth, Gerhard (1995): *Das Gehirn und seine Wirklichkeit. Kogni-*

tive Neurobiologie und ihre philosophischen Konsequenzen (《大脑与真实：认知神经生物学及其哲学讨论》). Frankfurt/M.：Suhrkamp.

Rousseau, Jean-Jacques (1955)：*Konfessionen* (《忏悔录》). Frankfurt/M.：Insel.

Rousseau, Jean-Jacques (1981)：*Emil oder Über die Erziehung* (《爱弥尔》). Paderborn u. a.：Schöningh.

Sachs-Hombach, Klaus (2003)：*Das Bild als kommunikatives Medium. Elemente einer allgemeinen Bildwissenschaft* (《作为交流媒介的图像：图像学的元素》). Köln：von Halem.

Sachs-Hombach, Klaus (Hg.) (2005)：*Bildwissenschaft. Disziplinen, Themen, Methoden* (《图像学：学科、主题与方法》). Frankfurt/M.：Suhrkamp.

Sachs-Hombach, Klaus/Schirra, Jörg R. J. (Hg.) (2013)：*Origins of Pictures* (《图片的源起》). Köln：von Halem.

Sahlins, Marshall (1981)：*Kultur und praktische Vernunft* (《文化与实践理性》). Frankfurt/M.：Suhrkamp.

Sartre, Jean-Paul (1971)：*Das Imaginäre. Phänomenologische Psychologie der Einbildungskraft* (《想象：想象力的现象心理学》). Reinbek：Rowohlt.

Schäfer, Alfred/Wimmer, Michael (Hg.) (1999)：*Identifikation und Repräsentation* (《同一性与表征性》). Opladen：Leske und Budrich.

Schäfer, Gerd/Wulf, Christoph (Hg.) (1999)：*Bild-Bilder-Bildung* (《图像-图片-教育》). Weinheim：Deutscher Studienverlag.

Schechner, Richard (1977)：*Essays on Performance Theory* 1970—1976 (《表演理论集：1970—1976》). New York：Drama Book Specialists.

Scheunpflug, Annette/Wulf, Christoph (Hg.) (2006): *Biowis senschaft und Erziehungswissenschaft* (《生物学与教育学》). Zeitschrift für Erziehungswissenschaft, Beiheft 5. Wiesbaden: Verlag für Sozial-wissenschaften.

Schmitt, Jean-Claude (1992): *Die Logik der Gesten im europäischen Mittelalter* (《欧洲中世纪的手势逻辑》). Stuttgart: Klett-Cotta.

Scholz, Oliver (2004): *Bild, Darstellung, Zeichen. Philosophische Theorien bildlicher Darstellung* (《图像,表达,符号:哲学理论的直观表达》). Frankfurt/M.: Klostermann.

Seel, Martin (2000): *Ästhetik des Erscheinens* (《表象审美学》). Frankfurt/M.: Suhrkamp.

Simon, Gérard (1992): *Der Blick, das Sein und die Erscheinung in der antiken Optik* (《古代光学中的视点、存在与表象》). München: Wilhelm Fink.

Soeffner, Hans-Georg (1992): *Die Ordnung der Rituale* (《仪式的秩序》). Frankfurt/M.: Suhrkamp.

Sorell, Walter (1983): *Der Tanz als Spiegel der Zeit. Eine Kultur-geschichte des Tanzes* (《作为时代镜像的舞蹈:舞蹈中的文化历史》). Wilhelmshaven: Heinrichshofen.

Starobinski, Jean (1994): *Gute Gaben, schlimme Gaben. Die Am-bivalenz sozialer Gesten* (《适合的礼物、糟糕的礼物:交际中的手势矛盾》). Frankfurt/M.: Fischer.

Straus, Erwin (1956): *Vom Sinn der Sinne. Ein Beitrag zur Grundlegung der Psychologie* (《知觉的意义:心理学基础》). Berlin/Göttingen/Heidelberg: Springer.

Strauss, Anselm/Corbin, Juliet (1994): *Grounded Theory. An O-verview* (《扎根理论概览》). In: Denzin, Norman K./Lincoln, Yvonna S. (Hg.): Handbook of Qualitative Research. Thousand Oaks: Sage, S. 273—285.

Suzuki, Shoko/Wulf, Christoph (Hg.) (2007): *Mimesis, Poiesis and Performativity in Education* (《教育中的模仿、生成与表演》). Münster, New York: Waxmann.

Suzuki, Shoko/Wulf, Christoph (2013): *Auf dem Wege des Lebens* (《走向生活之路》). Berlin: Logos.

Tambiah, Stanley (1979): *A Performative Approach to Ritual* (《基于表演性的仪式研究》). In: Proceedings of the British Academy 65, S. 113—163.

Tervooren, Anja (2001): *Pausenspiele als performative Kinderkultur* (《作为儿童文化表演的课间游戏》). In: Wulf, Christoph u. a.: Das Soziale als Ritual. Zur performativen Bildung von Gemeinschaften. Opladen: Leske & Budrich, S. 205—248.

Thorne, Berrie (1993): *Gender Play. Girls and Boys in School* (《性别游戏：校园中的女孩与男孩》). Buckingham: Open University Press.

Todorov, Tzvetan (1985): *Die Eroberung Amerikas. Das Problem des Anderen* (《被征服的美洲：他者之问》). Frankfurt/M.: Suhrkamp.

Tomasello, Michael (2002): *Die kulturelle Entwicklung des menschlichen Denkens. Zur Evolution der Kognition* (《人类思想的文化进步：认知的进化》). Frankfurt/M.: Suhrkamp.

Tomasello, Michael (2009): *Die Ursprünge der menschlichen Kommunikation* (《人类交流的起源》). Frankfurt/M.: Suhrkamp.

Tulving, Endel (2005): *Episodic Memory and Autonoesis: Uniquely human?* (《情节记忆与自主意识：特别的人类?》) In: Terrace, Herbert

S. /Metcalfe, Janet (Hg.): The Missing Link in Cognition: Self-knowing Consciousness in Man and Animals. New York: Oxford University Press, S.3—56.

Turner, Victor (1969): *The Ritual Process: Structure and Anti-Structure* (《仪式过程:结构与反结构》). Chicago: Aldine.

Turner, Victor (1982): *From Ritual to Theatre. The Human Seriousness of Play* (《从仪式到戏剧》). New York: PAJ Publications.

Turner, Victor (2000): *Das Ritual* (《仪式》). Frankfurt/M.: Campus.

UNESCO (2001): *First Proclamation of Masterpieces of the Oral and Intangible heritage of Humanity* (《人类口头与非物质遗产杰作首次宣言》). Paris: UNESCO.

UNESCO (2002): *Medium Term Strategy* 2002—2007 (《2002—2007 中期策略》). Paris: UNESCO.

UNESCO (2003a): *Convention for the Safeguarding of Intangible Cultural Heritage* (《保护非物质文化遗产公约》). Paris: UNESCO.

UNESCO (2003b): *Second Proclamation of Masterpieces of the Oral and Intangible Heritage of Humanity* (《人类口头与非物质遗产杰作二次宣言》). Paris: UNESCO.

UNESCO (2004): *Museums international: Views and Visions of the Intangible* (《国际博物馆:非物质文化》). Paris:UNESCO.

UNESCO (2005): *Übereinkommen über den Schutz und die Förderung der Vielfalt kultureller Ausdrucksformen* (《保护和促进文化表现形式多样化公约》), hg. von der DUK. Bonn.

Virilio, Paul (1990): *L'inertie polaire. Essai sur le contrôle d'environnement* (《极惰性》). Paris: Ed. Christian Bourgois (dt.: Rasender Stillstand. Essay. München u. a.: Hanser 1992).

Virilio, Paul（1993）: *Krieg und Fernsehen*（《战争与电视》）. München u. a.: Hanser.

Virilio, Paul（1996）: *Fluchtgeschwindigkeit*（《第二宇宙速度》）. München u. a.: Hanser.

Waldenfels, Bernhard（1990）: *Der Stachel des Fremden*（《他者的刺痛》）. Frankfurt/M.: Suhrkamp.

Waldenfels, Bernhard（2010）: *Sinne und Künste im Wechselspiel*（《感官与艺术的相互作用》）. Modi ästhetischer Erfahrung. Berlin: Suhrkamp.

Weibel, Peter/Buddensieg, Andrea（Hg.）（2007）: *Contemporary Art and the Museum*: *A Global Perspective*（《当代艺术与博物馆:全球的视角》）. Ostfildern: Hatje Cantz.

Wiesing, Lambert（2005）: *Artifizielle Präsenz*. *Studien zur Philosophie des Bildes*（《人为性的在场:图像哲学研究》）. Frankfurt/M.: Suhrkamp.

Wiesing, Lambert（2008）: *Die Sichtbarkeit des Bildes*. *Geschichte und Perspektiven der formalen Ästhetik*（《图像的可见性:形式美学的历史与视角》）. Frankfurt/M., New York: Campus.

Willems, Herbert/Jurga, Martin（Hg.）（1998）: *Inszenierungsgesellschaft*. *Ein einführendes Handbuch*（《上演的社会:表演手册》）. Opladen, Wiesbaden: Westdeutscher Verlag.

Wittgenstein, Ludwig（1960）: *Philosophische Untersuchungen*（《哲学研究》）. In: Ders.: Schriften. Bd. I. Frankfurt/M.: Suhrkamp.

Wittgenstein, Ludwig（1993）: *Letzte Schriften über Philosophie und Psychologie*（1949—1951）. *Das Innere und das Äußere*（《关于心理学哲学的最后著作》）. Frankfurt/M.: Suhrkamp.

Wolin, Steven J./Bennett, Linda A.（1984）: *Family Rituals*（《家

庭仪式》). In: Family Process 23, S. 401—420.

Wulf, Christoph (Hg.) (1997): *Vom Menschen. Handbuch Histo-rische Anthropologie* (《论人: 历史人类学手册》). Weinheim, Basel: Beltz (Neuaufl. Wulf 2010a).

Wulf, Christoph (2001): *Einführung in die Anthropologie der Erz-iehung* (《教育人类学导论》). Weinheim, Basel: Beltz.

Wulf, Christoph (2004a): *Schulfeier und Schulfest. Anerkennung und Vielfalt* (《学校节庆: 认同与多元》). In: Ders. (u. a): Bildung im Ritual. Wiesbaden: Verlag für Sozialwissenschaften, S. 69—98.

Wulf, Christoph (2004b): *Ritual, Macht und Performanz: Die Inauguration des amerikanischen Präsidenten* (《仪式、权力和表演: 美国总统的就职仪式》). In: Wulf, Christoph/Zirfas, Jörg (Hg.): Die Kultur des Rituals. München: Wilhelm Fink, S. 49—61.

Wulf, Christoph (2005a): *Crucial Points in the Transmission and Learning of Intangible Cultural Heritage* (《非物质文化传承与学习的关键》). In: Wong, Laura (Hg.): Globalization and Intangible Cultural Heritage. Paris: UNESCO, S. 84—95.

Wulf, Christoph (2005b): *Zur Genese des Sozialen. Mimesis, Performativität, Ritual* (《社会的形成: 模仿、表演与仪式》). Bielefeld: transcript.

Wulf, Christoph (2006a): *Anthropologie kultureller Vielfalt. In-terkulturelle Bildung in Zeiten der Globalisierung* (《文化人类学的多样性: 全球化进程中的跨文化教育》). Bielefeld: transcript.

Wulf, Christoph (2006b): *Praxis* (《实践》). In: Kreinath, Jens/Snoek, Johannes A. M./Stausberg, Michael (Hg.): Theorizing Ritu-als: Issues, Topics, Approaches, Concepts. Leiden: Brill, S. 395—411..

Wulf, Christoph（2008a）: *Rituale im Grundschulalter: Performativität, Mimesis und Interkulturalität*（《基础教育中的仪式：表演、模仿与跨文化》）. In: Zeitschrift für Erziehungswissenschaft 11（1）, S. 67—83.

Wulf, Christoph（2008b）: *Friedenskultur und Friedenserziehung in Zeiten der Globalisierung*（《全球化进程中的和平文化与和平教育》）. In: Grasse, Renate/Gruber, Bettina/Gugel, Günther（Hg.）: Friedenspädagogik. Grundlagen, Praxisansätze, Perspektiven. Reinbek: Rowohlt, S. 35—60.

Wulf, Christoph（2009）: *Anthropologie. Geschichte-Kultur-Philosophie*（《人类学：历史-文化-哲学》）. 2., erweiterte Aufl. Köln: Anaconda（Erstauflage Reinbek 2004: Rowohlt）.

Wulf, Christoph（Hg.）（2010a）: *Der Mensch und seine Kultur. Hundert Beiträge zur Geschichte, Gegenwart und Zukunft des menschlichen Lebens*（《人类及其文化：人类生活的历史、当下与未来》）. Köln: Anaconda（zuerst erschienen 1997 unter dem Titel „Vom Menschen. Handbuch Historische Anthropologie" im Beltz-Verlag）.

Wulf, Christoph（Hg.）（2010b）: *Kontaktzonen. Dynamik und Performativität kultureller Kontaktzonen*（《接触地带：文化圈中的动态与表演》）. Paragrana. Internationale Zeitschrift für Historische Anthropologie, 19（2）. Berlin: Akademie.

Wulf, Christoph（2013）: *Das Rätsel des Humanen. Eine Einführung in die historische Anthropologie*（《人类之谜：历史人类学导论》）. München: Wilhelm Fink.

Wulf, Christoph/Althans, Birgit/Audehm, Kathrin/Bausch, Constanze/Jörissen, Benjamin/Göhlich, Michael/Sting, Stephan/Tervooren, Anja/Wagner-Willi, Monika/Zirfas, Jörg（2001）: *Das Soziale als Ritual. Zur performativen Bedeutung von Gemeinschaft* (《作为仪式的社会：集体的表演性意义》). Opladen: Leske & Budrich.

Wulf, Christoph/Althans, Birgit/Audehm, Kathrin/Bausch, Constanze/Jörissen, Benjamin/Göhlich, Michael/Mattig, Ruprecht/Tervooren, Anja/Wagner-Willi, Monika/Zirfas, Jörg (2004): *Bildung im Ritual. Schule, Familie, Jugend, Medien* (《仪式中的教育：学校、家庭、青少年与新媒体》). Wiesbaden: Verlag für Sozialwissenschaften.

Wulf, Christoph/Althans, Birgit/Audehm, Kathrin/Blaschke, Gerald/Ferrin, Nino/Jörissen, Benjamin/Göhlich, Michael/Mattig, Ruprecht/Schinkel, Sebastian/Tervooren, Anja/Wagner-Willi, Monika/Zirfas, Jörg (2007): *Lernkulturen im Umbruch. Rituelle Praktiken in Schule, Medien, Familie und Jugend* (《变革中的学习文化：学校、新媒介、家庭与青少年的仪式实践》). Wiesbaden: Verlag für Sozialwissenschaften.

Wulf, Christoph/Althans, Birgit/Audehm, Kathrin/Blaschke, Gerald/Ferrin, Nino/Kellermann, Ingrid/Mattig, Ruprecht/Schinkel, Sebastian (2011): *Die Geste in Erziehung, Bildung und Sozialisation. Ethnographische Feldstudien* (《教育中的体态语：一个民族志的研究》). Wiesbaden: Verlag für Sozialwissenschaften.

Wulf, Christoph/Fischer-Lichte, Erika (Hg.) (2010): *Gesten-Inszenierung, Aufführung, Praxis* (《手势—表演与实践》). Paderborn: Fink.

Wulf, Christoph/Göhlich, Michael/Zirfas, Jörg (2001): *Grundlagen des Performativen. Eine Einführung in die Zusammenhänge von Sprache, Macht und Handeln* (《表演性的基础：语言、权力与行动之间的关系》). Weinheim, München: Juventa.

Wulf, Christoph/Kamper, Dietmar (Hg.) (2002): *Logik und Leidenschaft. Erträge Historischer Anthropologie* (《逻辑与激情：历史人类学》). Berlin：Reimer.

Wulf, Christoph/Merkel, Christine (Hg.) (2002): *Globalisierung als Herausforderung der Erziehung* (《全球化对教育的挑战》). Theorien, Grundlagen, Fallstudien. Münster u. a.：Waxmann.

Wulf, Christoph/Poulain, Jacques/Triki, Fathi (Hg.) (2006): *Europäische und islamisch geprägte Länder im Dialog：Religion und Gewalt* (《欧洲与伊斯兰国的对话：宗教与暴力》). Berlin：Akademie.

Wulf, Christoph/Poulain, Jacques/Triki, Fathi (Hg.) (2007): *Die Künste im Dialog der Kulturen. Europa und seine muslimischen Nachbarn* (《艺术的文化对话：欧洲与它的穆斯林邻居们》). Berlin：Akademie.

Wulf, Christoph/Suzuki, Shoko/Zirfas, Jörg/Kellermann, Ingrid/Inoue, Yoshitaka/Ono, Fumo/Takenaka, Nanae (2011): *Das Glück der Familie：Ethnographische Studien in Deutschland und Japan* (《家庭幸福：来自德国与日本的民族志研究》). Wiesbaden：Verlag für Sozialwissenschaften.

Wulf, Christoph/Wiegand, Gabriele (2011). *Der Mensch in der globalisierten Welt. Anthropologische Reflexionen zum Verständnis unserer Zeit* (《全球化背景下的人类：一个人类学的反思》). Christoph Wulf im Gespräch mit Gabriele Weigand. Münster：Waxmann.

Wulf, Christoph/Zirfas, Jörg (Hg.) (2003): *Rituelle Welten* (《仪式世界》). Paragrana. Internationale Zeitschrift für Historische Anthropologie 12 (2003) 1. Berlin：Akademie.

Wulf, Christoph/Zirfas, Jörg (Hg.) (2004a): *Die Kultur des Rituals. Inszenierungen. Praktiken. Symbole* (《仪式的文化：表演、实践

与符号》）. München：Wilhelm Fink.

Wulf, Christoph/Zirfas, Jörg（Hg.）（2004b）：*Innovation und Ritual*. *Jugend*, *Geschlecht und Schule*（《创新与仪式：青少年、性别与学校》）. Zeitschrift für Erziehungswissenschaft. 2. Beiheft. Wiesbaden：Verlag für Sozialwissenschaften.

Wulf, Christoph/Zirfas, Jörg（2004c）：*Performative Welten*. *Eine Einführung in die systematischen*, *historischen und methodischen Dimensionen des Rituals*（《表演性的世界》）. In：Dies.（Hg.）：Die Kultur des Rituals. Inszenierungen. Praktiken. Symbole. München：Fink, S.7—46.

Wulf, Christoph/Zirfas, Jörg（Hg.）（2005）：*Ikonologie des Performativen*（《表演性的图像化》）. München：Wilhelm Fink.

Wulf, Christoph/Zirfas, Jörg（Hg.）（2007）：*Pädagogik des Performativen*. *Theorien*, *Methoden*, *Perspektiven*（《表演性的教育：理论、方法与视角》）. Weinheim, Basel：Beltz.

Wulf, Christoph（2007）：*Der andere Unterricht*：*Kunst*. *Mimesis*, *Poiesis und Alterität als Merkmale performativer Lernkultur*（《另一种课程：作为表演性学习文化的艺术、模仿、生成与他者》）. In：Christoph Wulf：Lernkulturen im Umbruch. Rituelle Praktiken in Schule, Medien, Familie und Jugend, Wiesbaden；Springer VS, S.91—120.

Wulf, Christoph, Martin Bittner, Iris Clemens, and Ingrid Kellermann：*Unpacking recognition and esteem in school pedagogies*（《解析学校教育中的承认与尊重》）：In：Ethnography and Education, 2012, S.59—75.

Wulf, Christoph（2013a）：*Anthropology*. *A Continental Perspective*（《人类学：一个欧洲大陆的视角》）. Chicago：The University of Chicago Press.

Wulf, Christoph (2013b): *Das Rätsel des Humanen* (《人类之谜》). München: Wilhelm Fink.

Wulf, Christoph/Zirfas, Jörg (Hg.) (2014). *Handbuch Pädagogische Anthropologie* (《教育人类学手册》). Wiesbaden: Springer Verlag Sozialwissenschaften.

Wulf, Christoph (2014). *The Vision, Control, Desire, Perception* (《异象、掌控、欲望与洞察》). In: Michaels, Axel/Wulf, Christoph (eds.) (2014). Exploring the Senses. New Delhi: Routledge, S. 95—109.

Wulf, Christoph (ed.) (2016). *Exploring Alterity in a Globalized World* (《探索全球世界中的他者》). London, New York, New Delhi: Routledge.

Wulff, Helena (Hg.) (2007): *The Emotions. A Cultural Reader* (《情绪:一个文化的视角》). New York, Oxford: Berg.

Wunenburger, Jean-Jacques (1995): *L'imagination* (《想象》). Paris: Presses Universitaires de France.

Wunenburger, Jean-Jacques (2012): *Gaston Bachelard, poétique des images* (《图像的生成》). Paris: Mimesis.

Wunenburger, Jean-Jacques (2013): *L'imaginaire* (《想象力》). 2e éd. Paris: Presses Universitaires de France.

Zinnecker, Jürgen (1975): *Der heimliche Lehrplan* (《秘密的教学计划》). Weinheim, Basel: Beltz.

Žižek, Slavoj (1997): *Die Pest der Phantasmen. Die Effizienz des Phantasmatischen in den neuen Medien* (《幻觉瘟疫:新媒体中的幻觉效应》). Wien: Passagenverlag.

Zur Lippe, Rudolf (1974): *Naturbeherrschung am Menschen* (《人类的本质主义》). Bd. I: Körpererfahrung als Entfaltung von Sinnen und Beziehungen in der Ära des italienischen Kaufmannskapitals. Bd. II: Geometrisierung des Menschen und Repräsentation des Privaten im französischen Absolutismus. Frankfurt/M. : Syndikat.

"轻与重"文丛(已出)

图书在版编目(CIP)数据

人的图像：想象、表演与文化/(德)克里斯托夫·武尔夫著；陈红燕译.
--上海：华东师范大学出版社，2018
("轻与重"文丛)
ISBN 978 - 7 - 5675 - 8109 - 8

Ⅰ.①人… Ⅱ.①克… ②陈… Ⅲ.①人类学－研究 Ⅳ.①Q98

中国版本图书馆 CIP 数据核字(2018)第 174354 号

华东师范大学出版社六点分社

企划人 倪为国

轻与重文丛
人的图像：想象、表演与文化

主　　编　姜丹丹
著　　者　(德)克里斯托夫·武尔夫
译　　者　陈红燕
责任编辑　高建红
封面设计　姚　荣
出版发行　华东师范大学出版社
社　　址　上海市中山北路 3663 号　邮编　200062
网　　址　www.ecnupress.com.cn
电　　话　021 - 60821666　行政传真　021 - 62572105
客服电话　021 - 62865537
门市(邮购)电话　021 - 62869887
地　　址　上海市中山北路 3663 号华东师范大学校内先锋路口
网　　店　http://hdsdcbs.tmall.com
印　刷　者　上海盛隆印务有限公司
开　　本　787×1092　1/32
印　　张　12.75
字　　数　230 千字
版　　次　2018 年 10 月第 1 版
印　　次　2020 年 11 月第 2 次
书　　号　ISBN 978 - 7 - 5675 - 8109 - 8/G·11368
定　　价　68.00 元

出版人　王　焰

(如发现本版图书有印订质量问题，请寄回本社客服中心调换或电话 021 - 62865537 联系)